刘彦昌　林广义　潘弋人　张玉亮　编著

# 聚合物
# 熔体流变学导论



化学工业出版社
·北京·

**内容简介**

本书较为全面地介绍了聚合物熔体流变学和非牛顿流体力学的基础知识。通过学习本书内容，读者将掌握流变学的基本概念、聚合物特性、应力张量和形变运动学、流动描述和守恒方程、聚合物熔体黏性行为、聚合物熔体黏度测量技术、聚合物熔体黏弹性行为等内容。这些聚合物熔体流变学和非牛顿流体力学的基础理论，将为读者进一步学习聚合物流变学的理论和应用奠定基础。

本书可作为高分子材料成型加工、高分子材料加工机械设计等相关专业本科生或研究生的流变学课程教材，同时也可供相关专业的工程技术人员及科研人员参考。

**图书在版编目（CIP）数据**

聚合物熔体流变学导论 / 刘彦昌等编著. -- 北京 : 化学工业出版社, 2025. 1. -- ISBN 978-7-122-46700-3

Ⅰ. O631.2

中国国家版本馆 CIP 数据核字第 202438NJ47 号

责任编辑：张　赛　赵卫娟　李军亮　　装帧设计：关　飞
责任校对：刘　一

出版发行：化学工业出版社
(北京市东城区青年湖南街 13 号　邮政编码 100011)
印　　装：北京云浩印刷有限责任公司
710mm×1000mm　1/16　印张 12½　字数 214 千字
2025 年 5 月北京第 1 版第 1 次印刷

购书咨询：010-64518888　　售后服务：010-64518899
网　　址：http://www.cip.com.cn
凡购买本书，如有缺损质量问题，本社销售中心负责调换。

定　　价：49.00 元　

# 前言

自20世纪20年代流变学概念首次提出以来，伴随聚合物新材料的不断涌现及聚合物加工技术的进步，聚合物流变学不仅为理解聚合物结构与性能之间的复杂关系搭建了桥梁，同时也为聚合物加工工艺的优化提供了科学依据。

目前，聚合物流变学已构建出一套相对完备的理论体系，且仍在不断发展。国内外已有多部高质量的专著与教材面世，其中部分作品以入门为导向，着重于定性阐述聚合物流变特性及其微观机制；而多数著作则采用系统化视角，借助张量分析等数学工具，基于连续介质力学原理，深入解析聚合物的非牛顿行为与流动现象。

对于初学者而言，掌握聚合物流变学的基础知识至关重要，但这仅能提供理论框架，难以直接应用于解决复杂的聚合物流动问题。欲全面运用流变学分析技巧，解决工程实践中聚合物流动的具体问题，实属不易。这要求学习者对张量分析、形变运动学及特殊时间导数等高阶概念有深刻理解。

鉴于此，结合多位编者的教学与科研工作实践，我们编撰了这部既适合入门又利于深造的聚合物流变学参考书。本书渐进的内容、适中的难度、严谨的结构，可帮助读者更好地掌握聚合物流变学的基本知识，并促进相关理论与实践的深度融合。

具体而言，聚合物加工领域的核心挑战在于理解和操控聚合物熔体的流变行为，故本书聚焦于聚合物流变学的主要分支

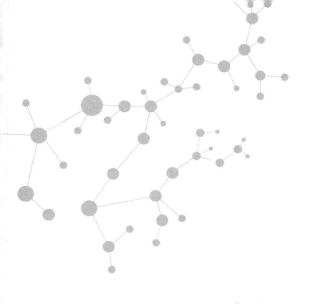

——聚合物熔体流变学，旨在为读者提供其比较系统与深入的知识体系。在撰写过程中，我们特别强调了以下几个关键点：

1. 强化连续介质力学与非牛顿流体力学基础：深入探讨应力张量、形变运动学、边界条件及特殊时间导数（如物质导数、共旋转导数与共形变导数）等重要概念，为初学者搭建坚实的理论基石，助力其将流变分析运用于解决工程实践问题，并为进一步探索流变学的全貌提供路径。

2. 分子视角与数学解析并重：通过分子层面的阐释与数学角度的剖析，详述聚合物熔体流变学的基本概念与原理。如阐述剪切流动中法向应力差产生的微观原理，解析爬杆效应与挤出膨胀的机理等，力求多维度展现聚合物流变行为的本质。

3. 引入实用非线性黏弹性模型：精选一些广泛应用于聚合物熔体流动分析的非线性黏弹性模型，如 CEF 模型、K-BKZ 模型及 Bird-Carreau 模型，通过典型实例展示其应用方法，使初学者能够迅速掌握并灵活将模型运用于实际问题处理中。

由于编者水平有限，书中难免存在疏漏之处，我们诚挚邀请读者指出不足，您的反馈将是我们改进的动力。

编著者
于青岛科技大学
2024 年 2 月

# 目录


## 第 1 章　引言　/ 001

1.1　流变学概述　/ 003
1.2　流体的概念　/ 005
1.3　非牛顿流体的种类　/ 006
　1.3.1　非时间依赖性流体　/ 006
　1.3.2　时间依赖性流体　/ 008
　1.3.3　黏弹性流体　/ 009
1.4　本书主要内容　/ 010
参考文献　/ 011

## 第 2 章　聚合物特性　/ 013

2.1　聚合物链结构　/ 015
2.2　聚合物状态　/ 017
参考文献　/ 022

## 第 3 章　应力张量和形变运动学　/ 023

3.1　应力张量　/ 025

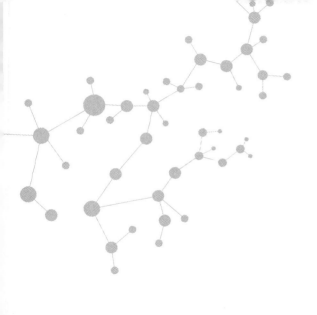

3.1.1 应力张量概念 / 025
3.1.2 应力张量缩并 / 031
3.1.3 应力张量对称性 / 032
3.1.4 等压应力张量 / 033
3.1.5 偏应力张量 / 033
3.1.6 主应力张量 / 034
3.1.7 应力张量的不变量 / 034
3.2 形变运动学 / 036
3.2.1 相对形变梯度张量 / 036
3.2.2 形变张量 / 039
3.2.3 应变张量 / 044
3.2.4 速度梯度张量 / 045
3.2.5 形变速率张量 / 047
3.2.6 形变速率张量的不变量 / 050
3.2.7 在柱坐标系和球坐标系中 $\boldsymbol{D}$ 和 $\boldsymbol{W}$ 的分量 / 050
参考文献 / 052

第 4 章 流动描述和守恒方程 / 053

4.1 流动描述 / 055
4.1.1 引言 / 055
4.1.2 剪切流动 / 056
4.1.3 拉伸流动 / 059
4.1.4 物质导数 / 062
4.2 守恒方程 / 064
4.2.1 质量守恒 / 065
4.2.2 动量守恒 / 066
4.2.3 能量守恒 / 070
4.3 边界条件 / 073
4.3.1 质量守恒边界条件 / 073
4.3.2 动量守恒边界条件 / 074
4.3.3 能量守恒边界条件 / 075
参考文献 / 076

## 第 5 章　聚合物熔体黏性行为　/ 077

5.1　一般黏性本构方程　/ 079
5.1.1　引言　/ 079
5.1.2　幂律方程　/ 080
5.1.3　其他黏性模型　/ 082
5.2　黏塑性本构方程　/ 084
5.3　影响黏度的主要因素　/ 085
5.3.1　温度和压力对黏度的影响　/ 085
5.3.2　分子量和分子量分布对黏度的影响　/ 087
5.3.3　填料对黏度的影响　/ 088
5.4　拉伸黏度　/ 091
5.5　在非稳态流动中的黏性行为　/ 093
5.6　一些基本流动问题计算　/ 096
5.6.1　在平行板之间的流动　/ 096
5.6.2　通过圆管的流动　/ 102
5.6.3　挤压流动　/ 107
5.6.4　在稳态简单剪切流动中的温度场　/ 110
参考文献　/ 111

## 第 6 章　聚合物熔体黏度测量技术　/ 113

6.1　引言　/ 115
6.2　锥-板流变仪　/ 116
6.3　毛细管流变仪　/ 122
6.4　拉伸流变仪　/ 130
参考文献　/ 133

## 第 7 章　聚合物熔体黏弹性行为　/ 135

7.1　聚合物熔体黏弹性特点　/ 137

7.1.1 时间依赖性 / 137
7.1.2 同时发生能量储存与耗散 / 138
7.1.3 在剪切流动中产生法向应力 / 138
7.2 线性黏弹性本构方程 / 145
7.3 特殊时间导数 / 153
7.3.1 客观性张量 / 154
7.3.2 共旋转和共形变导数 / 158
7.4 非线性黏弹性本构方程 / 161
7.4.1 CEF 模型 / 162
7.4.2 White-Metzner 模型 / 165
7.4.3 K-BKZ 模型 / 168
7.4.4 Bird-Carreau 模型 / 174
7.5 在聚合物加工中的弹性效应 / 176
7.5.1 法向应力挤出机 / 176
7.5.2 挤出胀大 / 180
参考文献 / 189

# 第 1 章
# 引　言

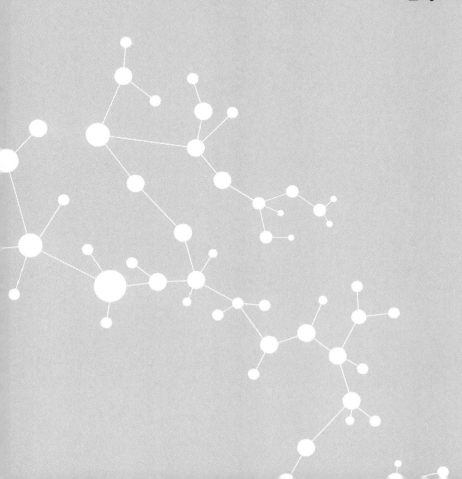

# 1.1 流变学概述

**流变学**（Rheology）这一术语起源自希腊语 ροή（流动）和 λόγοζ（研究），它是一门研究物质形变和流动的科学。作为自然科学的一门独立分支，流变学与20世纪初人们观察到的许多材料的奇异行为有关，它们不遵循经典固体力学的胡克弹性定律［Hooke's law，1678，式（1.1.1）］或经典流体力学的牛顿黏性定律［Newton's law of viscosity，1684，式（1.1.2）］。例如：液态的油漆能够倒进瓶中，它也能黏在垂直壁上而不会垂滴（液体存在屈服应力）；放在一片面包上的一团蛋黄酱，可以像固体一样几乎不动，然而你却可以非常轻松地用餐具将其涂抹开（材料黏度依赖剪切应力）；将橡皮泥球快速掷地时，其可像橡皮球一样回弹，而静止放置几小时，它却会像液体一样流动成薄饼状（材料力学响应依赖时间）。对这些材料（尤其是油漆）的研究，促使美国 Lafayette 大学的 Eugene Bingham 教授在1920年发明了“流变学”这一术语。

$$\sigma_E = E\varepsilon \tag{1.1.1}$$

式中，$\sigma_E$ 是拉伸应力；$\varepsilon$ 是拉伸应变；$E$ 是（杨式）弹性模量（一个线性比例常数）。$E$ 是反映材料抵抗拉伸弹性形变能力的指标，是原子、离子或分子之间的键合强度的反映，与材料结构和温度等有关。式（1.1.1）描述了固体的瞬时弹性形变，其中杨式弹性模量可以换成剪切模量或体积模量。

$$\tau = \mu\dot{\gamma} \tag{1.1.2}$$

式中，$\tau$ 为剪切应力；$\dot{\gamma}$ 为剪切速率（$d\gamma/dt$，$\gamma$ 为剪切应变）；$\mu$ 为牛顿剪切黏度（一个线性比例常数，也称为黏度系数），单位是 Pa·s（或 $N \cdot s/m^2$）。黏度的其他单位是 P(poise) 和 cP(centipoise)，10P＝1000cP＝1Pa·s。流体黏度随温度显著变化，一定程度上也随压力而变化。式（1.1.2）是关于剪切黏度的经典定义式。黏度不仅表示相邻流体层之间相对滑移阻力的大小，而且也是流体沿垂直于主流动方向上动量传输能力的表示（垂直于主流动方向的动量传输）。

在流变学的起源和实践中，虽然通常研究的材料主要是液体，但是，根据流变学的定义，其研究对象不只限于液体。由于在现实中存在大量的非牛顿材料和非胡克材料，并且这些材料有重要的理论意义和应用价值，因此，原则上流变学的研究对象是介于牛顿液体和胡克固体之间涉及**流动行为**的所谓**“中间”材料**[1]（“inbetween” material）（图 1.1.1）。这些中间材料包括展示黏弹性和黏塑性的液体和固体。基于此，在一些情况下，有着类似液体行为的固体（如在蠕变中的固体热塑性塑料）也是流变学研究的对象。

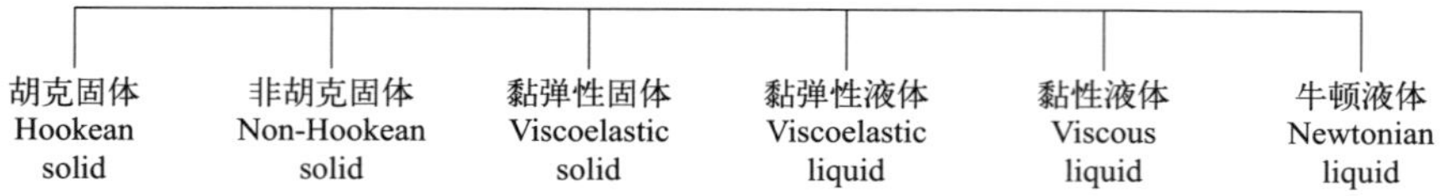


图 1.1.1　根据流变行为的固体和液体分类

流变学研究上述中间材料的流动行为，即代表真实材料本质特性的力与形变之间的宏观关系。这些宏观关系的数学描述叫作**材料方程**或**本构方程**（material or constitutive equation），也称为**流变状态方程**（rheological equation of state）。更广义地讲，本构方程可以描述固体、液体和气体的特殊宏观性能，作为真实材料的宏观力学模型。如果通过对特定材料的实验，获得了一类本构方程中的常数参数值，则这个本构方程可用来表示该具体材料的**流变性能**（rheological property）。反之，流变性能也规定了材料的**流变行为**（rheological behavior）。

研究流变学的方法主要有两种：唯象法或宏观法（phenomenological or macro method）和分子理论法或微观法（molecular theory or micro method）。唯象法是基于流变材料的宏观（黏弹性）力学模型，结合实验事实和经验，发展本构方程的方法。分子理论法是从分子动力学出发，考虑流变材料的分子结构（合理而近似的分子模型），发展本构方程的方法。这些研究方法都涉及连续介质概念。

为了定义和使用在材料内任意一“点”的物理量（例如压力、温度和速度），需要在这一点周围的“小区域”中使用无穷小量的数学分析方法，这就必须要求材料的连续分布性。然而，众所周知，任何实际材料都是由分子和分子间空隙组成，在大多数微观尺度下是不连续或离散的。但是，当材料的分子密度和小区域尺寸大到能够区别单个分子或分子链段时，用分子运动的平均表现或性能就足以解释宏观现象，此时可以忽略材料的离散分子结构，用连续分布代替[2]。这样假设的材料叫作**连续介质**（continuum）。

需要说明的是，在一些不同组分的混合物中，在组分之间存在阶梯状的过渡（例如以矿物作为填料的塑料）。在这样的情况下，多相性的作用可能是重要的，甚至是决定性的因素。

通常，流变学包括流变测量学（在简单流动中的材料研究）、宏观材料的分子运动理论和连续介质力学。

流变学大致有两方面的应用。第一，利用流变本构方程，解决与**连续介质力学**（continuum mechanics）有关的实际宏观问题，例如用于聚合物加工流动的分析。连续介质力学是物理学的一个特殊分支，无论相态或结构如何，都由同样的理论处理材料。第二，建立材料流变学性能与分子组成之间的关系，涉及评价材料性质以及理解分子运动和分子间相互作用的规律。

# 1.2 流体的概念

由于液体和气体宏观行为类似，它们的运动方程和能量方程的形式均较接近。因此，对于液体和气体，应用的最简单的本构模型基本上是一样的，这些模型的通用名称即为**流体**（fluid）。在连续介质力学中，常基于液体或气体的最显著的特性来自然地定义流体。一般而言，将在各向异性应力作用下（图 1.2.1）能够连续形变的物质定义为流体。但由于固体材料（例如固态热塑性塑料）在一定条件下也会展示流动行为，而塑性形变和蠕变（在恒定应力下以不断增加形变为特征）也属于流动行为，因此在这种情况下可以把它们的模型都归为流体。

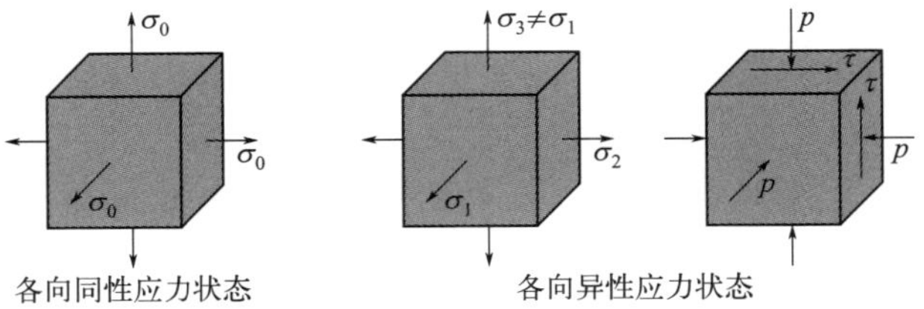


图 1.2.1 各向同性应力状态和各向异性应力状态［在一个材料点中的各向同性应力状态，通过这一点的所有材料表面都经受相同的法向应力（拉伸或压缩），而在这些表面上的剪切应力是零。在一个材料点中的各向异性应力状态，大多数材料表面将经受剪切应力］

［引自 F. Irgens，*Rheology and Non-Newtonian Fluids*，Springer，Cham，Switzerland，p3（2014）］

流体可以大体分为两大类：牛顿流体和非牛顿流体。**牛顿流体**（Newtonian fluid）是遵守牛顿黏性定律［式（1.1.2）］的流体，不遵循该定律的流体叫作

**非牛顿流体**（non-Newtonian fluid）。自然界中的许多流体是牛顿流体，例如水、酒精、轻质油和低分子化合物溶液等。非牛顿流体通常是高黏性流体，并且它们中的许多不仅有黏性，而且具有重要的弹性（即黏弹性流体，见 1.3.3 节）。典型的非牛顿流体如常见的聚合物液体（溶液和熔体）、钻井液、油漆、新拌混凝土和生物液体等。然而，将甘油和水混合可产生一种牛顿流体，在 20℃时，这种混合物的黏度依赖于甘油浓度，从 $1.0\times10^{-3}N\cdot s/m^2$ 到 $1.5N\cdot s/m^2$ 变化。这种流体经常用于牛顿流体行为与非牛顿流体行为的比较实验。

# 1.3 非牛顿流体的种类

非牛顿流体力学是流变学的一部分。非牛顿流体力学是由流变学发展起来的利用连续介质力学研究非牛顿流体应力和应变的关系和非牛顿流体流动问题的分支学科。

根据真实流体最重要的材料性能，可以将非牛顿流体分成三个主要类别：

① 非时间依赖性流体（time independent fluid）；

② 时间依赖性流体（time dependent fluid）；

③ 黏弹性流体（viscoelastic fluid）。

## 1.3.1 非时间依赖性流体

非时间依赖性流体可以进一步分为**黏塑性**和**纯黏性流体**（viscoplastic and purely viscous fluid）。纯黏性非牛顿流体是指只有黏性的流体。黏塑性非牛顿流体则指还存在屈服应力的流体。

对于纯黏性的非牛顿流体，在简单剪切流动中，剪切应力仅是剪切速率的函数，即 $\tau=\tau(\dot{\gamma})$。在这种流体中，如果流体的剪切黏度随剪切速率增加而降低，称为**剪切变稀**或**假塑性流体**（shear-thinning or pseudoplastic fluid）。大多数非牛顿流体是剪切变稀流体，如几乎所有聚合物熔体和聚合物溶液。关于聚合物液体剪切变稀行为的解释见 5.1.1 节。如果流体的剪切黏度随剪切速率增加而增大，称为**剪切增稠**或**胀流性流体**（shear-thickening or dilatant fluid），胀流性流体直观地反映了当这些流体经受剪切应力时，其体积经常稍微增加的特性，这是因为当发生剪切增稠行为时，这种流体内多半形成了某种结构。在实际中，胀流性流体相对较少，如在离子型聚合物溶液中可以发现这种行为。然而，由于胀流性材料的流变性能不适合加工，在聚合物加工中没有多大意义。

图 1.3.1（a）为纯黏性流体的**流动曲线**（flow curve），即剪切应力与剪切速率之间的关系。而图 1.3.1（b）所示的黏度-剪切速率（或黏度-剪切应力）的关系曲线也是流动曲线。

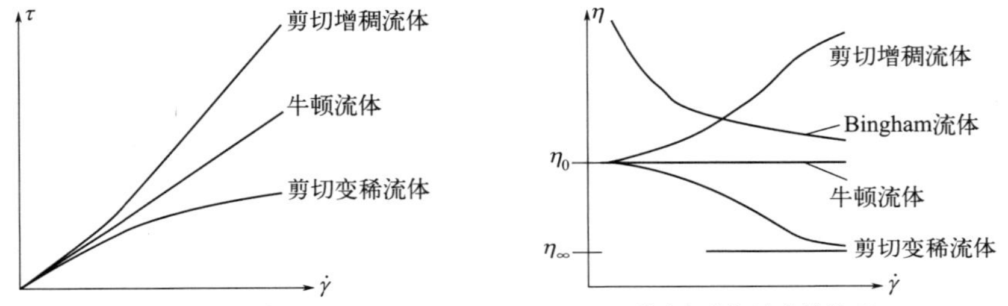

(a) 剪切应力与剪切速率的关系　(b) 黏度与剪切速率的关系

图 1.3.1　纯黏性流体的流动曲线

图 1.3.2 显示了黏塑性材料的特征曲线。当剪切应力 $\tau$ 小于**屈服剪切应力**（yield shear stress）$\tau_y$ 时，材料模型是刚性固体（即黏度无限大），材料行为是弹性的。当 $\tau > \tau_y$ 时，材料模型是液体，普遍认为黏塑性液体是不可压缩的。黏塑性材料在超过 $\tau_y$ 之后流动，可能是因为剪切应力破坏了静止时形成的分子缔合或某种有序结构。常见的黏塑性材料有钻探泥浆、人造奶油、牙膏、部分油漆、一些聚合物熔体和新拌混凝土等。在黏塑性材料屈服之后，其可以表现出牛顿流体行为、剪切变稀行为或剪切增稠行为。

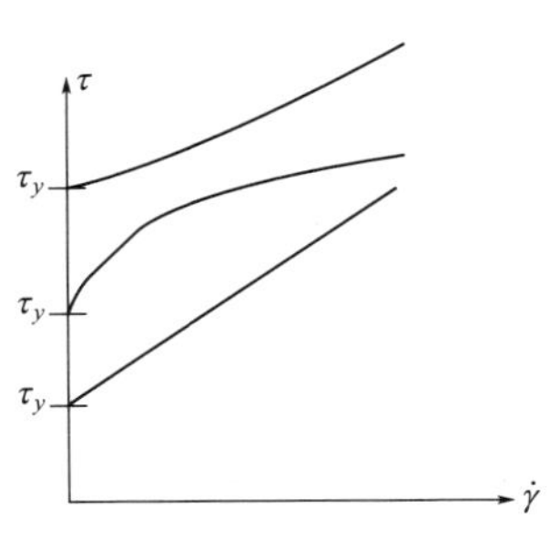


图 1.3.2　黏塑性流体

由于黏塑性行为的特征是存在屈服应力 $\tau_y$ 和在 $\tau_y$ 处黏度从无限大急剧下降而产生流动，而剪切变稀行为则是在高剪切速率下引起黏度从初始有限值大幅下降，因此剪切变稀行为经常被称为假塑性。

假塑性和胀流性流体的黏度不是一个常数，而是剪切速率的函数，即黏度函数 $\eta=\eta(\dot{\gamma})$。这个黏度函数叫作**表观黏度**（apparent viscosity）$\eta_a(\dot{\gamma})$：$\eta_a(\dot{\gamma})=\tau/\dot{\gamma}$。因此，纯黏性流体的本构方程可以写为：$\tau=\eta_a(\dot{\gamma})\dot{\gamma}$。

### 1.3.2 时间依赖性流体

时间依赖性流体也分为**触变性流体**（thixotropic fluid）和**震凝性流体**（rheopectic fluid），如图 1.3.3 所示。在恒定剪切速率和恒定温度下，剪切应力（或黏度）随时间单调减小并趋向于一个渐近值的流体是触变性流体。在恒定剪切速率和恒定温度下，剪切应力（或黏度）随时间单调增大并趋向于一个渐近值的流体为震凝性流体。

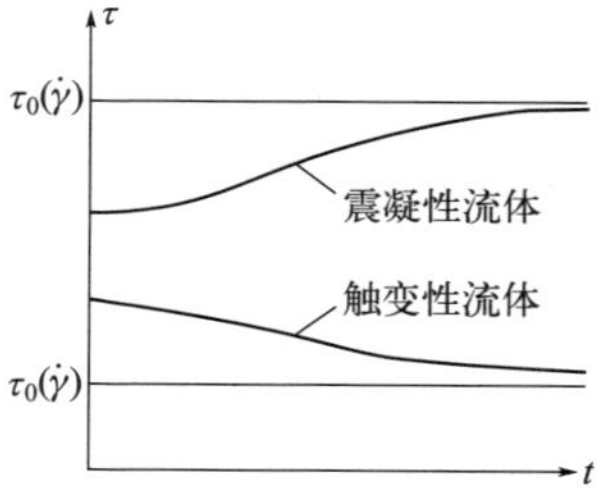


图 1.3.3　时间依赖性流体

钻探泥浆、油脂、印刷油墨、人造奶油，以及一些聚合物熔体和炭黑混炼胶都是触变性流体的典型例子。一些油漆展示黏塑性和触变性的联合响应，这些油漆有凝胶的稠度，可通过搅动而液化，但是在静止一段时间后，重新获得凝胶的稠度。震凝性流体比较少见，石膏和碱性丁腈橡胶乳胶悬浮液是这种流体。

尽管产生触变性和震凝性的原因并不十分清楚，但可以认为触变性是某种结构破坏的结果，震凝性是某种结构形成的结果。对于触变性流体，在剪切期间，因为键合结构的数量变少，结构破坏速率将随时间而减小，同时，因为未键合结构的数量增加，结构重建速率将随时间而增大。最终，当结构重建速率等于结构破坏速率时，达到动态平衡状态，黏度趋向于一个稳定常值。震凝性流体的行为则与触变性流体的行为相反。

在剪切后，当静止一段很长时间后，这两种流体重新获得它们的初始性能（即可逆性）。然而，在许多情况下，它们的结构恢复过程相当慢。需要指出的是，时间依赖性流体难以模型化。

这两种流体还有另一个极有吸引力的特点，即**滞后环**（hysteresis loop）。当触变性流体经受一个剪切循环（剪切循环是指剪切速率从 $\dot{\gamma}=0$ 以恒定速率连续增至 $\dot{\gamma}_0$，然后剪切速率再以恒定速率连续减小到零）时，$\tau$-$\dot{\gamma}$ 曲线图显示滞后环（图 1.3.4）。对于触变性流体，当剪切速率增加时，流体中的某种结构因剪切作用遭到破坏，表现出“剪切变稀”性质；当剪切速率减小时，因触变体内结构恢复过程慢，黏度较低，下降曲线与上升曲线不重合，因此形成一个滞后环。如果在第一循环结束后，在最高剪切速率 $\dot{\gamma}_0$ 相同的条件下，立即进行第二循环，第二循环曲线的高度将下降，这是因为在第一循环中破坏的结构尚未恢复，黏度仍较低。按此形式，一般连续几个剪切循环就会形成几个滞后环。滞后环将收敛于一个平衡的滞后值，可能获得单一的曲线。这些滞后环表明，外力作用时间越长，材料的黏度越低，表现出触变性。震凝性流体的滞后环方向与触变性流体的滞后环方向相反。

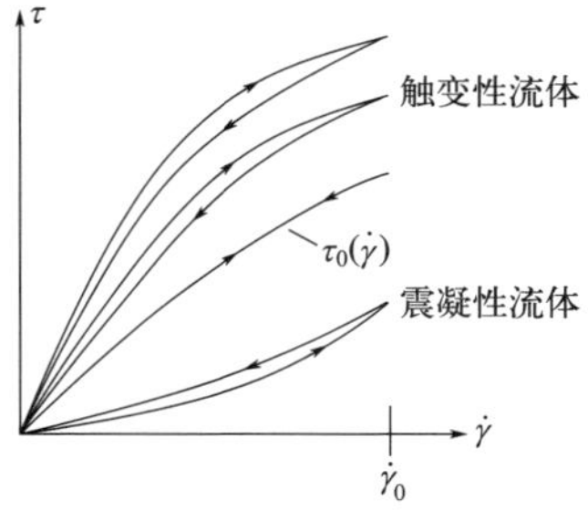


图 1.3.4 剪切速率史

在触变性流体中，如果下降曲线是直线，称为牛顿型触变性。如果下降曲线是曲线，称为非牛顿型触变性。

值得指出的是，触变性流体必然是假塑性流体，但假塑性流体不一定是触变性流体；同样，震凝性流体必然是胀流性流体，但胀流性流体不一定是震凝性流体。触变性材料的另一个重要表现见 5.5 节。

## 1.3.3 黏弹性流体

如果剪切应力仅是剪切应变的函数，不依赖剪切应变速率，即 $\tau=\tau(\gamma)$，流体是纯弹性的。胡克固体（$\tau=G\gamma$）是线性弹性材料。

如果剪切应力仅是剪切应变速率的函数，不依赖剪切应变，即 $\tau=\tau(\dot{\gamma})$，流体是纯黏性的。牛顿液体（$\tau=\mu\dot{\gamma}$）是线性黏性材料。

然而，对于许多真实材料（液体和固体），剪切应力或许同时依赖于剪切应变和剪切应变速率，除了黏性流动之外，流动还包括弹性分量。这些材料叫作**黏弹性**（viscoelastic）材料，相关本构方程可以采用简单形式：$\tau=\tau(\gamma, \dot{\gamma})$。但是，通常黏弹性材料的本构方程必须使用考虑材料形变史的更复杂的函数关系，关于黏弹性的详细讨论见第 7 章。在所有材料中，聚合物的黏弹性表现得最突出，例如在第 7 章中提到的挤出胀大、爬杆效应等，都与非牛顿流体的黏弹性有关。

# 1.4 本书主要内容

本书所介绍的**聚合物熔体流变学**（polymer melt rheology）也称为**聚合物加工流变学**（rheology in polymer processing），它是聚合物流变学的一个主要分支。聚合物熔体是指在没有溶剂情况下，大分子形成的本体液体状态。因为在聚合物加工中绝大多数流动和成型操作都是在熔融状态下进行的，所以聚合物熔体流变学在聚合物加工和应用中具有特别的重要性。聚合物熔体的流变性能（黏弹性）决定着加工这些材料的难易程度，也决定着它们在一些应用中的行为。例如，在极短加工时间形成的分子链取向结构被“固定”下来后，将使纤维或薄膜制品具备所需要的长期力学和光学性质。

聚合物熔体流变学属于唯象流变学范畴，不仅可以指导加工，而且也是研究高分子结构-性能关系的重要的、有效的方法。顺便指出，由于分子链缠结的特征，聚合物浓溶液和熔体有相似的流变行为。

本书主要介绍聚合物熔体流变学和非牛顿流体力学的基础知识。全书包括七章内容。第 1 章介绍流变学的基本术语和非牛顿流体的分类。第 2 章简单介绍聚合物的链结构和状态转变。第 3 章介绍连续介质力学的基本物理量（应力张量和形变速率张量等）。第 4 章介绍剪切或拉伸流动的运动学、物质导数、流体力学基本方程（守恒方程）和求解流体问题的基本边界条件。第 5 章介绍一些聚合物熔体黏性本构方程、影响黏度的主要因素和一些在聚合物加工中基本问题的计算。第 6 章介绍聚合物熔体黏度测量技术。第 7 章讨论黏弹性特点、一些聚合物熔体的线性和非线性本构模型以及在聚合物加工中的典型黏弹性效应。

关于流变学理论和实验方面的更详细的论述，可查阅相关著作和教科书[1,3-5]。关于非牛顿流体力学的系统论述，可查阅一些著作[6-8]。

## 参考文献


[1] Macosko C W. Rheology: Principles, Measurements and Application. New York: Wiley-VCH, 1994.

[2] Kundu P K, Cohen I M, Dowling D R. Fluid Mechanics. Sixth Edition. London: Elsevier, 2016.

[3] 周彦豪. 聚合物加工流变学基础. 西安：西安交通大学出版社，1988.

[4] 吴其晔，巫静安. 高分子材料流变学. 2 版. 北京：高等教育出版社，2014.

[5] 郑强. 高分子流变学. 北京：科学出版社，2020.

[6] 陈文芳. 非牛顿流体力学. 北京：科学出版社，1984.

[7] Yamaguchi H. Engineering Fluid Mechanics. Dordrecht: Springer, Netherlands, 2008.

[8] Irgens F. Continuum Mechanics. Berlin: Springer, 2008.

# 第 2 章
# 聚合物特性

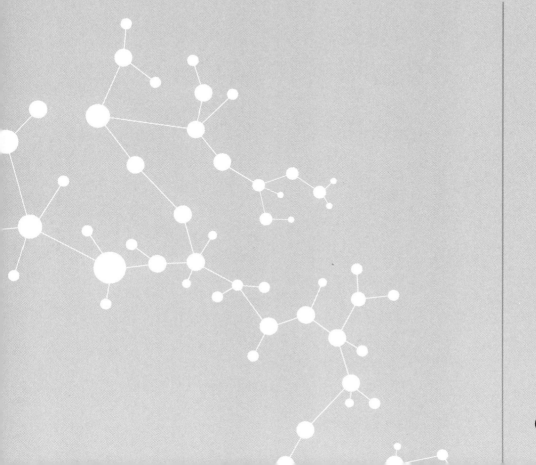

聚合物的定义特征是大分子。作为大分子的聚合物的概念是由 Staudinger[1] 在 1920 年提出的。聚合物熔体主要的流变性能是黏弹性，其黏弹性行为取决于大分子构象状态或构象转变。聚合物分子由一种构象变为另一种构象的能力取决于聚合物链的柔顺性，链的柔顺性依赖于链结构和温度。因此，为了从分子水平上更好地理解聚合物的流变行为，有必要了解聚合物链结构和聚合物状态热转变。

## 2.1 聚合物链结构

因为天然聚合物有受限的力学性能，人们大量使用的聚合物通常是合成聚合物。合成聚合物由小分子（称为**单体**，monomer）通过化学聚合反应获得。在小分子聚合之后，它会成为大分子链的**重复单元**（repeating unit）或**链节**（chain unit）。

聚合物分子是由几百乃至成千上万的重复单元通过共价键合而形成的长链分子。分子链的拓扑结构有**线型**（linear）、**支化**（branched）和**交联**（crosslinked）等种类（图 2.1.1），不同的链拓扑结构将呈现差异很大的结晶性、物理性能和流变行为等。支化又分为短支化（通常低于 10 个重复单元）和长支化。交联聚合物形成三维网络，不溶解，也不流动，仅有非常受限的链段移动性。

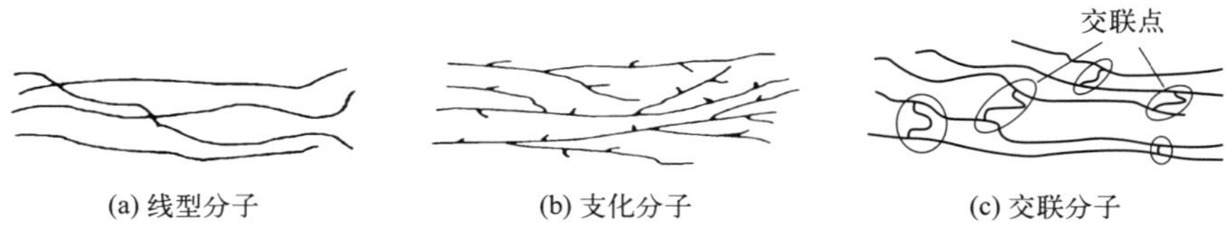


图 2.1.1　高分子链拓扑结构

仅由一种单体聚合而成的大分子，是**均聚物**（homopolymer）。由两种或两种以上不同单体聚合而成的大分子是**共聚物**（copolymer）。三种不同单体同时聚合的结果是**三元共聚物**（terpolymer）。依赖于两种或多种重复单元在大分子中排列的无序性或有顺序性，共聚物又可分为几种类型（图 2.1.2）：**无规**

(random)、**交替**（alternate）、**嵌段**（block）和**接枝**（graft）等共聚物。共聚可以改变最终材料的力学性能。

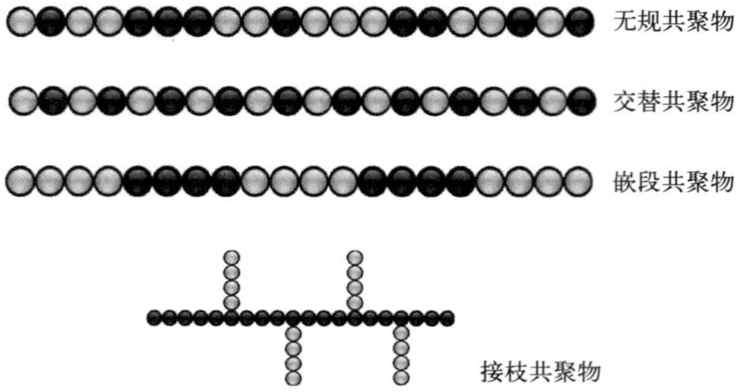


图 2.1.2　共聚物类型

聚合物链结构的另一个重要特点是**构型**（configuration）。构型是指分子链中由化学键所固定的原子在空间的几何排列方式。聚合物分子的侧基沿主链的不同排列方式可形成**全同**（isotactic）、**间同**（syndiotactic）或**无规**（atactic）立体构型［图 2.1.3（a）］，双键键接基团在双键两侧的不同排列可形成**反式**（trans）和**顺式**（cis）立体构型［图 2.1.3（b）］。不同构型的聚合物材料在力学和光学等性能方面会有很大差异。

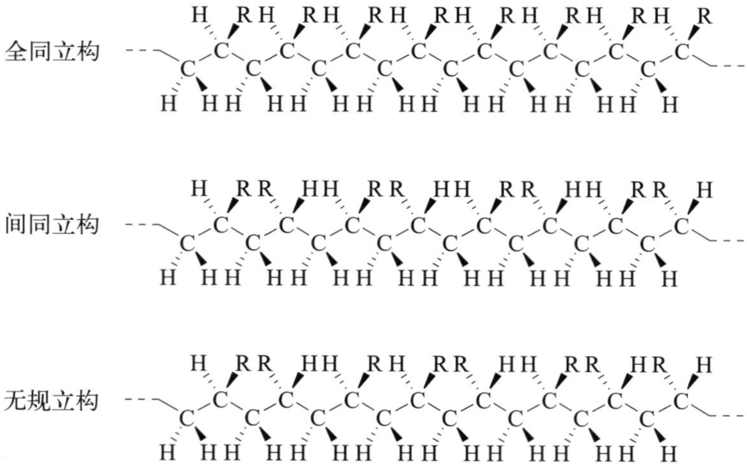


（a）乙烯基聚合物构型（所有主链碳原子排列在平面上，H 和 R 基团位于该平面的前侧或后侧。取代基 R 都位于平面的同一侧是全同立构，取代基 R 交替排列在平面两侧是间同立构，取代基 R 任意排列在平面两侧是无规立构）

1,4-顺式

1,4-反式

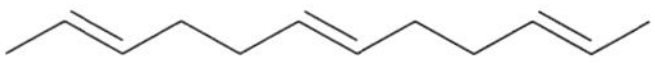

（b）在二烯烃聚合物中双键的构型（每个内双键连接的两个碳原子上分别键接的 H 原子和其他取代基，位于 $\pi$ 平面或双键同侧时，称为顺式构型；分别位于 $\pi$ 平面或双键两侧时，称为反式构型）

图 2.1.3　聚合物链构型

因为一个给定聚合物样品的所有聚合物分子很难形成一致的分子量或链长度，聚合物常呈现一个分子量分布范围。为了表征一个给定聚合物样品，必须用完全的分子量分布或与分子量分布有关的一些平均量来描述。两个最常见的**平均分子量**（average molecular weight）是**数均分子量**（number average molecular weight）$M_n$ 和**重均分子量**（weight average molecular weight）$M_w$：

$$M_n = \sum_x f_x^n M_x$$

$$M_w = \sum_x f_x^w M_x$$

$f_x^n$ 是有 $x$ 个单体单元的链的数量分数，$M_x$ 是一个有 $x$ 个单体单元的链的分子量（$M_x = xM_0$，$M_0$ 是单体的分子量），$f_x^w$ 是有 $x$ 个单体单元的链的质量分数。聚合物的不同性能与不同的平均分子量有关，例如，聚合物的力学性能（例如拉伸强度）依赖于 $M_n$，而熔体黏度依赖于 $M_w$。分子量分布宽度用**多分散指数**（polydispersity index）PI 来度量：$PI = M_w/M_n$。例如，对于同一种聚合物，在相同的温度和重均分子量的条件下，不同的 PI 产生不同的黏度-剪切速率关系（见 5.3.2 节）。PI 依赖于合成路线，PI 可以是从阴离子聚合的 1 到逐步聚合的 2。当存在支化时，PI 的值大得多（达到 20 或更大）。

# 2.2 聚合物状态

基于分子链表现出的有序和无序，固态聚合物的形态可分为两种：**结晶态**

(crystalline) 和**无定形态**(amorphous，也称非晶态)。在结晶区中聚合物链以规则排列形式堆砌，而在无定形区中聚合物链混乱堆砌或原子(或分子)没有在空间周期重复的晶格上排列，如图 2.2.1 所示。描述无定形区的结构模型是**无规线团模型**(卷曲和缠结)，描述结晶区的结构模型是**折叠链模型**。通常，在结晶聚合物中可能同时存在有序区和无序区，因此，结晶聚合物实际上是**半结晶**(semicrystalline) 结构 [图 2.2.1 (b) ]。

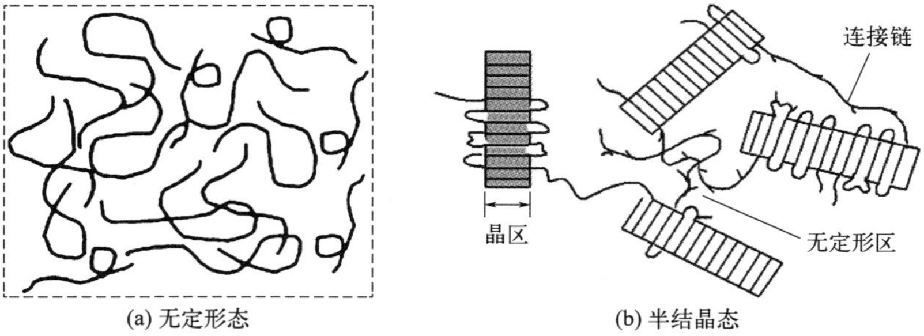


图 2.2.1　无定形态和半结晶态示意

无规线团模型出现在未形变的固态无定形聚合物或液体聚合物中。结晶形态依赖于聚合物链的结构规整性、强分子间力和一定柔顺性。**链柔顺性**(chain flexibility) 是指分子链改变其**构象**(conformation) 的能力。聚合物链的柔顺性取决于温度和结构。

庞大取代基和刚性链体系通常产生无定形结构，例如无规立构聚丙烯(PP)和聚甲基丙烯酸甲酯(PMMA)。无规立构聚合物和无规共聚物分子链的结构规整性差，不能结晶，是无定形材料，例如聚氯乙烯(PVC)、聚苯乙烯(PS)和许多合成橡胶等。全同或间同立构聚合物分子链的结构规整，是半结晶材料，例如聚乙烯(PE)和 PP 等。在聚酰胺(PA)材料中存在大量的分子间氢键，故 PA 可形成高度结晶聚合物。

剪切或拉伸作用可使分子链成为**取向构象**(oriented conformation，伸直链或长周期折叠构象)。在一些聚合物加工中，例如在纤维和薄膜生产中，通常将取向结构“冻结”下来(即结构化)，以提高聚合物的拉伸模量等。聚合物的结晶能力、晶体大小和分布以及取向结构，对聚合物的力学性能有较大影响。

由于重复单元尺度是在几埃的范围内，单一聚合物分子链有几纳米到几十纳米的特征长度[2] (考虑链的伸展长度)，因此，大分子的内部运动具有不同长度的运动模式，即运动单元有多重性。因为每一运动模式与不同的时间尺度相关，聚合物的力学响应具有**时间（速率）依赖性**（time-dependence）。一些内部运动模式在外部作用的时间尺度或速率上运动。即使对于聚合物熔体，当外力作用时间很短（例如快速振动）时，也不能激发大尺度的分子运动模式（即链段或/和分子链运动），其力学响应是弹性的。当外力作用时间与整个分子运动时间尺度相当时，其力学响应表现为流动（在不存在网状结构的情况下）。

运动单元的多重性导致聚合物热力学或力学响应的**温度依赖性**（temperature-dependence）更加复杂。有两种重要的热性能：**玻璃化转变温度**（glass-transition temperature）$T_g$ 和**熔融温度** $T_m$，它们定义了聚合物状态。应当指出，聚合物的玻璃化转变和熔融（包括下面将提到的黏流转变）都是在较窄的温度范围内发生的。图 2.2.2 为无定形聚合物形变-温度曲线，可见其在低于 $T_g$ 时处于**玻璃态**（glass state），在 $T_g$ 以上和 $T_f$（黏流转变温度）以下时处于**高弹态**（high elastic state）或橡胶态，高于 $T_f$ 时处于液体状的**黏流态**（viscous state）。

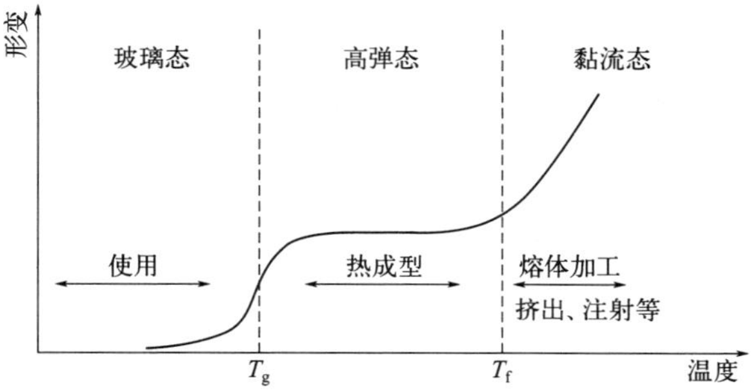


图 2.2.2　无定形聚合物形变-温度曲线

在玻璃态中，大尺度运动单元（链段和分子链）被“冻结”（至少在实际时间尺度），仅通过原子或分子间距的变化响应应力。玻璃态相应于一个非平衡固态。与类似成分材料的晶态相比，在玻璃态中的分子无规排列，占据更大体积。玻璃态聚合物意味着力学刚性和脆性较大（因此比较容易破碎），模量高和形变小。

在高弹态中，在适度的应变速率下，发生在链段尺度上的分子运动可引起大分子构象的变化。高弹态聚合物的物理性能是柔软和弹性的。由于高分子量和分子链之间的大量**缠结**（entanglement）（大量缠结可阻止在外部应力去除之前分子链就滑移松弛为无规线团），在应力作用下无规线团构象变得更加伸展，聚合物产生大的宏观形变。然而，根据热力学熵增原理，存在分子热运动使分子链恢复到卷曲构象（初始形状）的趋势，即产生抵抗形变的回缩力。如果应变足够小，去除应力后，伸展构象逐渐恢复成为无规构象，聚合物将完全恢复到它的初始形状，即发生**高弹形变**（high elastic deformation），这种现象出现在高弹平台或橡胶区。但是，如果应变足够大，一些分子链将逐渐解缠结，相对滑移松弛为无规线团状，去除应力后，除了高弹形变之外，样品也将产生一定的塑性形变或流动，即发生黏弹性行为。因此，缠结的线形分子的集合，可以展示“短暂”的弹性，但其本质仍是液体[3]，因为当应变非常大时，分子链将最终完全解缠结，导致相互滑移流动，从而失去弹性。

大量缠结的另外一个作用是像分子间力作用一样，有助于保持大分子聚集在一起和引起有效交联数量增大[3]（弹性模量将因此比期望的更高）。为了获得持久、快速和完全的高弹形变，必须在分子链间添加足够和疏散的化学键（交联），把“液态”聚合物转化成不流动的弹性固体，例如橡胶的硫化。

在黏流态中，聚合物在适度的应变速率下，可发生链段和分子链的运动，此时其为液体状黏弹性材料（或聚合物熔体）。与经受大形变的高弹态聚合物的情况相类似，聚合物熔体也展示黏弹性行为，即除了主要的黏性之外，也展示一定弹性响应。

在玻璃化转变温度 $T_g$ 时，无定形聚合物链发生重排，导致材料的力学和热学等性能（例如模量、比体积、热膨胀系数和定压热容）急剧变化。例如，通过 $T_g$ 时比体积的急剧变化见图 2.2.3。通过 $T_g$ 时，拉伸或剪切模量可降低三个数量级。影响 $T_g$ 的三个因素是聚合物链的刚性或柔顺性、极性和数均分子量。

无定形聚合物仅展示一个 $T_g$，而半结晶聚合物展示一个 $T_g$ 和一个 $T_m$，如图 2.2.3 所示。$T_m$ 是聚合物结晶区表现出的性能。由于在半结晶聚合物中晶区和非晶区共存，其力学状态和转变比非晶材料复杂，与结晶度密切相关。对于低结晶度（＜40％）聚合物，非晶区是连续相，力学特征与非晶态线型聚合物的力学特征近似。

图 2.2.4 为低结晶度聚合物形变-温度曲线。在 $T_g$ 以下，晶态和玻璃态共存；在 $T_g$ 以上 $T_m$ 以下，晶态和高弹态共存；在 $T_m$ 以上，聚合物结晶区熔融，变成无序或无定形，在低分子量 $M_L$ 时，立即进入黏流态（图 2.2.4 中的虚线），而在高分子量 $M_H$ 时低结晶度聚合物先进入高弹态，再进入黏流态（图 2.2.4 中的实线）。然而，结晶区在很大程度上掩盖了高弹态区。对于高结晶度（＞40％）聚合物，晶相形成连续相。在 $T_m$ 以下，晶态和玻璃态共存，然而由于非晶相所

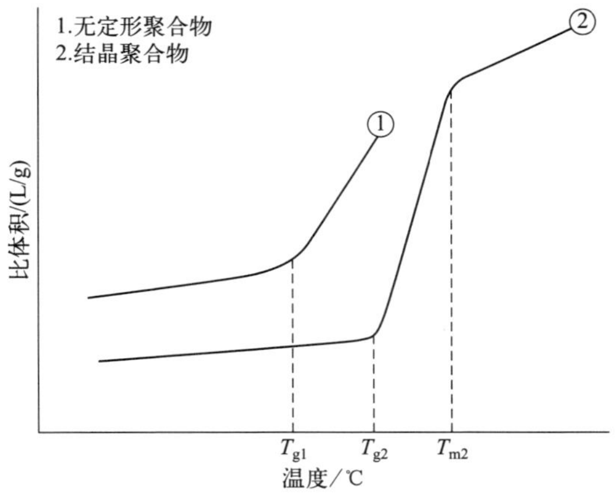


图 2.2.3　在比体积-温度图中的聚合物主要热转变

［引自 E. Saldívar-Guerra and E. Vivaldo-Lima，*Handbook of Polymer Synthesis，Characterization，and Processing*，New Jersey，John Wiley-Sons，p5（2013）］

占比例少，很难观察到非晶相发生的玻璃化转变；在 $T_m$ 以上，高结晶度聚合物的形变-温度曲线与低结晶度聚合物的形变-温度曲线基本相同，熔体开始流动的温度也与分子量相关。

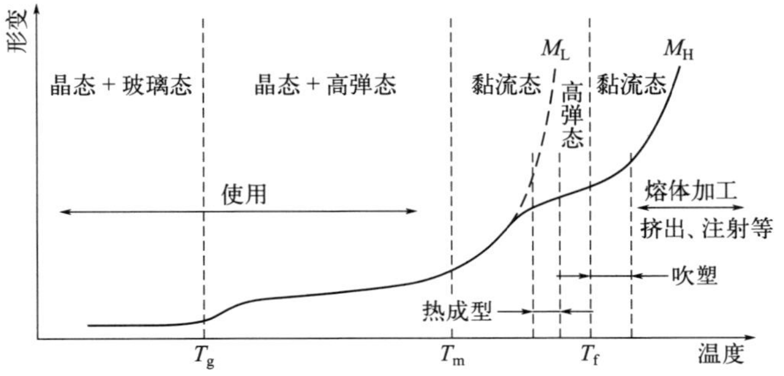


图 2.2.4　低结晶度聚合物形变-温度曲线

在图 2.2.2 和图 2.2.4 中，还分别示意了无定形聚合物和低结晶度聚合物的使用或加工温度区间。因为无定形聚合物比半结晶聚合物有更宽温度范围的高弹平台或橡胶区，它更加适合**热成型**（thermoforming）。仅高分子量的半结晶聚合物在 $T_m$ 以上才能有足够的高弹平台来实现热成型过程。

事实上，不仅聚合物弹性取决于大分子构象变化，其黏性也依赖于大分子构象状态。因为在流动中大分子构象状态极大影响分子间相互作用，使熔体黏度强烈依赖流动速度梯度，表现为非牛顿性。

## 参考文献


[1] Staudinger H. Ber Deut Chem Ges, 1920 , 53(6):1073.

[2] Saldívar-Guerra E, Vivaldo-Lima E. Handbook of Polymer Synthesis, Characterization, and Processing. New Jersey: John Wiley-Sons, 2013: 4.

[3] Gent A N. Engineering with Rubber. 3rd ed. Munich: Hanser, 2012.

# 第 3 章

# 应力张量和形变运动学

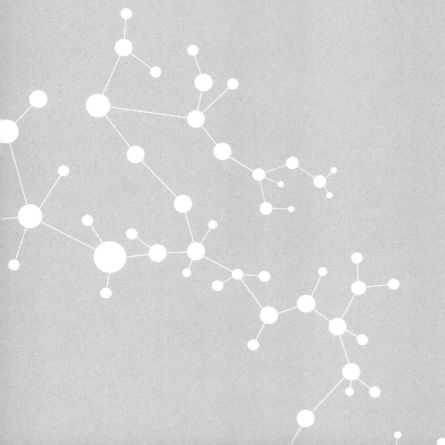

流变学研究的主题是外部作用引起的介质内部的变化，而非刚体运动（没有任何形状改变）。因此，流变学必须考虑介质的运动学和动力学。按照从简单到复杂的顺序，可用标量、矢量和二阶或高阶张量描述介质运动学和动力学。标量可由单个值表示。矢量可由三个分量表示，每个分量对应于正交空间三个方向中的一个。二阶张量可以由九个分量表示，每个分量对应一对方向。

# 3.1 应力张量

## 3.1.1 应力张量概念

在介质中任何一点的动力学情形可由应力张量这个物理量表示。下面将介绍应力张量的概念。

应力是指物体内部单位面积上所承受的力。通常，介质中的应力与点的位置有关，应力从一点到另一点将发生变化。为了描述在介质中一点的力，必须指定通过该点的力作用的一个面。如在这个面上取该点周围的一个微元面积 $\mathrm{d}\boldsymbol{A}$，则 $\mathrm{d}\boldsymbol{A}$ 是一个矢量，因为要表征它不仅需要 $\mathrm{d}\boldsymbol{A}$ 的大小 $\mathrm{d}A$，而且也需要 $\mathrm{d}\boldsymbol{A}$ 的（单位）法向矢量 $\boldsymbol{n}$，即 $\mathrm{d}\boldsymbol{A}=\boldsymbol{n}\mathrm{d}A$。如图 3.1.1 所示，要完整描述应力需要知道两个矢量：力的矢量 $\boldsymbol{f}$ 和面积微元的法向矢量 $\boldsymbol{n}$。

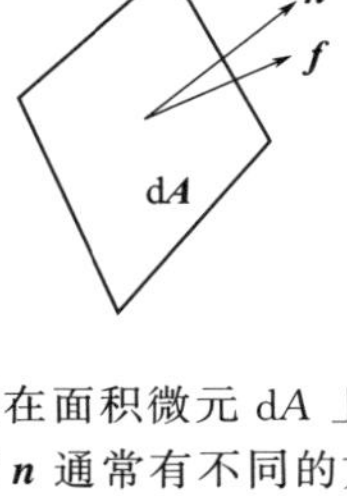


图 3.1.1　作用在面积微元 $\mathrm{d}A$ 上力 $\boldsymbol{f}$ 的示意图
（$\boldsymbol{f}$ 和 $\boldsymbol{n}$ 通常有不同的方向）

如果任意选取在 $\mathrm{d}\boldsymbol{A}$ 面内的两个轴 $\boldsymbol{s}_1$ 和 $\boldsymbol{s}_2$，并且将 $\boldsymbol{s}_1$、$\boldsymbol{s}_2$ 和 $\boldsymbol{n}$ 构成一个空间直角坐标系。当在 $\boldsymbol{s}_1$、$\boldsymbol{s}_2$ 和 $\boldsymbol{n}$ 的坐标系中分解 $\boldsymbol{f}$ 时，得到力矢量 $\boldsymbol{f}$ 的一组三

个分量。由于可以任意选择 $\boldsymbol{n}$（微元表面方向），这样可以定义无穷多组 $\boldsymbol{f}$ 的分量。这是否意味着，需要使用无穷多个通过一个给定点的平面，才能表征这一点的应力状态？答案是否定的，因为作用在所有这些不同平面上的应力是相关的。类似于速度 $\boldsymbol{v}$ 完全由三个分量确定，在一点的应力状态可完全由 $\boldsymbol{f}/\mathrm{d}A$ 分解到三个彼此正交面上的九个分量确定（见下面的证明）。用这种方式确定的应力叫作**应力张量**（stress tensor）$\boldsymbol{T}$［或 $T_{ij}(i,j=1,2,3)$，即一个二阶张量］。$\boldsymbol{T}$ 可以写为矩阵形式：

$$\boldsymbol{T}=\begin{pmatrix} T_{11} & T_{12} & T_{13} \\ T_{21} & T_{22} & T_{23} \\ T_{31} & T_{32} & T_{33} \end{pmatrix} \tag{3.1.1}$$

在式（3.1.1）中，$T_{ij}$ 是张量 $\boldsymbol{T}$ 的分量，它有两个自由指标，这两个指标规定两个方向：第一个($i$)指标表示应力作用的表面法线方向，第二个($j$)指标表示作用在这个表面的应力分量方向（图 3.1.2）。

张量和矩阵的概念不完全一样。矩阵是一个按照长方形阵列排列的复数和实数集合。三阶矩阵的元素代表二阶张量的分量。一般地，张量可以具有任意阶次，自由指标的数量对应于张量的阶次。$n$ 阶张量的分量数量等于 $3^n$。

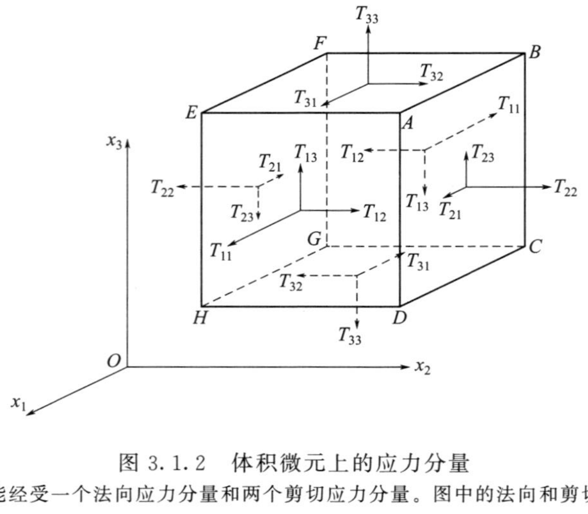


图 3.1.2　体积微元上的应力分量

（每一表面可能经受一个法向应力分量和两个剪切应力分量。图中的法向和剪切应力均为正）

应力分量的正负号约定通常使用在力学和机械工程学中的符号约定[1]。参见图 3.1.2，在某一表面正侧（表面法线方向沿坐标轴的正向）的材料向这一表面负侧（表面法线方向沿坐标轴的负向）的材料施加的应力 $T_{ij}$（法向应力和剪切应力)，如果应力指向坐标轴的正向，$T_{ij}$ 是正的（例如用实箭头表示的 $T_{11}$ 和 $T_{12}$）；如果应力分量作用面的法线方向和应力分量方向为负，$T_{ij}$ 也是正的（例如用虚箭头表示的 $T_{11}$ 和 $T_{12}$）。当其中任何一个方向为负时，$T_{ij}$ 是负的。因此，拉伸应力为正即 $\boldsymbol{t}$，压缩应力为负即 $-\boldsymbol{t}$，参见图 3.1.3。

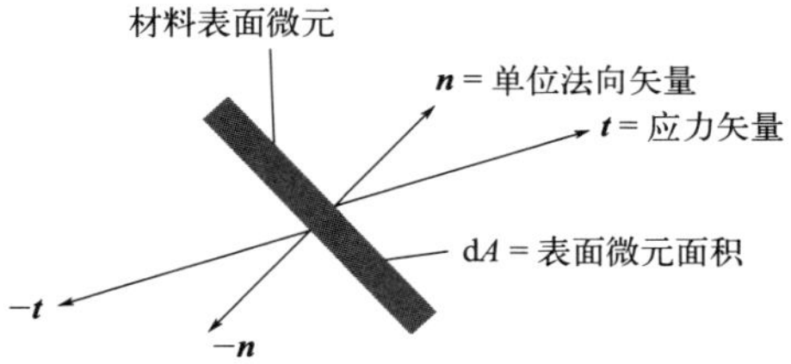


图 3.1.3　在材料表面微元两侧的应力矢量

［引自 F. Irgens，*Rheology and Non-Newtonian Fluids*，Springer，Cham，Switzerland，p32（2014）］

为了说明九个分量 $T_{ij}$ 能够完全确定在一点的应力状态，只需证明从 $T_{ij}$ 可以确定在任意平面上的应力。为此，考虑四面体微元（图 3.1.4）。如果 $dA$ 是表面微元的大小，$\boldsymbol{n}$ 是它的单位法向矢量，于是 $d\mathbf{A}=\boldsymbol{n}dA$。假设对于给定的直角坐标系 $O_x$（$\boldsymbol{e}_1$、$\boldsymbol{e}_2$ 和 $\boldsymbol{e}_3$ 分别是 $x_1$、$x_2$ 和 $x_3$ 轴的单位矢量)，应力张量的九个分量是 $T_{ij}$，要求得：在任意法向 $\boldsymbol{n}$ 的表面微元上的单位面积的力 $\boldsymbol{t}(\boldsymbol{n})$，$\boldsymbol{t}(\boldsymbol{n})$ 的分量是 $\boldsymbol{t}_i$。在四面体微元上由 $\boldsymbol{T}$ 或 $T_{ij}$ 产生的在 $x_1$ 方向的净力 $\boldsymbol{t}_1$ 是：

$$\boldsymbol{t}_1 dA=(T_{11}dA_1+T_{21}dA_2+T_{31}dA_3)\boldsymbol{e}_1$$

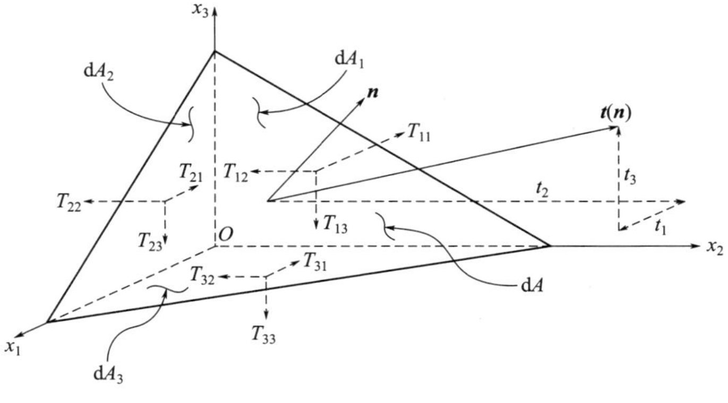


图 3.1.4　在四面体微元表面上单位面积的应力

［引自 P. K. Kundu，I. M. Cohen and D. R. Dowling，*Fluid Mechanics*，Sixth Edition，Elsevier，London，p60（2016）］

四面体几何要求 $\mathrm{d}A_i=\boldsymbol{n}\cdot\boldsymbol{e}_i\mathrm{d}A=n_i\mathrm{d}A$，$n_i$ 是表面法向矢量 $\boldsymbol{n}$ 的分量。于是，可以重写净力方程：

$$\begin{aligned}\boldsymbol{t}_1\mathrm{d}A&=(T_{11}\boldsymbol{n}\cdot\boldsymbol{e}_1\mathrm{d}A+T_{21}\boldsymbol{n}\cdot\boldsymbol{e}_2\mathrm{d}A+T_{31}\boldsymbol{n}\cdot\boldsymbol{e}_3\mathrm{d}A)\boldsymbol{e}_1\\&=\boldsymbol{n}\cdot(\boldsymbol{e}_1T_{11}\mathrm{d}A+\boldsymbol{e}_2T_{21}\mathrm{d}A+\boldsymbol{e}_3T_{31}\mathrm{d}A)\boldsymbol{e}_1\end{aligned}$$

两边除以 $\mathrm{d}A$，得：

$$\boldsymbol{t}_1=\boldsymbol{n}\cdot(\boldsymbol{e}_1T_{11}+\boldsymbol{e}_2T_{21}+\boldsymbol{e}_3T_{31})\boldsymbol{e}_1$$

用同样的方法，获得在 $x_2$ 和 $x_3$ 方向的净力 $\boldsymbol{t}_2$ 和 $\boldsymbol{t}_3$：

$$\boldsymbol{t}_2=\boldsymbol{n}\cdot(\boldsymbol{e}_1T_{12}+\boldsymbol{e}_2T_{22}+\boldsymbol{e}_3T_{32})\boldsymbol{e}_2$$

$$\boldsymbol{t}_3=\boldsymbol{n}\cdot(\boldsymbol{e}_1T_{13}+\boldsymbol{e}_2T_{23}+\boldsymbol{e}_3T_{33})\boldsymbol{e}_3$$

因此，

$$\begin{aligned}\boldsymbol{t}(\boldsymbol{n})=\boldsymbol{t}_1+\boldsymbol{t}_2+\boldsymbol{t}_3=&\boldsymbol{n}\cdot(\boldsymbol{e}_1T_{11}+\boldsymbol{e}_2T_{21}+\boldsymbol{e}_3T_{31})\boldsymbol{e}_1\\&+\boldsymbol{n}\cdot(\boldsymbol{e}_1T_{12}+\boldsymbol{e}_2T_{22}+\boldsymbol{e}_3T_{32})\boldsymbol{e}_2\\&+\boldsymbol{n}\cdot(\boldsymbol{e}_1T_{13}+\boldsymbol{e}_2T_{23}+\boldsymbol{e}_3T_{33})\boldsymbol{e}_3\end{aligned}\tag{3.1.2}$$

可以将 $\boldsymbol{t}(\boldsymbol{n})$ 的表达式［式（3.1.2）］重新写为：

$$\begin{aligned}\boldsymbol{t}(\boldsymbol{n})=\boldsymbol{n}\cdot(&\boldsymbol{e}_1\boldsymbol{e}_1T_{11}+\boldsymbol{e}_1\boldsymbol{e}_2T_{12}+\boldsymbol{e}_1\boldsymbol{e}_3T_{13}\\&+\boldsymbol{e}_2\boldsymbol{e}_1T_{21}+\boldsymbol{e}_2\boldsymbol{e}_2T_{22}+\boldsymbol{e}_2\boldsymbol{e}_3T_{23}\\&+\boldsymbol{e}_3\boldsymbol{e}_1T_{31}+\boldsymbol{e}_3\boldsymbol{e}_2T_{32}+\boldsymbol{e}_3\boldsymbol{e}_3T_{33})\end{aligned}\tag{3.1.3}$$

显然，每次写出式（3.1.3）右边括号内的所有项是相当麻烦的。为了书写方便，在 19 世纪 80 年代，Gibbs 把式（3.1.3）中括号内的所有项定义为应力张量，$\boldsymbol{e}_i\boldsymbol{e}_j(i,j=1,2,3)$ 称为**单位并矢**（unit dyad）。这个结果类似于速度矢量 $\boldsymbol{v}=\boldsymbol{e}_1v_1+\boldsymbol{e}_2v_2+\boldsymbol{e}_3v_3$，$v_i$ 是速度矢量的分量大小。式（3.1.2）或式（3.1.3）表明，通过一点的任何平面上的应力，都能够由这一点的应力张量确定。通常，使用黑体大写字母表示张量，黑体小写字母表示矢量。于是，当使用 Gibbs 记号时，式（3.1.2）的右边是矢量 $\boldsymbol{n}$ 与应力张量 $\boldsymbol{T}$ 的点积：

$$\boldsymbol{t}(\boldsymbol{n})=\boldsymbol{n}\cdot\boldsymbol{T}\tag{3.1.4a}$$

$$\boldsymbol{t}_i=\sum_{j=1}^{3}\boldsymbol{e}_in_jT_{ji}\quad\text{或}\quad t_i=\sum_{j=1}^{3}n_jT_{ji}\tag{3.1.4b}$$

式（3.1.4）表明矢量与张量的点积，产生另一个矢量。

为了可视化理解，可用一个张量机器[2] 来表示张量和矢量的点积（图 3.1.5）。张量机器把一个矢量线性转换为另一个矢量，即如果应力张量 $\boldsymbol{T}$ 作用于任何一个平面 $\boldsymbol{n}$ 上，将产生作用在平面 $\boldsymbol{n}$ 上的应力矢量 $\boldsymbol{t}(\boldsymbol{n})$。这个结果类似于 $v_n=\boldsymbol{v}\cdot\boldsymbol{n}$，$v_n$ 是速度矢量 $\boldsymbol{v}$ 沿 $\boldsymbol{n}$ 的分量，然而，$v_n$ 是一个标量，$\boldsymbol{t}(\boldsymbol{n})$ 是一个

矢量。这样，在笛卡尔坐标系 $O_{xyz}$ 中，应力张量 $\boldsymbol{T}$ 的 $T_{xx}$、$T_{xy}$ 和 $T_{xz}$ 分量分别是：$T_{xx}=\boldsymbol{e}_x\cdot\boldsymbol{T}\cdot\boldsymbol{e}_x$、$T_{xy}=\boldsymbol{e}_x\cdot\boldsymbol{T}\cdot\boldsymbol{e}_y$ 和 $T_{xz}=\boldsymbol{e}_x\cdot\boldsymbol{T}\cdot\boldsymbol{e}_z$。因此，应力张量 $\boldsymbol{T}$ 不仅是完全表征一点处应力状态的量，而且还是作用在矢量上的数学算符。

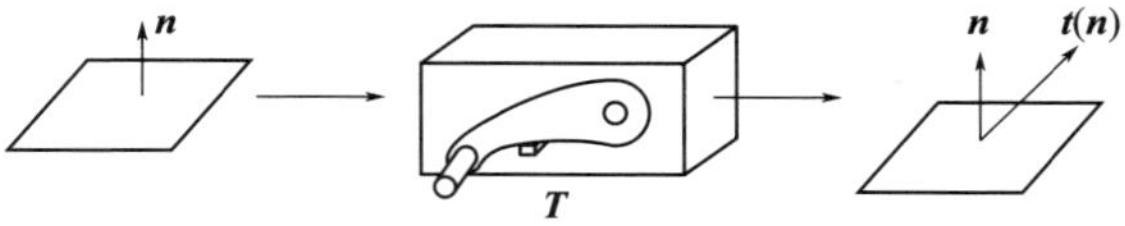


图 3.1.5 张量机器

［引自 C. W. Macosko，*Rheology*：*Principles*，*Measurements and Application*，Wiley-VCH，New York，p11（1994）］

在式（3.1.3）右边的括号内，应力张量 $\boldsymbol{T}$ 的每一个分量都包含一个单位并矢。每一个单位并矢携带两个方向：第一个方向是应力矢量作用的平面的方向，另一个方向是矢量本身的方向。并矢形式的应力张量写为 $\boldsymbol{T}=\sum_{i=1}^{3}\sum_{j=1}^{3}T_{ij}\boldsymbol{e}_i\boldsymbol{e}_j$。因此，二阶张量可以视为是两个矢量的并矢积。例如矢量 $\boldsymbol{v}$ 和 $\boldsymbol{w}$ 的并矢积是：

$$\boldsymbol{vw}=\begin{pmatrix} v_1w_1 & v_1w_2 & v_1w_3 \\ v_2w_1 & v_2w_2 & v_2w_3 \\ v_3w_1 & v_3w_2 & v_3w_3 \end{pmatrix}$$

当使用矩阵记号表示应力张量的分量时，实际上忽略了 $\boldsymbol{e}_1\boldsymbol{e}_1$ 等双矢量（或单位并矢）。使用矩阵记号可以把式（3.1.4）写成：

$$\boldsymbol{t}(\boldsymbol{n})=\boldsymbol{n}\cdot\boldsymbol{T}=(n_1\quad n_2\quad n_3)\begin{pmatrix} T_{11} & T_{12} & T_{13} \\ T_{21} & T_{22} & T_{23} \\ T_{31} & T_{32} & T_{33} \end{pmatrix}=\begin{pmatrix} n_1T_{11}+n_2T_{21}+n_3T_{31} \\ n_1T_{12}+n_2T_{22}+n_3T_{32} \\ n_1T_{13}+n_2T_{23}+n_3T_{33} \end{pmatrix} \tag{3.1.5}$$

**例 3.1.1**

在图 3.1.6 所示的横截面面积为 $a$ 的圆柱杆单轴拉伸中，①$P$ 点的应力状态是什么？②作用在穿过杆的切面上的法向应力和剪切应力是多少？切面的单位法线 $\boldsymbol{n}$ 位于 $x_1x_2$ 平面内，并与 $x_1$ 成 $\theta$ 角；$\boldsymbol{n}=\boldsymbol{e}_1\cos\theta+\boldsymbol{e}_2\sin\theta$。切线 $\boldsymbol{s}$ 是平面 $x_1x_2$ 和切面的相交线；$\boldsymbol{s}=\boldsymbol{e}_1\sin\theta-\boldsymbol{e}_2\cos\theta$。$\boldsymbol{e}_i$ 是直角坐标系 $x_i$ 坐标轴的单位矢量。

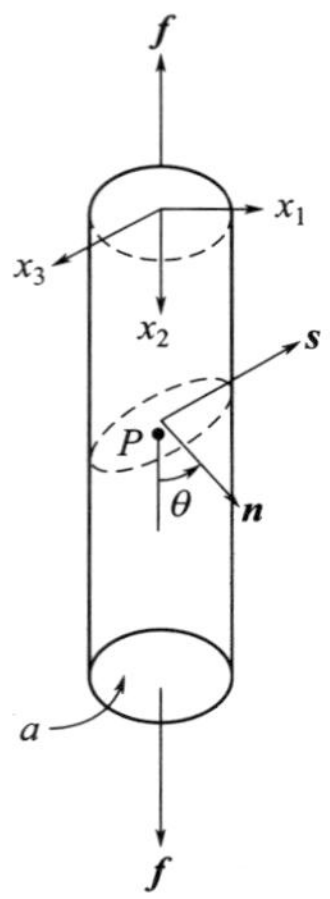


图 3.1.6　在一个圆柱杆切面上的应力

**解：**

① 设 $\boldsymbol{t}_i$ 是在力 $\boldsymbol{f}=\boldsymbol{e}_1 f$ 作用下杆中各点的应力张量沿 $x_i$ 轴的投影矢量，因此：

$$\boldsymbol{T}=\boldsymbol{t}_1\boldsymbol{e}_1+\boldsymbol{t}_2\boldsymbol{e}_2+\boldsymbol{t}_3\boldsymbol{e}_3$$

因为 $\boldsymbol{t}_1=(f/a)\boldsymbol{e}_1$，$\boldsymbol{t}_2=\boldsymbol{t}_3=0$，于是：

$$\boldsymbol{T}=\left(\frac{f}{a}\right)\boldsymbol{e}_1\boldsymbol{e}_1$$

或

$$T_{ij}=\begin{pmatrix} f/a & 0 & 0 \\ 0 & 0 & 0 \\ 0 & 0 & 0 \end{pmatrix}$$

在这个矩阵中大部分是零分量。这在流变学测量中是很典型的，流变学家需要简单的应力场来表征复杂材料。

② 作用在法线为 $\boldsymbol{n}$ 的平面上的应力矢量 $\boldsymbol{t}_n$ 是 $\boldsymbol{t}_n=\boldsymbol{n}\cdot\boldsymbol{T}$，其中 $\boldsymbol{n}=\boldsymbol{e}_1\cos\theta+\boldsymbol{e}_2\sin\theta$。使用矩阵乘法给出：

$$\boldsymbol{t}_n=\boldsymbol{n}\cdot\boldsymbol{T}=(\cos\theta \quad \sin\theta \quad 0)\begin{pmatrix} f/a & 0 & 0 \\ 0 & 0 & 0 \\ 0 & 0 & 0 \end{pmatrix}=\left(\frac{f}{a}\cos\theta \quad 0 \quad 0\right)=\left(\frac{f}{a}\right)\cos\theta\boldsymbol{e}_1$$

在 $\boldsymbol{n}$ 面平上的法向应力就是 $\boldsymbol{t_n}$ 在 $\boldsymbol{n}$ 上的投影：

$$t_{nn}=\boldsymbol{t}_n\cdot\boldsymbol{n}=(f\cos\theta/a\quad 0\quad 0)\begin{pmatrix}\cos\theta\\ \sin\theta\\ 0\end{pmatrix}=\frac{f}{a}\cos^2\theta$$

剪切应力来自于矢量的相减：

$$\boldsymbol{t}_n-t_{nn}\boldsymbol{n}=t_{ns}\boldsymbol{s}$$

其中，$\boldsymbol{s}$ 是在平面 $x_1x_2$ 内相切于平面 $\boldsymbol{n}$ 的矢量。代入上式左边得到：

$$\left(\frac{f}{a}\cos\theta\quad 0\quad 0\right)-\left(\frac{f}{a}\cos^3\theta\quad \frac{f}{a}\cos^2\theta\sin\theta\quad 0\right)=$$

$$\left(\frac{f}{a}\cos\theta\sin^2\theta\quad -\frac{f}{a}\cos^2\theta\sin\theta\quad 0\right)$$

因为 $\boldsymbol{s}=\boldsymbol{e}_1\sin\theta-\boldsymbol{e}_2\cos\theta$，于是：

$$t_{ns}=\left(\frac{f}{a}\right)\cos\theta\sin\theta$$

这种剪切应力在材料断裂中可能是重要的。

## 3.1.2 应力张量缩并

式（3.1.4b）是 $\boldsymbol{t}(\boldsymbol{n})$ 的分量 $t_i$ 的表达式：$t_i=\sum_{j=1}^{3}n_jT_{ji}=n_1T_{1i}+n_2T_{2i}+n_3T_{3i}$。为了书写简单，经常简略掉求和符号，采用 Einstein 求和约定[3]（1916）[当一项中的某一指标仅重复一次时，这一项必须在重复指标的所有容许值范围内对重复指标进行求和，即使没有明确写出求和符号。这个过程叫作张量**缩并**（contraction）]。求和约定书写简单，并且当处理一阶和高阶张量的乘积时，可增加数学精确性。于是，可以将式（3.1.4b）简单写为：

$$t_i\equiv n_jT_{ji}\tag{3.1.6}$$

在直角坐标系中，$\boldsymbol{T}=T_{ij}\boldsymbol{e}_i\boldsymbol{e}_j$，用单位并矢和指标求和约定，可以把应力张量和 $\boldsymbol{n}\cdot\boldsymbol{T}$ 写为：

$$\boldsymbol{n}\cdot\boldsymbol{T}=\boldsymbol{n}\cdot(T_{ji}\boldsymbol{e}_j\boldsymbol{e}_i)=n_jT_{ji}\boldsymbol{e}_i\tag{3.1.7}$$

如果 $\boldsymbol{A}$ 和 $\boldsymbol{B}$ 是两个二阶张量，$A_{ij}B_{kl}$ 四个可能的缩并是：

$$\sum_{i=1}^{3}A_{ij}B_{ki}\equiv A_{ij}B_{ki}=B_{ki}A_{ij},\quad \sum_{i=1}^{3}A_{ij}B_{ik}\equiv A_{ij}B_{ik}=A_{ji}{}^{\mathrm{T}}B_{ik}$$

$$\sum_{j=1}^{3} A_{ij}B_{kj} \equiv A_{ij}B_{kj} = A_{ij}B_{jk}^{\mathrm{T}}, \quad \sum_{j=1}^{3} A_{ij}B_{jk} \equiv A_{ij}B_{jk}$$

上述所有四个乘积都是二阶张量。注意，为了将上面四个方程写为矩阵的积，重排各项以使求和指标相邻。

**例 3.1.2**

计算 $\partial T_{ij}/\partial x_i$。

**解：** $$\frac{\partial T_{ij}}{\partial x_i} = \sum_{i=1}^{3} \frac{\partial T_{ij}}{\partial x_i} = \begin{pmatrix} \dfrac{\partial}{\partial x_1} & \dfrac{\partial}{\partial x_2} & \dfrac{\partial}{\partial x_3} \end{pmatrix} \begin{pmatrix} T_{11} & T_{12} & T_{13} \\ T_{21} & T_{22} & T_{23} \\ T_{31} & T_{32} & T_{33} \end{pmatrix}$$

$$= \left( \frac{\partial T_{11}}{\partial x_1} + \frac{\partial T_{21}}{\partial x_2} + \frac{\partial T_{31}}{\partial x_3} \quad \frac{\partial T_{12}}{\partial x_1} + \frac{\partial T_{22}}{\partial x_2} + \frac{\partial T_{32}}{\partial x_3} \quad \frac{\partial T_{13}}{\partial x_1} + \frac{\partial T_{23}}{\partial x_2} + \frac{\partial T_{33}}{\partial x_3} \right)$$

## 3.1.3 应力张量对称性

如果 $B_{ij}=B_{ji}$，则张量 $\boldsymbol{B}$ 可称为**对称张量**（symmetric tensor）。对称二阶张量的矩阵仅由六个独立的分量构成［对角线上（$i=j$）的三个及其上方或下方（$i\neq j$）的三个］，即 $T_{ij}=T_{ji}$。为此，考虑图 3.1.2 中的体积微元，用 $\mathrm{d}V=\mathrm{d}x_1\mathrm{d}x_2\mathrm{d}x_3$ 表示微元的体积。由于在介质中一点邻近区域的应力状态是均匀的，在该点的介质微元处于平衡状态。对于平行于 $x_3$ 轴的任意轴，力矩平衡方程是：

$$[T_{12}(\mathrm{d}x_1\mathrm{d}x_3)\cdot \mathrm{d}x_2] - T_{21}(\mathrm{d}x_2\mathrm{d}x_3)\cdot \mathrm{d}x_1 = 0$$

$$T_{12}=T_{21}$$

同样地，可以证明 $T_{13}=T_{31}$ 和 $T_{23}=T_{32}$。

如果 $B_{ij}=-B_{ji}$，则张量 $\boldsymbol{B}$ 可称为**反对称张量**（antisymmetric tensor）。反对称张量的每个对角线分量都是零，反对称张量仅有三个独立的分量（对角线上方或下方的三个）。

任何张量可以表示为对称张量 $S_{ij}$ 和反对称张量 $A_{ij}$ 的和：

$$B_{ij} = \frac{1}{2}(B_{ij}+B_{ji}) + \frac{1}{2}(B_{ij}-B_{ji}) = S_{ij}+A_{ij} \tag{3.1.8a}$$

式中，

$$S_{ij} = \frac{1}{2}(B_{ij}+B_{ji}) \tag{3.1.8b}$$

$$A_{ij} = \frac{1}{2}(B_{ij}-B_{ji}) \tag{3.1.8c}$$

## 3.1.4 等压应力张量

一个特别简单的应力张量是等压应力张量。在这种情况下，流体仅承受均匀的法向应力，即**各向同性压力**（isotropic pressure）$p$（图 3.1.7）：$T_{11}=T_{22}=T_{33}=-p$。等压应力张量是：

$$T_{ij}=\begin{pmatrix}-p & 0 & 0\\ 0 & -p & 0\\ 0 & 0 & -p\end{pmatrix}=-p\begin{pmatrix}1 & 0 & 0\\ 0 & 1 & 0\\ 0 & 0 & 1\end{pmatrix}=-p\boldsymbol{I} \tag{3.1.9}$$

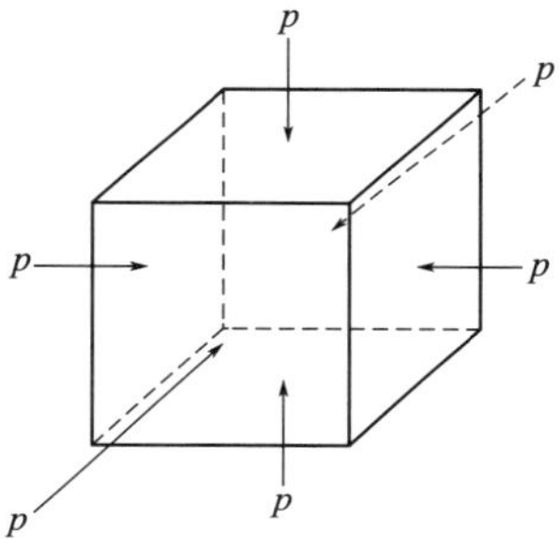


图 3.1.7 全方位压缩（流体静力学压力）

使用负号是因为压缩通常被认为是负的。$\boldsymbol{I}$ 称为**单位张量**（unit tensor）。单位张量的矩阵形式是：

$$\boldsymbol{I}=\delta_{ij}=\begin{pmatrix}1 & 0 & 0\\ 0 & 1 & 0\\ 0 & 0 & 1\end{pmatrix} \tag{3.1.10}$$

当 $i=j$ 时，$\delta_{ij}=1$，当 $i\neq j$ 时，$\delta_{ij}=0$。$\delta_{ij}$ 也称为 **Kronecker 记号**（Kronecker delta）。当 $\boldsymbol{I}$ 乘以另一个张量时，它总是产生相同的张量：$\boldsymbol{T}\cdot\boldsymbol{I}=T_{ik}\delta_{kj}=T_{ij}=\boldsymbol{T}$。当流体静止时，各向同性压力变成**流体静压力**（static pressure）$p_s$。

## 3.1.5 偏应力张量

在处理流动中的流体时，通常保留各向同性压力 $p$（在这种情况下，$p$ 本身是负值），并将应力张量写成两部分的和：

$$\boldsymbol{T}=-p\boldsymbol{I}+\boldsymbol{\tau} \quad 或 \quad T_{ij}=-p\delta_{ij}+\tau_{ij} \tag{3.1.11}$$

$\boldsymbol{\tau}$ 是与流动相关的附加应力，称为**偏应力张量**（deviator）或**黏性应力张量**（viscous stress tensor）。经常将 $\boldsymbol{T}$ 称为**总应力张量**（total stress tensor），$\boldsymbol{\tau}$ 称为应力张量。对于不可压缩材料，各向同性压力不影响材料的行为，仅压力梯度具有重要性，因此，分离 $p$ 是有意义的。偏应力张量 $\boldsymbol{\tau}$ 包含形变对材料的所有影响。通常根据 $\boldsymbol{\tau}$ 来书写本构方程。

### 3.1.6 主应力张量

通过对物体的特殊切割，所得到的仅有法向应力作用的平面称为**主平面**（principal plane），作用在主平面上的应力称为**主应力** $\boldsymbol{\sigma}$（principal stress）。通过任一点有三个正交的即彼此垂直的三个主平面。主应力概念允许用最少参数（三个独立变量 $\sigma_1$、$\sigma_2$ 和 $\sigma_3$）完全表征任何一点的应力状态。如果取坐标方向为三个主应力方向，在应力张量中所有的剪切分量都将消失，应力张量简化为三个对角线分量：

$$T_{ij}^{p}=\begin{pmatrix}\sigma_1 & 0 & 0\\ 0 & \sigma_2 & 0\\ 0 & 0 & \sigma_3\end{pmatrix} \tag{3.1.12}$$

### 3.1.7 应力张量的不变量

为了使标量的流变参数（例如模量或黏度）不依赖坐标系统，并且成为一个张量的函数，必须使用**张量不变量**（tensor invariant）。可以证明[4]，应力张量的分量存在三种组合的标量不变量。

因为主平面被定义为只有法向应力的平面，这一平面的应力矢量和单位法线必须在同一方向上：

$$\boldsymbol{t}(\boldsymbol{n})=\sigma\boldsymbol{n} \tag{3.1.13}$$

式中，$\sigma$ 是主应力的大小；$\boldsymbol{n}$ 是主应力的方向。根据式（3.1.3）和式（3.1.13）可得到：

$$\boldsymbol{t}(\boldsymbol{n})=\boldsymbol{n}\cdot\boldsymbol{T}=\sigma\boldsymbol{n}$$

$$\boldsymbol{n}\cdot(\boldsymbol{T}-\sigma\boldsymbol{I})=0,\quad n_i(T_{ij}-\sigma I_{ij})=0 \tag{3.1.14}$$

由于 $\boldsymbol{n}$ 不是零，要解这个方程，需要找到 $\sigma$ 的值，以便行列式 $\boldsymbol{T}-\sigma\boldsymbol{I}$ 等于零。这通常称为特征值问题。

$$\det(\boldsymbol{T}-\sigma\boldsymbol{I})=\begin{vmatrix} T_{11}-\sigma & T_{12} & T_{13} \\ T_{21} & T_{22}-\sigma & T_{23} \\ T_{31} & T_{32} & T_{33}-\sigma \end{vmatrix}$$

展开这个行列式，得到矩阵的特征方程：

$$\sigma^3-I_T\sigma^2+II_T\sigma-III_T=0 \tag{3.1.15}$$

式中的系数为：

$$I_{\boldsymbol{T}}=\mathrm{tr}\boldsymbol{T}=T_{ii}=\sigma_1+\sigma_2+\sigma_3 \tag{3.1.16}$$

$$\begin{aligned} II_{\boldsymbol{T}} &=\frac{1}{2}[(\mathrm{tr}\boldsymbol{T})^2-\mathrm{tr}\boldsymbol{T}^2] \\ &=T_{11}T_{22}+T_{22}T_{33}+T_{11}T_{33}-T_{12}^2-T_{13}^2-T_{23}^2 \\ &=\sigma_1\sigma_2+\sigma_2\sigma_3+\sigma_3\sigma_1 \end{aligned} \tag{3.1.17}$$

$$\begin{aligned} III_{\boldsymbol{T}} &=\det\boldsymbol{T} \\ &=T_{11}T_{22}T_{33}+2T_{12}T_{23}T_{31}-T_{11}T_{23}^2-T_{22}T_{31}^2-T_{33}T_{12}^2 \\ &=\sigma_1\sigma_2\sigma_3 \end{aligned} \tag{3.1.19}$$

式中，$I_{\boldsymbol{T}}$、$II_{\boldsymbol{T}}$ 和 $III_{\boldsymbol{T}}$ 分别称为应力张量 $\boldsymbol{T}$ 的第一、第二和第三不变量。tr 称为张量的**迹**（trace）。在式（3.1.17）中，$\mathrm{tr}\boldsymbol{T}^2=\mathrm{tr}(\boldsymbol{T}\cdot\boldsymbol{T})=T_{1k}T_{k1}+T_{2k}T_{k2}+T_{3k}T_{k3}$。$\boldsymbol{T}\cdot\boldsymbol{T}$ 是一个特殊的两个二阶张量的**单点积**（single dot product）。一般而言，二阶张量 $\boldsymbol{A}$ 和 $\boldsymbol{B}$ 的单点积 $\boldsymbol{P}$ 的定义式是：

$$\boldsymbol{P}=\boldsymbol{A}\cdot\boldsymbol{B}\ \text{或}\ P_{ij}=\sum_{k=1}^{3}A_{ik}B_{kj}=A_{ik}B_{kj} \tag{3.1.20}$$

式（3.1.20）的分量形式有一个对邻近指标 $k$ 的项求和的重要特点。两个二阶张量的单点积是一个二阶张量。

在流变分析中，例如计算黏性耗散 $\boldsymbol{\tau}:\boldsymbol{D}$，也用到二阶张量的**双点积**（double dot product）。二阶张量 $\boldsymbol{A}$ 和 $\boldsymbol{B}$ 的双点积的定义式是：

$$\boldsymbol{A}:\boldsymbol{B}=\mathrm{tr}(\boldsymbol{A}\cdot\boldsymbol{B})=\sum_{i=1}^{3}\sum_{j=1}^{3}A_{ij}B_{ji}\equiv A_{ij}B_{ji} \tag{3.1.21}$$

显然，两个二阶张量的双点积是一个标量。

# 3.2 形变运动学

黏弹性材料是流变学的主要研究对象。在黏弹性材料中现在时刻的应力不仅依赖于形变（应变）和形变（应变）速率，而且也依赖于这些材料经受的全部形变（应变）史[5]。也就是说，不同于只需要形变（应变）速率的牛顿流体力学，为了描述黏弹性流体（记忆材料），或者为了更好理解这些材料的高等本构模型，需要一些**形变运动学**（deformation kinematics）的知识。

## 3.2.1 相对形变梯度张量

经常把流体的一部分叫做**物体**（body）。在任何时间 $t$，物体都有一个体积 $V$ 和一个表面 $S$。在物体中的材料点 $P$ 也称为**粒子**（particle）。在外力作用下，如果在物体中不同材料点的位移是不相同的，则出现**相对位移**（relative displacement），将导致**形变**（deformation）（需要记住：形变仅是相对位移的一部分）。流体的流动可以看作是连续的形变。形变通常有小形变和大形变之分。小形变也称为**无穷小形变**（infinitesimal deformation），是指材料点移至离其初始位置很近的情形。大形变也称为**有限形变**（finite deformation），是指材料点移至离其初始位置很远的情形。在实际的流体流动中，形变通常是大的。

通常在一个固定坐标系中定义小形变的度量，而为了描述一个物体的大形变，一般使用位形的概念。代表物体所有材料点的位置矢量叫做**位形**（configuration）。如果物体的所有材料点的位置矢量都是已知的，物体的位形也就确定了。运动是一系列时间依赖性的位形。

当使用位形来描述物体形变时，必须选取物体的一个特殊位形作为**参考位形**（reference configuration）。物体在任何时刻的形变都是相对于这个参考位形的。在固体力学中，一般选取未形变状态的位形（也称为自然位形）作为参考位形。然而，由于流体没有自然位形（或初始状态），在流体力学中通常选取现在时刻 $t$ 的位形作为参考位形，即选取**现在位形**（present configuration）$K$ 为参考位形。选择 $K$ 是方便的，因为参考位形 $K$ 随时间变化（因此 $K$ 也叫**相对参考位形**）。

由于在流体运动中形变通常很大，只可能将现在位形 $K$ 与在现在时刻之前或之后的很短一段时间的**邻近位形**（neighbor configuration）比较。在本节中，大多数讨论流体形变运动学的情形使用时刻 $t'$（$-\infty < t' \leqslant t$）的**最近位形**（current configuration）$K'$描述在现在时刻 $t$ 之前的流体形变过程。关于这方面的详细内容，可以参考相关文献[6]。

如果粒子 $P$ 在现在时刻 $t$ 占有位置 $\boldsymbol{x}$，在过去时刻 $t'$占有位置 $\boldsymbol{x}'$。假设 $\boldsymbol{x}'$可以表示为 $\boldsymbol{x}$ 的可微函数，在时刻 $t'$时，则有：

$$\boldsymbol{x}' = \boldsymbol{x}'(\boldsymbol{x}, t') \tag{3.2.1}$$

为了定义形变（应变）张量，需要引入相对形变梯度张量的概念。粒子 $P$ 在过去时刻 $t'$ 对于现在位形 $K$（参考位形）的**相对形变梯度**（relative deformation gradient）$\boldsymbol{F}_t(t')$ 的定义是：

$$\boldsymbol{F}_t(t') = \frac{\partial \boldsymbol{x}'}{\partial \boldsymbol{x}} \Longleftrightarrow F_{ij}(t') = \frac{\partial x_i'}{\partial x_j}, i, j = 1, 2, 3 \tag{3.2.2a}$$

在式（3.2.2a）中，由于现在位形作为参考位形，Gibbs 记号的相对形变梯度张量使用了下标 $t$。$\boldsymbol{F}_t$ 的逆相对形变梯度张量是 $\boldsymbol{F}_t^{-1}$：

$$\boldsymbol{F}_t^{-1} = \frac{\partial x_i}{\partial x_j'},\ i, j = 1, 2, 3 \tag{3.2.2b}$$

$\boldsymbol{F}_t$ 和 $\boldsymbol{F}_t^{-1}$ 的矩阵形式是：

$$\boldsymbol{F}_t(t') = \frac{\partial x_i'}{\partial x_j} = \begin{pmatrix} \frac{\partial x_1'}{\partial x_1} & \frac{\partial x_1'}{\partial x_2} & \frac{\partial x_1'}{\partial x_3} \\ \frac{\partial x_2'}{\partial x_1} & \frac{\partial x_2'}{\partial x_2} & \frac{\partial x_2'}{\partial x_2} \\ \frac{\partial x_3'}{\partial x_1} & \frac{\partial x_3'}{\partial x_2} & \frac{\partial x_3'}{\partial x_2} \end{pmatrix},\ \boldsymbol{F}_t^{-1} = \frac{\partial x_i}{\partial x_j'} = \begin{pmatrix} \frac{\partial x_1}{\partial x_1'} & \frac{\partial x_1}{\partial x_2'} & \frac{\partial x_1}{\partial x_3'} \\ \frac{\partial x_2}{\partial x_1'} & \frac{\partial x_2}{\partial x_2'} & \frac{\partial x_2}{\partial x_3'} \\ \frac{\partial x_3}{\partial x_1'} & \frac{\partial x_3}{\partial x_2'} & \frac{\partial x_3}{\partial x_3'} \end{pmatrix} \tag{3.2.2c}$$

由于粒子 $P$ 在现在时刻 $t$ 占有位置 $\boldsymbol{x}$，因而当 $t' = t$ 时，式（3.2.1）变为：

$$\boldsymbol{x}' \mid_{t'=t} = \boldsymbol{x} \tag{3.2.3}$$

即 $\boldsymbol{x}'$和 $\boldsymbol{x}$ 重合，于是

$$\boldsymbol{F}_t(t) = \boldsymbol{I} \tag{3.2.4}$$

式（3.2.2a）的微分形式是：

$$\mathrm{d}\boldsymbol{x}' = \boldsymbol{F}_t(t') \cdot \mathrm{d}\boldsymbol{x} \tag{3.2.5}$$

像应力张量一样，形变梯度张量也有两个方向：一个方向是在过去位形 $\boldsymbol{x}'$中

的单位基矢量 $\boldsymbol{e}_i'$，另一个方向是在现在位形 $\boldsymbol{x}$ 中的单位基矢量 $\boldsymbol{e}_j$。$\boldsymbol{F}_t$ 相当于一个张量机器，它将在材料点 $P$ 处的小相对位置矢量 $\mathrm{d}\boldsymbol{x}$ 从现在状态转换到过去状态 $\mathrm{d}\boldsymbol{x}'$。

另外，在笛卡尔正交坐标系中，有：

$$\boldsymbol{F}^{\mathrm{T}}=\nabla \boldsymbol{x}' \tag{3.2.6}$$

$\boldsymbol{F}^{\mathrm{T}}$ 是 $\boldsymbol{F}$ 的转置张量，$\nabla\boldsymbol{x}'$是$\nabla$ 与 $\boldsymbol{x}'$的并矢积。为了简化记号，在式（3.2.6）中，相对形变梯度张量省略了下标 $t$。在以后定义的其他张量物理量中，将采用同样的约定。

对于不可压缩介质，在形变梯度张量 $\boldsymbol{F}$ 作用下，一个体积为 $\mathrm{d}x_1\mathrm{d}x_2\mathrm{d}x_3$ 的材料微元转换成在 $\boldsymbol{x}'$空间中的等体积微元。因此，转换 $\boldsymbol{F}$ 的 Jacobian 行列式必须是 1：$\det\boldsymbol{F}=1$。

**例 3.2.1**

对于给出的位移函数，求 $\boldsymbol{F}(t')$。

**解：**

（1）简单剪切

简单剪切的位移函数是 $x_1'=x_1-\gamma x_2$，$x_2'=x_2$ 和 $x_3'=x_3$，$\gamma$ 是剪切应变。在第一个表达式中的减号表示计算时间是从现在回到过去。根据式（3.2.2a），简单剪切的 $F_{ij}(t')$ 是：

$$F_{ij}(t')=\begin{pmatrix}1 & -\gamma & 0\\ 0 & 1 & 0\\ 0 & 0 & 1\end{pmatrix}$$

如果在简单剪切流动中，剪切速率 $\dot{\gamma}$ 是常数，剪切应变 $\gamma=\dot{\gamma}\cdot(t-t')$，$t'\leqslant t$。位移函数是 $x_1'=x_1-\dot{\gamma}\cdot x_2\ (t-t')$，简单剪切流动的 $F_{ij}\ (t')$ 是：

$$F_{ij}(t')=\begin{pmatrix}1 & -\dot{\gamma}\cdot(t-t') & 0\\ 0 & 1 & 0\\ 0 & 0 & 1\end{pmatrix}=\begin{pmatrix}1 & \dot{\gamma}\cdot(t'-t) & 0\\ 0 & 1 & 0\\ 0 & 0 & 1\end{pmatrix}$$

如果剪切速率 $\dot{\gamma}$ 是时间的函数 $\dot{\gamma}(t)$时，在时间 $s=t-t'$的剪切应变 $\gamma(t,t')=\int_t^{t'}\dot{\gamma}(t')\mathrm{d}t'=\int_0^s\dot{\gamma}(t-u)\,\mathrm{d}u$。位移函数是 $x'_1=x_1-\int_0^s\dot{\gamma}(t-u)x_2\mathrm{d}u$，$F_{ij}(t')$ 是：

$$F_{ij}(t')=\begin{pmatrix}1 & -\int_0^s\dot{\gamma}(t-u)\,\mathrm{d}u & 0\\ 0 & 1 & 0\\ 0 & 0 & 1\end{pmatrix}$$

（2）单轴拉伸

单轴拉伸的位移函数是 $x_1'=\alpha_1 x_1$，$x_2'=\alpha_2 x_2$ 和 $x_3'=\alpha_3 x_3$，$\alpha_i=\Delta x_i'/\Delta x_i$。注意，在这里定义 $\alpha_i$ 的与通常的伸长比的定义不同，后者是 $\Delta x_i/\Delta x_i'$。单轴拉伸关于 $x_1$ 轴对称，即 $\alpha_2=\alpha_3$，单轴拉伸的 $F_{ij}(t')$ 是：

$$F_{ij}(t')=\begin{pmatrix}\alpha_1 & 0 & 0\\ 0 & \alpha_1^{-1/2} & 0\\ 0 & 0 & \alpha_1^{-1/2}\end{pmatrix}$$

（3）固体旋转

固体旋转的位移函数是 $x_1'=x_1\cos\theta+x_2\sin\theta$，$x_2'=-x_1\sin\theta+x_2\cos\theta$ 和 $x_3'=x_3$，围绕 $x_3$ 轴旋转，$\theta$ 是旋转角，固体旋转的 $F_{ij}(t')$ 是：

$$F_{ij}(t')=\begin{pmatrix}\cos\theta & \sin\theta & 0\\ -\sin\theta & \cos\theta & 0\\ 0 & 0 & 1\end{pmatrix}$$

从例 3.2.1 看出，$\boldsymbol{F}(t')$ 描述材料线的形变和旋转，而且不一定是对称张量。在刚体旋转时，$\boldsymbol{F}(t')$ 发生变化（不是零或不等于 $\boldsymbol{I}$）。这些性质决定了 $\boldsymbol{F}(t')$ 不是形变的恰当度量。

## 3.2.2 形变张量

为了消除旋转，定义一个在流变学中最广泛使用的（**相对**）**Cauchy-Green 形变张量** $\boldsymbol{C}(t')$（relative Cauchy-Green deformation tensor）：

$$\boldsymbol{C}(t')=\boldsymbol{F}^{\mathrm{T}}(t')\cdot\boldsymbol{F}(t')\Longleftrightarrow C_{ij}=F_{ik}^{\mathrm{T}}F_{kj}=F_{ki}F_{kj}=\frac{\partial x_k'}{\partial x_i}\frac{\partial x_k'}{\partial x_j} \tag{3.2.7a}$$

$$\boldsymbol{C}^{-1}(t')=\boldsymbol{F}^{-1}(t')\cdot\boldsymbol{F}^{-\mathrm{T}}(t')\Longleftrightarrow C_{ij}^{-1}=F_{ik}^{-1}F_{jk}^{-1}=\frac{\partial x_i}{\partial x_k'}\frac{\partial x_j}{\partial x_k'} \tag{3.2.7b}$$

式中，$\boldsymbol{C}^{-1}$ 是 $\boldsymbol{C}$ 的逆形变张量。$\boldsymbol{C}$ 描述在较早时刻 $t'$ 的流体微元相对于现在时刻 $t$ 位形的形变，$\boldsymbol{C}^{-1}$ 描述在现在时刻 $t$ 的流体微元相对于较早时刻 $t'$ 位形的形变，显然 $\boldsymbol{C}\cdot\boldsymbol{C}^{-1}=\boldsymbol{I}$。张量 $\boldsymbol{C}$ 也叫右 Cauchy-Green 形变张量（right-Cauchy-Green deformation tensor）或 Cauchy 形变张量。

类似应力张量，$\boldsymbol{C}(t')$ 和 $\boldsymbol{C}^{-1}(t')$ 分量也都存在三种组合的标量不变量。它们是：

$$I_{\boldsymbol{C}}=\mathrm{tr}\boldsymbol{C},\ I_{\boldsymbol{C}^{-1}}=\mathrm{tr}\boldsymbol{C}^{-1} \tag{3.2.8}$$

$$II_{\boldsymbol{C}}=\frac{1}{2}\left[(\mathrm{tr}\boldsymbol{C})^2-\mathrm{tr}\boldsymbol{C}^2\right],\ II_{\boldsymbol{C}^{-1}}=\frac{1}{2}\left[(\mathrm{tr}\boldsymbol{C}^{-1})^2-\mathrm{tr}\boldsymbol{C}^{-2}\right] \tag{3.2.9}$$

$$III_{\boldsymbol{C}}=\det\boldsymbol{C},III_{\boldsymbol{C}^{-1}}=\det\boldsymbol{C}^{-1} \tag{3.2.10}$$

可以证明：对于不可压缩流体，$I_{\boldsymbol{C}}=II_{\boldsymbol{C}^{-1}}$，$II_{\boldsymbol{C}}=I_{\boldsymbol{C}^{-1}}$，$III_{\boldsymbol{C}}=III_{\boldsymbol{C}^{-1}}=1$。

**例 3.2.2**

使用例 3.2.1 中给出的 $\boldsymbol{F}(t')$，计算稳态简单剪切流动的 $\boldsymbol{C}(t')$、$\boldsymbol{C}^{-1}(t')$ 和它们的不变量。

**解：**

从例 3.2.1 中的稳态简单剪切流动的 $\boldsymbol{F}$，得：

$$\boldsymbol{F}^{\mathrm{T}}=\begin{pmatrix}1 & 0 & 0\\ \dot{\gamma}\cdot(t'-t) & 1 & 0\\ 0 & 0 & 1\end{pmatrix}$$

用于计算 $\boldsymbol{F}^{-1}$ 的位移函数是：

$$x_1=x_1'+\dot{\gamma}x_2'(t-t'),x_2=x_2',x_3=x_3'$$

于是，

$$\boldsymbol{F}^{-1}=\frac{\partial x_i}{\partial x_j'}=\begin{pmatrix}1 & \dot{\gamma}\cdot(t-t') & 0\\ 0 & 1 & 0\\ 0 & 0 & 1\end{pmatrix},\boldsymbol{F}^{-\mathrm{T}}=\begin{pmatrix}1 & 0 & 0\\ \dot{\gamma}\cdot(t-t') & 1 & 0\\ 0 & 0 & 1\end{pmatrix}$$

$$\boldsymbol{C}=\boldsymbol{F}^{\mathrm{T}}\cdot\boldsymbol{F}=\begin{pmatrix}1 & -\dot{\gamma}\cdot(t-t') & 0\\ -\dot{\gamma}\cdot(t-t') & 1+\dot{\gamma}^2\cdot(t-t')^2 & 0\\ 0 & 0 & 1\end{pmatrix}$$

$$\boldsymbol{C}^{-1}=\boldsymbol{F}^{-1}\cdot\boldsymbol{F}^{-\mathrm{T}}=\begin{pmatrix}1+\dot{\gamma}^2\cdot(t-t')^2 & \dot{\gamma}\cdot(t-t') & 0\\ \dot{\gamma}\cdot(t-t') & 1 & 0\\ 0 & 0 & 1\end{pmatrix}$$

$$\boldsymbol{C}^2=\boldsymbol{C}\cdot\boldsymbol{C}$$

$$=\begin{pmatrix}1+\dot{\gamma}^2\cdot(t-t')^2 & -\dot{\gamma}\cdot(t-t')\left[2+\dot{\gamma}^2\cdot(t-t')^2\right] & 0\\ -\dot{\gamma}\cdot(t-t')\left[2+\dot{\gamma}^2\cdot(t-t')^2\right] & \dot{\gamma}^2\cdot(t-t')^2+\left[1+\dot{\gamma}^2\cdot(t-t')^2\right]^2 & 0\\ 0 & 0 & 1\end{pmatrix}$$

$$\boldsymbol{C}^{-2}=\boldsymbol{C}^{-1}\cdot\boldsymbol{C}^{-1}$$

$$=\begin{pmatrix}\dot{\gamma}^2\cdot(t-t')^2+[1+\dot{\gamma}^2\cdot(t-t')^2]^2 & \dot{\gamma}\cdot(t-t')[2+\dot{\gamma}^2\cdot(t-t')^2] & 0\\ \dot{\gamma}\cdot(t-t')[2+\dot{\gamma}^2\cdot(t-t')^2] & 1+\dot{\gamma}^2\cdot(t-t')^2 & 0\\ 0 & 0 & 1\end{pmatrix}$$

于是，

$$I_{\boldsymbol{C}}=3+\dot{\gamma}^2\cdot(t-t')^2, I_{\boldsymbol{C}^{-1}}=3+\dot{\gamma}^2\cdot(t-t')^2$$

$$II_{\boldsymbol{C}}=3+\dot{\gamma}^2\cdot(t-t')^2, II_{\boldsymbol{C}^{-1}}=3+\dot{\gamma}^2\cdot(t-t')^2$$

$$III_{\boldsymbol{C}}=1, III_{\boldsymbol{C}^{-1}}=1$$

**例 3.2.3**

使用例 3.2.1 中给出的 $\boldsymbol{F}(t')$，计算单轴拉伸和固体旋转的 $\boldsymbol{C}(t')$ 和 $\boldsymbol{C}^{-1}(t')$。

**解：**

使用与计算稳态简单剪切流动中 $\boldsymbol{C}$ 的类似方法，可以得到单轴拉伸的 $\boldsymbol{C}(t')$ 是：

$$\boldsymbol{C}(t')=\begin{bmatrix}1/\alpha_1^2 & 0 & 0\\ 0 & \alpha_1 & 0\\ 0 & 0 & \alpha_1\end{bmatrix},\ \boldsymbol{C}^{-1}(t')=\begin{bmatrix}\alpha_1^2 & 0 & 0\\ 0 & 1/\alpha_1 & 0\\ 0 & 0 & 1/\alpha_1\end{bmatrix}$$

固体旋转的 $\boldsymbol{C}(t')$ 是：

$$\boldsymbol{C}(t')=\begin{pmatrix}1 & 0 & 0\\ 0 & 1 & 0\\ 0 & 0 & 1\end{pmatrix}=\boldsymbol{C}^{-1}(t')$$

**例 3.2.4**

计算在时间 $t=0$ 时施加幅度 $\gamma_0$ 的阶跃剪切形变的 $\boldsymbol{C}(t')$ 和 $\boldsymbol{C}(t')$ 的不变量。形式上 $\dot{\gamma}(t)$ 是一个脉冲或 $\delta$ 函数。如图 3.2.1 所示，当 $t'>0$ 时，在时间 $t=0$ 发生阶跃形变，在 $t'$ 和 $t$ 之间没有形变加到材料上，$\gamma(t,t')=0$。当 $t'\leqslant 0$ 时，在 $t'$ 和 $t$ 之间形变 $\gamma_0$ 加到材料上，$\gamma(t,t')=\gamma_0$。

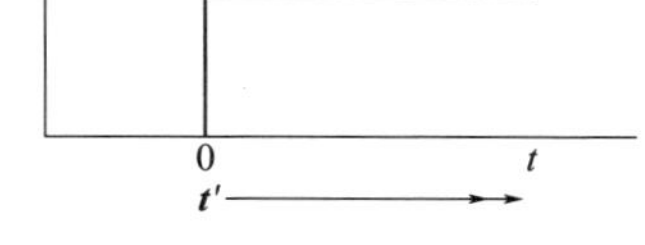

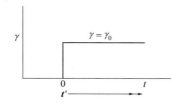

图 3.2.1　在时间 $t=0$ 时施加阶跃剪切应变 $\gamma_0$ 的应变史

**解：**

阶跃剪切形变的位移函数是：

在 $t' \leqslant 0$ 和 $t > 0$ 时，$x_1' = x_1 - \gamma_0 x_2$，$x_2' = x_2$，$x_3' = x_3$

在 $t > t' > 0$ 时，$x_1' = x_1$，$x_2' = x_2$，$x_3' = x_3$

于是，
$$\boldsymbol{F}(t') = \begin{pmatrix} 1 & -\gamma_0 & 0 \\ 0 & 1 & 0 \\ 0 & 0 & 1 \end{pmatrix},\ \boldsymbol{F}^{\mathrm{T}}(t') = \begin{pmatrix} 1 & 0 & 0 \\ -\gamma_0 & 1 & 0 \\ 0 & 0 & 1 \end{pmatrix}$$

$$\boldsymbol{C}(t') = \boldsymbol{F}^{\mathrm{T}} \cdot \boldsymbol{F} = \begin{pmatrix} 1 & -\gamma_0 & 0 \\ -\gamma_0 & 1+\gamma_0^2 & 0 \\ 0 & 0 & 1 \end{pmatrix}$$

$$\boldsymbol{C}^2(t') = \boldsymbol{C} \cdot \boldsymbol{C} = \begin{pmatrix} 1+\gamma_0^2 & -\gamma_0(2+\gamma_0^2) & 0 \\ -\gamma_0(2+\gamma_0^2) & \gamma_0^2+(1+\gamma_0^2)^2 & 0 \\ 0 & 0 & 1 \end{pmatrix}$$

于是，
$$I_{\boldsymbol{C}} = II_{\boldsymbol{C}} = 3+\gamma_0^2,\ III_{\boldsymbol{C}} = 1$$

连续剪切形变或剪切形变史可以近似为一系列阶跃剪切形变之和。阶跃剪切形变也可以用于建立具体材料本构方程的实验。例如，通过阶跃剪切应变实验，可以获得 K-BKZ 模型的阻尼函数形式（见 7.4.3 节）。

由例 3.2.2 至例 3.2.4 可见，$\boldsymbol{C}(t')$ 是对称张量（因此 $\boldsymbol{F}^{\mathrm{T}} \cdot \boldsymbol{F}$ 也称为对称积），并且当材料体积微元没有形变（刚体转动、平移或静止）时，$\boldsymbol{C} = \boldsymbol{I}$。也就是说，对于旋转、平移或静止状态，Cauchy 形变张量将不响应，这是人们所期望的。因此，Cauchy 形变张量是形变的恰当度量。它可以是本构方程的有用候选者，用于从形变中预测应力。

另一个经常使用的无旋转的大形变张量是（**相对**）**Finger 形变张量** $\boldsymbol{B}(t')$（relative Finger deformation tensor）。$\boldsymbol{B}(t')$ 的定义是：

$$\boldsymbol{B}(t') = \boldsymbol{F}(t') \cdot \boldsymbol{F}^{\mathrm{T}}(t') \Longleftrightarrow B_{ij} = F_{ik} F_{kj}^{\mathrm{T}} = \frac{\partial x_i'}{\partial x_k} \frac{\partial x_j'}{\partial x_k} \qquad (3.2.11\mathrm{a})$$

$$\boldsymbol{B}^{-1}(t') = \boldsymbol{F}^{-\mathrm{T}}(t') \cdot \boldsymbol{F}^{-1}(t') \Longleftrightarrow B_{ij}{}^{-1} = F_{ki}{}^{-1} F_{kj}{}^{-1} = \frac{\partial x_k}{\partial x_i'} \frac{\partial x_k}{\partial x_j'} \qquad (3.2.11\mathrm{b})$$

式中，$\boldsymbol{B}^{-1}$ 是 $\boldsymbol{B}$ 的逆形变张量，$\boldsymbol{B} \cdot \boldsymbol{B}^{-1} = \boldsymbol{I}$。张量 $\boldsymbol{B}$ 又称为左 Cauchy-Green 形变张量（left-Cauchy-Green deformation tensor），也是对称的。

为了理解 $\boldsymbol{C}(t')$ 和 $\boldsymbol{C}^{-1}(t')$ 的物理意义，设 $\boldsymbol{n}$ 是在现在位形（参考位形）中一个材料点周围面积为 $\mathrm{d}\boldsymbol{a}$ 平面的单位法线矢量，$\mathrm{d}\boldsymbol{a}'$和 $\boldsymbol{n}'$分别是 $\mathrm{d}\boldsymbol{a}$ 和 $\boldsymbol{n}$ 在过去位形中的相应矢量。于是，由式（3.2.5）和式（3.2.7a）可得：

$$\begin{aligned}\alpha^2 &= \frac{|\boldsymbol{n}'|^2}{|\boldsymbol{n}|^2} = \frac{\boldsymbol{n}'\cdot\boldsymbol{n}'}{\boldsymbol{n}\cdot\boldsymbol{n}} \\ &= \boldsymbol{n}'\cdot\boldsymbol{n}' = (\boldsymbol{F}\cdot\boldsymbol{n})\cdot(\boldsymbol{F}\cdot\boldsymbol{n}) \\ &= \boldsymbol{n}\cdot\boldsymbol{F}^{\mathrm{T}}\cdot\boldsymbol{F}\cdot\boldsymbol{n} = \boldsymbol{n}\cdot\boldsymbol{C}\cdot\boldsymbol{n}\end{aligned} \tag{3.2.12a}$$

因为对于不可压缩流体，材料微元等体积流动，$\mathrm{d}\boldsymbol{a}'\cdot\boldsymbol{n}'=\mathrm{d}\boldsymbol{a}\cdot\boldsymbol{n}$。使用 $\boldsymbol{F}^{-1}$ 表示 $\boldsymbol{n}$，给出：

$$\mathrm{d}\boldsymbol{a}' = \mathrm{d}\boldsymbol{a}\cdot\boldsymbol{F}^{-1}$$

由式（3.2.7 b），得：

$$\begin{aligned}\mu^2 &= \frac{|\mathrm{d}\boldsymbol{a}'|^2}{|\mathrm{d}\boldsymbol{a}|^2} = \frac{\mathrm{d}\boldsymbol{a}'\cdot\mathrm{d}\boldsymbol{a}'}{|\mathrm{d}\boldsymbol{a}|^2} = \frac{(\mathrm{d}\boldsymbol{a}\cdot\boldsymbol{F}^{-1})\cdot(\mathrm{d}\boldsymbol{a}\cdot\boldsymbol{F}^{-1})}{|\mathrm{d}\boldsymbol{a}|^2} \\ &= \frac{\mathrm{d}\boldsymbol{a}\cdot\boldsymbol{F}^{-1}\cdot\boldsymbol{F}^{-\mathrm{T}}\cdot\mathrm{d}\boldsymbol{a}}{|\mathrm{d}\boldsymbol{a}|^2} = \boldsymbol{n}\cdot\boldsymbol{F}^{-1}\cdot\boldsymbol{F}^{-\mathrm{T}}\cdot\boldsymbol{n} \\ &= \boldsymbol{n}\cdot\boldsymbol{C}^{-1}\cdot\boldsymbol{n}\end{aligned} \tag{3.2.12b}$$

式中，$\boldsymbol{n}=\mathrm{d}\boldsymbol{a}/|\mathrm{d}\boldsymbol{a}|$。式（3.2.12$a$）表明，$\boldsymbol{C}(t')$ 通过运算在现在位形中一个材料点处的单位矢量，可获得材料线元相对缩短或伸长比的平方（$\alpha^2$）。式（3.2.12b）表明，$\boldsymbol{C}^{-1}(t')$ 通过运算在现在位形中一个材料点周围面积的单位法线矢量，可获得材料微元面积比的平方（$\mu^2$）。进一步地，通过与推导式（3.2.12）类似的方法，也可以获得在笛卡尔坐标系 $x_i$ 中 $\boldsymbol{C}(t')$ 的分量 $C_{11}$、$C_{12}$ 等的说明性解释[7]：$\boldsymbol{C}(t')$ 的对角线分量 $C_{11}$ 等描述沿坐标方向取向的线元如何变短或变长，而 $\boldsymbol{C}(t')$ 的非对角线分量 $C_{12}$ 等则描述沿不同坐标方向取向（夹角 $90^{\circ}$）的两个线元以前的夹角是多大。

通过与 $\boldsymbol{C}(t')$ 类似的推导可知，对于不可压缩介质，$\boldsymbol{B}(t')$ 和 $\boldsymbol{B}^{-1}(t')$ 的物理含义为：$\boldsymbol{B}(t')$ 通过运算在过去位形中一个材料点周围面积的单位法线矢量，给出式（3.2.12b）的面积变化的逆值（$1/\mu^2$）。$\boldsymbol{B}^{-1}(t')$ 通过运算在过去位形中一个材料点处的单位矢量，给出式（3.2.12a）的长度变化的逆值（$1/\alpha^2$）。

应当指出的是，在本构方程中一般采用 $\boldsymbol{C}^{-1}(t')$ 或 $\boldsymbol{B}(t')$，因为当使用微分面积微元评估形变时，对于独立 Gaussian 线性聚合物链系统，Green 或 Finger 相对应变张量（见 3.2.3 节）与应力是线性关系[8]。这也是为什么通常把 $\boldsymbol{C}^{-1}$ 形变张量称为 Finger 形变张量的原因。

若 $\det\boldsymbol{F}=1$，必定有 $\det\boldsymbol{C}=\det\boldsymbol{B}=1$。

### 3.2.3 应变张量

应变是指材料的局部形变，通常被用来描述形变。为了获得在没有形变时的应变是零的结果，经常使用 **Green 应变张量**（Green strain tensor）。Green 应变张量是一种**相对应变张量**（relative strain tensor）。它的定义：

$$\boldsymbol{E}(t')=\frac{1}{2}[\boldsymbol{C}(t')-\boldsymbol{I}]\Longleftrightarrow E_{ij}(t')=\frac{1}{2}[C_{ij}(t')-\delta_{ij}] \tag{3.2.13}$$

$\boldsymbol{I}$ 表示在现在时刻 $t$ 的材料微元相对于自身的形变。显然，Green 应变张量也是对称的。在建立黏弹性流体的积分式本构方程时，经常使用相对应变张量。

利用 $\boldsymbol{E}(t')$，可以说明小形变和大形变的界限。为此，引入位移梯度表示的 $\boldsymbol{E}(t')$。设 $\boldsymbol{u}(\boldsymbol{x})$ 是位移，$\boldsymbol{x}'=\boldsymbol{x}+\boldsymbol{u}(\boldsymbol{x})$，由 $\mathrm{d}\boldsymbol{x}'=\boldsymbol{F}(t')\cdot\mathrm{d}\boldsymbol{x}$［式（3.2.5）］，可得到**位移梯度张量**（displacement gradient tensor）与 $\boldsymbol{F}_t(t')$ 的关系：

$$\partial\boldsymbol{u}/\partial\boldsymbol{x}=\boldsymbol{F}(t')-\boldsymbol{I} \tag{3.2.14}$$

于是，用位移梯度表示的相对应变张量 $E_{ij}(t')$ 是：

$$\begin{aligned}E_{ij}(t')&=\frac{1}{2}[F_{ki}(t')F_{kj}(t')-\delta_{ij}]\\&=\frac{1}{2}\{[(\delta_{ki}+\partial u_k/\partial x_i)(\delta_{kj}+\partial u_k/\partial x_j)]-\delta_{ij}\}\\&=\frac{1}{2}[(\partial u_i/\partial x_j+\partial u_j/\partial x_i)+(\partial u_s/\partial x_i)(\partial u_s/\partial x_j)]\end{aligned} \tag{3.2.15}$$

根据式（3.2.15），可以界定小形变（或小应变）和大形变（或有限应变）：如果 $|\boldsymbol{u}|$ 是小的或 $|\partial\boldsymbol{u}/\partial\boldsymbol{x}|\ll 1$，可以忽略二次项（$E_{ij}(t')$ 仅包括一阶导数），称为无穷小形变。如果 $|\boldsymbol{u}|$ 或 $|\partial\boldsymbol{u}/\partial\boldsymbol{x}|$ 是大的，不能忽略二次项，称为有限应变。对于无穷小形变，式（3.2.15）变为：

$$E_{ij}(t')\approx\frac{1}{2}\left(\frac{\partial u_i}{\partial x_j}+\frac{\partial u_j}{\partial x_i}\right) \tag{3.2.16}$$

从 $\boldsymbol{E}(t')$ 定义式［式（3.2.13）］，可以定义线应变。因为

$$\begin{aligned}\frac{(\mathrm{d}s')^2-(\mathrm{d}s)^2}{(\mathrm{d}s)^2}&=\frac{\mathrm{d}\boldsymbol{x}'\cdot\mathrm{d}\boldsymbol{x}'-\mathrm{d}\boldsymbol{x}\cdot\mathrm{d}\boldsymbol{x}}{\mathrm{d}\boldsymbol{x}\cdot\mathrm{d}\boldsymbol{x}}\\&=\frac{\boldsymbol{F}(t')\cdot\mathrm{d}\boldsymbol{x}\cdot\boldsymbol{F}(t')\cdot\mathrm{d}\boldsymbol{x}-\mathrm{d}\boldsymbol{x}\cdot\mathrm{d}\boldsymbol{x}}{|\mathrm{d}\boldsymbol{x}|^2}\end{aligned}$$

$$=\frac{d\boldsymbol{x}\cdot\boldsymbol{F}^{T}\cdot\boldsymbol{F}\cdot d\boldsymbol{x}-d\boldsymbol{x}\cdot\boldsymbol{I}\cdot d\boldsymbol{x}}{|d\boldsymbol{x}|^{2}}$$

$$=\frac{d\boldsymbol{x}\cdot(\boldsymbol{C}-\boldsymbol{I})\cdot d\boldsymbol{x}}{|d\boldsymbol{x}|^{2}}$$

$$=2\boldsymbol{e}\cdot\boldsymbol{E}\cdot\boldsymbol{e}$$

或

$$\frac{(ds')^{2}-(ds)^{2}}{(ds)^{2}}=2e_{k}E_{kl}(t')e_{l} \tag{3.2.17}$$

式中，$ds$ 和 $ds'$ 分别是 $d\boldsymbol{x}$ 和 $d\boldsymbol{x}'$ 的长度，$\boldsymbol{e}=d\boldsymbol{x}/|d\boldsymbol{x}|=e_{k}\boldsymbol{e}_{k}$。

因此，**线应变**（longitudinal strain）（单位长度材料线元的长度变化）的定义式是：

$$\varepsilon=\frac{ds'-ds}{ds}=\left(\frac{ds'}{ds}\right)-1=\sqrt{1+2e_{k}E_{kl}(t')e_{l}}-1 \tag{3.2.18}$$

## 3.2.4 速度梯度张量

将 $\boldsymbol{F}(t')$ 的定义式［式（3.2.2a）］对时间 $t'$ 求导数：

$$\dot{\boldsymbol{F}}(t')=\frac{d}{dt'}\left(\frac{\partial\boldsymbol{x}'}{\partial\boldsymbol{x}}\right)$$

$$=\frac{\partial}{\partial\boldsymbol{x}}\left(\frac{d\boldsymbol{x}'}{dt'}\right)\quad\text{（交换求导次序）}$$

$$=\frac{\partial}{\partial\boldsymbol{x}'}\left(\frac{d\boldsymbol{x}'}{dt'}\right)\cdot\frac{\partial\boldsymbol{x}'}{\partial\boldsymbol{x}}\quad\text{（链式法则）}$$

$$=\frac{\partial\boldsymbol{v}(\boldsymbol{x}',t')}{\partial\boldsymbol{x}'}\cdot\boldsymbol{F}(t')=\boldsymbol{L}(t')\cdot\boldsymbol{F}(t') \tag{3.2.19}$$

式中，$\boldsymbol{L}(t')$ 或 $\boldsymbol{L}_{ij}(t')$ 是在时刻 $t'$ 的**速度梯度张量**（velocity gradient tensor）：

$$L_{ij}(t')=\frac{\partial v_{i}(t')}{\partial x_{j}'}\quad\text{或}\quad dv_{i}(t')=L_{ij}(t')dx_{j}' \tag{3.2.20}$$

经常把速度梯度 $\boldsymbol{L}(t')$ 写为梯度矢量$\boldsymbol{\nabla}$ 和速度矢量 $\boldsymbol{v}(t')$ 的并矢积：

$$\boldsymbol{\nabla}\boldsymbol{v}(t')=\boldsymbol{L}^{T}(t')$$

$$=\sum_{i}\sum_{j}\boldsymbol{e}'_{i}\boldsymbol{e}'_{j}\frac{\partial v_{j}(t')}{\partial x'_{i}}$$

$$=\boldsymbol{e}'_{i}\boldsymbol{e}'_{j}\frac{\partial v_{j}(t')}{\partial x'_{i}} \tag{3.2.21}$$

当 $t'=t$ 时，$\boldsymbol{x}'=\boldsymbol{x}$，$\boldsymbol{L}(t')=\boldsymbol{L}(t)=\boldsymbol{L}=(\boldsymbol{\nabla}\boldsymbol{v})^{\mathrm{T}}$。$\boldsymbol{L}$ 或$\boldsymbol{\nabla v}$ 的定义式如下：

$$\boldsymbol{L}=\frac{\partial \boldsymbol{v}}{\partial \boldsymbol{x}},\ L_{ij}=\frac{\partial v_i}{\partial x_j},\boldsymbol{L}=\begin{pmatrix}\frac{\partial v_1}{\partial x_1} & \frac{\partial v_1}{\partial x_2} & \frac{\partial v_1}{\partial x_3}\\ \frac{\partial v_2}{\partial x_1} & \frac{\partial v_2}{\partial x_2} & \frac{\partial v_2}{\partial x_3}\\ \frac{\partial v_3}{\partial x_1} & \frac{\partial v_3}{\partial x_2} & \frac{\partial v_3}{\partial x_3}\end{pmatrix},\text{在 } t'=t \text{ 时} \quad (3.2.22a)$$

$$\boldsymbol{L}^{\mathrm{T}}=\boldsymbol{\nabla}\boldsymbol{v},\text{ 或 } L_{ji}=\frac{\partial v_j}{\partial x_i},\ \boldsymbol{\nabla}\boldsymbol{v}=\begin{pmatrix}\frac{\partial v_1}{\partial x_1} & \frac{\partial v_2}{\partial x_1} & \frac{\partial v_3}{\partial x_1}\\ \frac{\partial v_1}{\partial x_2} & \frac{\partial v_2}{\partial x_2} & \frac{\partial v_3}{\partial x_2}\\ \frac{\partial v_1}{\partial x_3} & \frac{\partial v_2}{\partial x_3} & \frac{\partial v_3}{\partial x_3}\end{pmatrix},\text{ 在 } t'=t \text{ 时}$$

(3.2.22b)

$\boldsymbol{L}$ 或$(\boldsymbol{\nabla}\boldsymbol{v})^{\mathrm{T}}$ 在三种坐标系中的分量见表 3.2.1。

**表 3.2.1　$\boldsymbol{L}$ 或 $(\boldsymbol{\nabla}\boldsymbol{v})^{\mathrm{T}}$ 在三种坐标系中的分量**

| |
|---|
| 直角坐标系（$x$，$y$，$z$）：<br>$L_{xx}=\frac{\partial v_x}{\partial x}$，$L_{xy}=\frac{\partial v_x}{\partial y}$，$L_{xz}=\frac{\partial v_x}{\partial z}$<br>$L_{yx}=\frac{\partial v_y}{\partial x}$，$L_{yy}=\frac{\partial v_y}{\partial y}$，$L_{yz}=\frac{\partial v_y}{\partial z}$<br>$L_{zx}=\frac{\partial v_z}{\partial x}$，$L_{zy}=\frac{\partial v_z}{\partial y}$，$L_{zz}=\frac{\partial v_z}{\partial z}$ |
| 柱坐标系统（$r$，$\theta$，$z$）：<br>$L_{rr}=\frac{\partial v_r}{\partial r}$，$L_{r\theta}=\frac{1}{r}\frac{\partial v_r}{\partial \theta}-\frac{v_\theta}{r}$，$L_{rz}=\frac{\partial v_r}{\partial z}$<br>$L_{\theta r}=\frac{\partial v_\theta}{\partial r}$，$L_{\theta\theta}=\frac{1}{r}\frac{\partial v_\theta}{\partial \theta}+\frac{v_r}{r}$，$L_{\theta z}=\frac{\partial v_\theta}{\partial z}$<br>$L_{zr}=\frac{\partial v_z}{\partial r}$，$L_{z\theta}=\frac{1}{r}\frac{\partial v_z}{\partial \theta}$，$L_{zz}=\frac{\partial v_z}{\partial z}$ |
| 球坐标系统（$r$，$\theta$，$\varphi$）：<br>$L_{rr}=\frac{\partial v_r}{\partial r}$，$L_{r\theta}=\frac{1}{r}\frac{\partial v_r}{\partial \theta}-\frac{v_\theta}{r}$，$L_{r\varphi}=\frac{1}{r\sin\theta}\frac{\partial v_r}{\partial \varphi}-\frac{v_\varphi}{r}$<br>$L_{\theta r}=\frac{\partial v_\theta}{\partial r}$，$L_{\theta\theta}=\frac{1}{r}\frac{\partial v_\theta}{\partial \theta}+\frac{v_r}{r}$，$L_{\theta\varphi}=\frac{1}{r\sin\theta}\frac{\partial v_\theta}{\partial \varphi}-\frac{v_\varphi}{r}\cot\theta$<br>$L_{\varphi r}=\frac{\partial v_\varphi}{\partial r}$，$L_{\varphi\theta}=\frac{1}{r}\frac{\partial v_\varphi}{\partial \theta}$，$L_{\varphi\varphi}=\frac{1}{r\sin\theta}\frac{\partial v_\varphi}{\partial \varphi}+\frac{v_r}{r}+\frac{v_\theta}{r}\cot\theta$ |

### 3.2.5 形变速率张量

像相对形变梯度 $\boldsymbol{F}(t')$ 一样，速度梯度张量 $\boldsymbol{L}(t')$ 也包含旋转速率和拉伸速率。为了消除旋转，将 $\boldsymbol{C}(t')$ 的定义式［式（3.2.7a）］对时间 $t'$求导数，并利用式（3.2.19），得：

$$
\begin{aligned}
\dot{\boldsymbol{C}}(t') &= \dot{\boldsymbol{F}}^{\mathrm{T}}(t') \cdot \boldsymbol{F}(t') + \boldsymbol{F}^{\mathrm{T}}(t') \cdot \dot{\boldsymbol{F}}(t') \\
&= \boldsymbol{F}^{\mathrm{T}}(t') \cdot \boldsymbol{L}^{\mathrm{T}}(t') \cdot \boldsymbol{F}(t') + \boldsymbol{F}^{\mathrm{T}}(t') \cdot \boldsymbol{L}(t') \cdot \boldsymbol{F}(t') \\
&= \boldsymbol{F}^{\mathrm{T}}(t') \cdot [\boldsymbol{L}^{\mathrm{T}}(t') + \boldsymbol{L}(t')] \cdot \boldsymbol{F}(t')
\end{aligned}
$$

当 $t'=t$ 时，$\boldsymbol{x}'=\boldsymbol{x}$，$\boldsymbol{F}(t)=\boldsymbol{F}^{\mathrm{T}}(t)=\boldsymbol{I}$［式（3.2.4）］，$\dot{\boldsymbol{C}}(t')$ 变为：

$$
\dot{\boldsymbol{C}}(t) = \boldsymbol{L}(t) + \boldsymbol{L}^{\mathrm{T}}(t) = \boldsymbol{L} + \boldsymbol{L}^{\mathrm{T}} = \boldsymbol{A}^{(1)} \quad \text{或} \quad \frac{\mathrm{d}C_{ij}}{\mathrm{d}t'}\bigg|_{t'=t} = \frac{\partial v_i}{\partial x_j} + \frac{\partial v_j}{\partial x_i} = A_{ij}^{(1)} \tag{3.2.23}
$$

$\dot{\boldsymbol{C}}(t)$就是通常所谓的**形变速率张量**（rate of deformation tensor）。$\boldsymbol{A}^{(1)}$ 是一阶 **Rivlin-Eriksen 张量**（1955 年）。$n$ 阶 Rivlin-Eriksen 张量$\boldsymbol{A}^{(n)}$ 的定义[4] 是：

$$
\boldsymbol{A}^{(n)} = \frac{\mathrm{D}\boldsymbol{A}^{(n-1)}}{\mathrm{D}t} + \boldsymbol{L}^{\mathrm{T}}\boldsymbol{A}^{(n-1)} + \boldsymbol{A}^{(n-1)}\boldsymbol{L} \tag{3.2.24}
$$

式中，D/D$t$ 是物质导数，见式（4.1.17）。显然，Rivlin-Eriksen 张量也是对称的，它通常用于微分式本构方程。在足够光滑的运动（即流动是缓慢的并且其变化也是缓慢的）中，可以用 $A_{ij}^{(n)}$ 的 Taylor 级数代替 $C_{ij}(t')$。因为$\boldsymbol{C}(t)$是单位张量 $\boldsymbol{I}$，于是有[4]：

$$
C_{ij}(t') = \delta_{ij} - A_{ij}^{(1)}(t-t') + \frac{1}{2!}A_{ij}^{(2)}(t-t')^2 + \cdots \tag{3.2.25}
$$

形变速率张量$\dot{\boldsymbol{C}}(t)$经常用 2$\boldsymbol{D}$、$\boldsymbol{\Delta}$ 或$\dot{\boldsymbol{\gamma}}$ 表示。根据式（3.2.23），得到：

$$
2\boldsymbol{D} = \boldsymbol{\Delta} = \dot{\boldsymbol{\gamma}} = \boldsymbol{L} + \boldsymbol{L}^{\mathrm{T}} \tag{3.2.26}
$$

$\boldsymbol{D}$ 的矩阵形式是：

$$
D_{ij} = \frac{1}{2}\left(\frac{\partial v_i}{\partial x_j} + \frac{\partial v_j}{\partial x_i}\right) = \frac{1}{2}\begin{pmatrix}
2\dfrac{\partial v_1}{\partial x_1} & \dfrac{\partial v_2}{\partial x_1} + \dfrac{\partial v_1}{\partial x_2} & \dfrac{\partial v_3}{\partial x_1} + \dfrac{\partial v_1}{\partial x_3} \\
\dfrac{\partial v_1}{\partial x_2} + \dfrac{\partial v_2}{\partial x_1} & 2\dfrac{\partial v_2}{\partial x_2} & \dfrac{\partial v_3}{\partial x_2} + \dfrac{\partial v_2}{\partial x_3} \\
\dfrac{\partial v_1}{\partial x_3} + \dfrac{\partial v_3}{\partial x_1} & \dfrac{\partial v_2}{\partial x_3} + \dfrac{\partial v_3}{\partial x_2} & 2\dfrac{\partial v_3}{\partial x_3}
\end{pmatrix} \tag{3.2.27}
$$

实际上，当 $t'\to t$ 时，由于 $|\boldsymbol{u}|\to 0$，发生小应变。以式（3.2.15）对 $t$ 求导数，可得到所谓的**应变速率张量**（rate of strain tensor）：

$$\dot{E}_{ij}(t)=\frac{1}{2}\left(\frac{\partial v_i}{\partial x_j}+\frac{\partial v_j}{\partial x_i}\right) \tag{3.2.28}$$

因此，对于小应变，应变速率张量 $\dot{E}_{ij}$ 和形变速率张量 $D_{ij}$ 是相同的。

下面通过位移场，说明在式（3.2.27）中矩阵元素的物理意义。图 3.2.2 显示在时刻 $t$ 粒子 $P$ 的体积微元（$dx_1$、$dx_2$ 和 $dx_3$）经过 $dt$ 时间的形变。注意：为了方便理解，这里仍使用现在时刻 $t$ 的位形作为参考位形，只是将参考位形与现在时刻 $t$ 之后一段很短时间 $dt$ 的位形比较[9]（在这种情况下，$t'>t$）。为简单起见，图 3.2.2 仅显示了二维情形，并且使用了简化的速度梯度写法：$v_{i,j}=\partial v_i/\partial x_j$，例如 $v_{1,2}=\partial v_1/\partial x_2$。

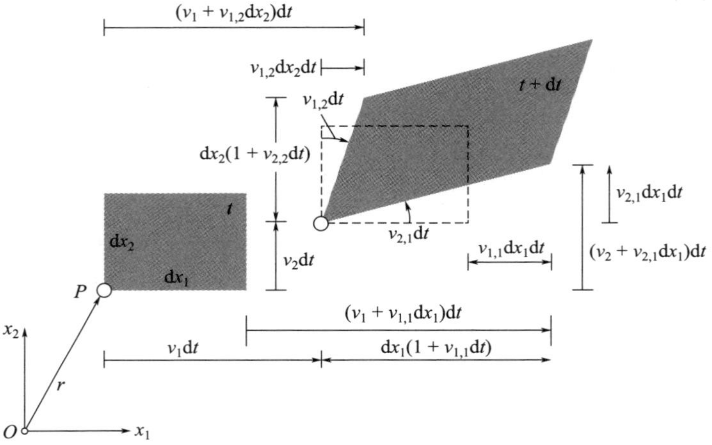


图 3.2.2　流体微元形变

［引自 F. Irgens, *Rheology and Non-Newtonian Fluids*, Springer, Cham, Switzerland, p64（2014）］

（1）线应变速率

在粒子 $P$ 处，单位时间单位长度材料线元的长度变化叫作**线应变速率**（rate of longitudinal strain）。在粒子 $P$ 处沿 $x_1$ 方向的线应变速率是：

$$\dot{\varepsilon}_1=\frac{v_{1,1}\,dx_1\,dt}{dx_1\,dt}=v_{1,1}=\frac{\partial v_1}{\partial x_1} \tag{3.2.29}$$

类似地，可得到沿 $x_2$ 和 $x_3$ 方向的线应变速率：$\dot{\varepsilon}_2=v_{2,2}=\dfrac{\partial v_2}{\partial x_2}$，$\dot{\varepsilon}_3=$

$v_{3,3}=\frac{\partial v_3}{\partial x_3}$。

(2) 剪切应变速率

在粒子 $P$ 处，单位时间的材料直角的负变化叫作**剪切应变速率**（rate of shear strain），简称剪切速率。在线元 $\mathrm{d}x_1$ 和 $\mathrm{d}x_2$ 之间的直角减少了 $v_{1,2}\mathrm{d}t+v_{2,1}\mathrm{d}t$，因此，在粒子 $P$ 处，对于 $x_1$ 和 $x_2$ 两个方向的剪切速率是：

$$\dot{\gamma}_{12}=v_{1,2}+v_{2,1}=\frac{\partial v_1}{\partial x_2}+\frac{\partial v_2}{\partial x_1} \tag{3.2.30}$$

类似地，可得到其他两个剪切速率：$\dot{\gamma}_{23}=\frac{\partial v_2}{\partial x_3}+\frac{\partial v_3}{\partial x_2}$，$\dot{\gamma}_{31}=\frac{\partial v_3}{\partial x_1}+\frac{\partial v_1}{\partial x_3}$。

因此，在矩阵形式 $D_{ij}$［式（3.2.27）］中，三个对角线分量是三个线应变速率或拉伸速率：

$$\dot{\varepsilon}_i=\frac{\partial v_i}{\partial x_i},i=1,2,3 \tag{3.2.31}$$

六个对角线分量是六个剪切速率：

$$\dot{\gamma}_{ij}=\frac{\partial v_i}{\partial x_j}+\frac{\partial v_j}{\partial x_i},i\neq j,i,j=1,2,3 \tag{3.2.32}$$

由于 $\dot{\gamma}_{ij}$ 是对称的（$\dot{\gamma}_{ij}=\dot{\gamma}_{ji}$），$D_{ij}$ 是对称张量。

(3) 体积应变速率

在粒子 $P$ 处，单位时间单位体积的体积变化叫作**体积应变速率**（rate of volumetric strain）。对于在图 3.2.2 中的流体微元，在时间 $t$ 的体积是：

$$\mathrm{d}V(t)=\mathrm{d}x_1\mathrm{d}x_2\mathrm{d}x_3$$

在时间 $t+\mathrm{d}t$ 时，同一流体微元的体积变为：

$$\begin{aligned}\mathrm{d}V(t+\mathrm{d}t)&=[\mathrm{d}x_1(1+v_{1,1}\mathrm{d}t)]\cdot[\mathrm{d}x_2(1+v_{2,2}\mathrm{d}t)]\cdot[\mathrm{d}x_3(1+v_{3,3}\mathrm{d}t)]\\&=[\mathrm{d}x_1(1+\dot{\varepsilon}_1\mathrm{d}t)]\cdot[\mathrm{d}x_2(1+\dot{\varepsilon}_2\mathrm{d}t)]\cdot[\mathrm{d}x_3(1+\dot{\varepsilon}_3\mathrm{d}t)]\\&=\mathrm{d}V(t)+(\dot{\varepsilon}_1+\dot{\varepsilon}_2+\dot{\varepsilon}_3)\mathrm{d}t\,\mathrm{d}V(t)+\text{高阶项}\end{aligned}$$

当忽略高阶项时，$\mathrm{d}V(t+\mathrm{d}t)=\mathrm{d}V(t)+(\dot{\varepsilon}_1+\dot{\varepsilon}_2+\dot{\varepsilon}_3)\mathrm{d}t\,\mathrm{d}V(t)$

于是，体积应变速率是：

$$\dot{\varepsilon}_V=\frac{\mathrm{d}V(t+\mathrm{d}t)-\mathrm{d}V(t)}{\mathrm{d}V(t)\cdot\mathrm{d}t}=\dot{\varepsilon}_1+\dot{\varepsilon}_2+\dot{\varepsilon}_3=\frac{\partial v_1}{\partial x_1}+\frac{\partial v_2}{\partial x_2}+\frac{\partial v_3}{\partial x_3}=\boldsymbol{\nabla}\cdot\boldsymbol{v} \tag{3.2.33}$$

因此，用速度梯度 $v_{i,j}$ 表示的形变速率的七个特征度量是：$\dot{\varepsilon}_i$、$\dot{\gamma}_{ij}$

和 $\dot{\varepsilon}_V$。

可以用应变速率 $\dot{\varepsilon}_i$ 和 $\dot{\gamma}_{ik}$ 表示矩阵形式的形变速率张量：

$$D_{ij}=\frac{1}{2}(\dot{\gamma}_{ik})=\begin{pmatrix} \dot{\varepsilon}_1 & \frac{1}{2}\dot{\gamma}_{12} & \frac{1}{2}\dot{\gamma}_{13} \\ \frac{1}{2}\dot{\gamma}_{21} & \dot{\varepsilon}_2 & \frac{1}{2}\dot{\gamma}_{23} \\ \frac{1}{2}\dot{\gamma}_{31} & \frac{1}{2}\dot{\gamma}_{32} & \dot{\varepsilon}_3 \end{pmatrix} \tag{3.2.34}$$

由于 $D_{ij}$ 仅有六个独立分量，而速度梯度张量 $\boldsymbol{L}(t)$ 有九个独立元素 $v_{i,k}$，$D_{ij}$ 仅使用了在 $\boldsymbol{L}(t)$ 中的六个“信息”。在 $\boldsymbol{L}(t)$ 中其他三个“信息”代表流体旋转。容易证明这个事实[3]。也就是说，**旋转速率张量**（rate of rotation tensor）描述流体微元的旋转：

$$\boldsymbol{W}(t)=\frac{1}{2}(\boldsymbol{L}(t)-\boldsymbol{L}^{\mathrm{T}}(t))\Longleftrightarrow W_{ij}=\frac{1}{2}\left(\frac{\partial v_i}{\partial x_j}-\frac{\partial v_j}{\partial x_i}\right) \tag{3.2.35}$$

$\boldsymbol{W}$ 也称为**涡旋张量**（vorticity tensor）或**自旋张量**（spin tensor）。

因此，$L_{ij}$ 可以分解成对称张量 $\boldsymbol{D}$ 和反对称张量 $\boldsymbol{W}$：

$$\boldsymbol{L}=\boldsymbol{D}+\boldsymbol{W}\Longleftrightarrow L_{ij}=D_{ij}+W_{ij} \tag{3.2.36}$$

## 3.2.6 形变速率张量的不变量

$2\boldsymbol{D}$ 分量也存在三种组合的标量不变量。它们是：

$$I_{2\boldsymbol{D}}=\mathrm{tr}(2\boldsymbol{D}) \tag{3.2.37}$$

$$II_{2\boldsymbol{D}}=\frac{1}{2}[[\mathrm{tr}(2\boldsymbol{D})]^2-\mathrm{tr}[2\boldsymbol{D}]^2] \tag{3.2.38}$$

$$III_{2\boldsymbol{D}}=\det(2\boldsymbol{D}) \tag{3.2.39}$$

## 3.2.7 在柱坐标系和球坐标系中 $\boldsymbol{D}$ 和 $\boldsymbol{W}$ 的分量

在 3.2.5 节中讨论了在笛卡尔坐标系中形变速率和涡旋张量的分量表达式。然而，在实际应用中还有两种重要的曲线坐标系统：柱坐标 $(r,\theta,z)$ 和球坐标 $(r,\theta,\phi)$。根据表（3.2.1），使用式（3.2.26）和式（3.2.35），可以推导出在这两种曲线坐标系统中 $\boldsymbol{D}$ 和 $\boldsymbol{W}$ 的分量。下面直接给出它们。

(1) 柱坐标系 $(r, \theta, z)$

$$\boldsymbol{D}=\begin{pmatrix} D_{rr} & D_{r\theta} & D_{rz} \\ D_{\theta r} & D_{\theta\theta} & D_{\theta z} \\ D_{zr} & D_{z\theta} & D_{zz} \end{pmatrix},\ D_{rr}=\frac{\partial v_r}{\partial r},\ D_{\theta\theta}=\frac{1}{r}\frac{\partial v_\theta}{\partial \theta}+\frac{v_r}{r},\ D_{zz}=\frac{\partial v_z}{\partial z},$$

$$D_{r\theta}=D_{\theta r}=\frac{1}{2}\left[\frac{1}{r}\frac{\partial v_r}{\partial \theta}+r\frac{\partial}{\partial r}\left(\frac{v_\theta}{r}\right)\right],\ D_{\theta z}=D_{z\theta}=\frac{1}{2}\left[\frac{\partial v_\theta}{\partial z}+\frac{1}{r}\frac{\partial v_z}{\partial \theta}\right],$$

$$D_{zr}=D_{rz}=\frac{1}{2}\left[\frac{\partial v_z}{\partial r}+\frac{\partial v_r}{\partial z}\right] \tag{3.2.40}$$

$$\boldsymbol{W}=\begin{pmatrix} W_{rr} & W_{r\theta} & W_{rz} \\ W_{\theta r} & W_{\theta\theta} & W_{\theta z} \\ W_{zr} & W_{z\theta} & W_{zz} \end{pmatrix},\ W_{rr}=W_{\theta\theta}=W_{zz}=0,$$

$$W_{r\theta}=-W_{\theta r}=-\frac{1}{2}\left[\frac{1}{r}\frac{\partial}{\partial r}(r v_\theta)-\frac{1}{r}\frac{\partial v_r}{\partial \theta}\right],\ W_{\theta z}=-W_{z\theta}=-\frac{1}{2}\left[\frac{1}{r}\frac{\partial v_z}{\partial \theta}-\frac{\partial v_\theta}{\partial z}\right],$$

$$W_{zr}=-W_{rz}=-\frac{1}{2}\left[\frac{\partial v_r}{\partial z}-\frac{\partial v_z}{\partial r}\right] \tag{3.2.41}$$

(2) 球坐标系 $(r, \theta, \phi)$

$$\boldsymbol{D}=\begin{pmatrix} D_{rr} & D_{r\theta} & D_{r\phi} \\ D_{\theta r} & D_{\theta\theta} & D_{\theta\phi} \\ D_{\phi r} & D_{\phi\theta} & D_{\phi\phi} \end{pmatrix},\ D_{rr}=\frac{\partial v_r}{\partial r},\ D_{\theta\theta}=\frac{1}{r}\frac{\partial v_\theta}{\partial \theta}+\frac{v_r}{r},$$

$$D_{\phi\phi}=\frac{1}{r\sin\theta}\frac{\partial v_\phi}{\partial \phi}+\frac{v_r}{r}+\frac{v_\theta\cot\theta}{r},$$

$$D_{r\theta}=D_{\theta r}=\frac{1}{2}\left[\frac{1}{r}\frac{\partial v_r}{\partial \theta}+r\frac{\partial}{\partial r}\left(\frac{v_\theta}{r}\right)\right],$$

$$D_{\theta\phi}=D_{\phi\theta}=\frac{1}{2}\left[\frac{1}{r\sin\theta}\frac{\partial v_\theta}{\partial \phi}+\frac{\sin\theta}{r}\frac{\partial}{\partial \theta}\left(\frac{v_\phi}{\sin\theta}\right)\right],$$

$$D_{\phi r}=D_{r\phi}=\frac{1}{2}\left[r\frac{\partial}{\partial r}\left(\frac{v_\phi}{r}\right)+\frac{1}{r\sin\theta}\frac{\partial v_r}{\partial \phi}\right] \tag{3.2.42}$$

$$\boldsymbol{W}=\begin{pmatrix} W_{rr} & W_{r\theta} & W_{r\phi} \\ W_{\theta r} & W_{\theta\theta} & W_{\theta\phi} \\ W_{\phi r} & W_{\phi\theta} & W_{\phi\phi} \end{pmatrix},\ W_{rr}=W_{\theta\theta}=W_{\phi\phi}=0,$$

$$W_{r\theta}=-W_{\theta r}=-\frac{1}{2}\left[\frac{1}{r}\frac{\partial}{\partial r}(r v_\theta)-\frac{1}{r}\frac{\partial v_r}{\partial \theta}\right],$$

$$W_{\theta\phi}=-W_{\phi\theta}=-\frac{1}{2}\left[\frac{1}{r\sin\theta}\frac{\partial}{\partial\theta}(v_{\phi}\sin\theta)-\frac{1}{r\sin\theta}\frac{\partial v_{\theta}}{\partial\phi}\right],$$

$$W_{\phi r}=-W_{r\phi}=-\frac{1}{2}\left[\frac{1}{r\sin\theta}\frac{\partial v_{r}}{\partial\phi}-\frac{1}{r}\frac{\partial}{\partial r}(rv_{\phi})\right] \quad (3.2.43)$$

## 参考文献


[1] Tadmor Z, Gogos C G. *Principles of Polymer Processing*. Second Edition. New Jersey: Wiley-Interscience, 2006.

[2] Macosko C W. *Rheology: Principles, Measurements and Application*. New York: Wiley-VCH, 1994.

[3] Kundu P K, Cohen I M, Dowling D R. *Fluid Mechanics*. Sixth Edition. London: Elsevier, 2016.

[4] Tanner R I. *Engineering Rheology*. New York: Oxford University Press: 1985.

[5] Green A E, Rivlin R S. The Mechanics of Non-Linear Materials with Memory. *Arch. Rat. Mech. Anal*, 1957, 1, 1.

[6] 陈文芳. 非牛顿流体力学. 北京：科学出版社，1984.

[7] BÖHME G. *Non-Newtonian Fluid Mechanics*, Netherlands: Elsevier, 1987.

[8] White J L, Tokita N. An Additive Functional Theory of Viscoelastic Deformation with Application to Amorphous Polymers, Solutions and Vulcanizates. *J. Appl. Soc. Japan*, 1967, 22(3): 719-724.

[9] Irgens F. *Rheology and Non-Newtonian Fluids*. Switzerland: Springer, 2014: 26.

# 第 4 章

# 流动描述和守恒方程

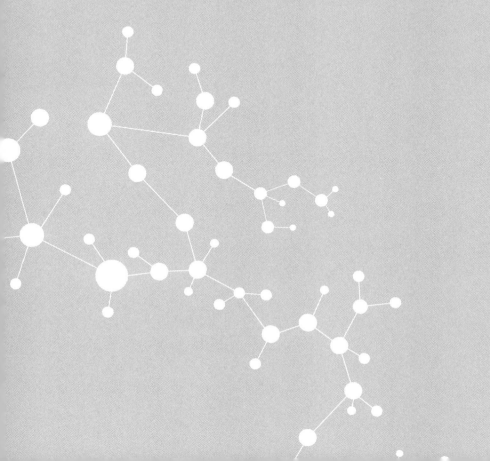

# 4.1 流动描述

## 4.1.1 引言

一般来说，为了完全描述流体运动，需要三个独立空间维度和时间。当流动不依赖时间时，称为**稳态流动**（steady flow），即在系统空间中，任何一点的物理量都不随时间而变化，数学上描述为 $\partial/\partial t=0$；当流动依赖时间时，称为**非稳态流动**（unsteady flow），即数学上描述为 $\partial/\partial t\neq 0$。

如果流动（或流动分布）不依赖于流向的坐标（例如 $z$ 坐标），称为**完全发展流动**（fully developed flow），简称全展流。物理量沿流向方向（例如 $z$ 坐标）无变化，数学上描述为 $\partial/\partial z=0$。

**一维流动**（one-dimensional flow）是一种能够用一个独立的空间变量完全描述流动特性的流动。独立坐标可以与流动方向一致［图 4.1.1(a)］，或与横向方向一致［图 4.1.1(b)］。**二维或平面流动**（two-dimensional or plane flow）是指能够用二维空间坐标描述流动特性变化的流动（图 4.1.2）。能用三个独立空间坐标恰当描述的流动，称为**三维流动**（three-dimensional flow）。三维流动是真实流动的最一般情况。为了使必要的分析更简单，更容易理解相关现象，应尽可能在低于三维的空间中研究流体。然而，对于某些复杂的流动，例如湍流，必须在三维空间中进行详细的研究。因此，对于特定问题，研究者需要根据问题的本质和实际需求来确定在何种维度范围内进行研究。例如，有时可通过在适当距离或面积范围内取高维流动的近似，如在一维中分析二维流动（图 4.1.3）。而有时，匹配流场边界或对称性的曲线坐标，也可以大大简化流场分析和描述。

尽管实际的流体流动是复杂的，但仍可提炼出两种基本的流体流动：剪切流动和拉伸流动，实际流动通常是这两种基本流动的组合，例如挤压流动。剪切流动的特点是速度梯度方向与流动方向相垂直。拉伸流动的特点是速度梯度方向与流动方向一致。

(a) 气体在管内低频脉冲时，气体密度(灰度)在流向$z$方向变化，但在横向方向不变化($z$是独立坐标)

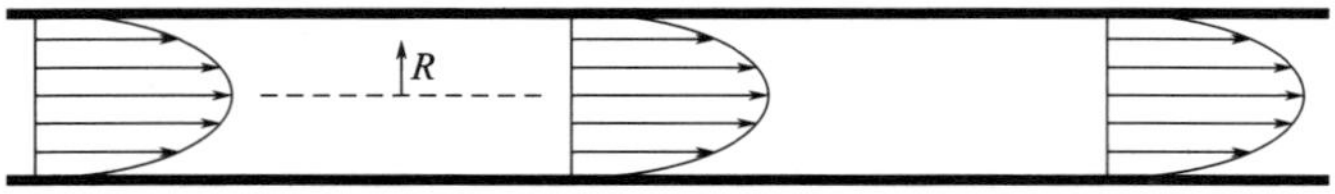


(b) 流体在圆管内黏性流动时，流体速度在半径$R$方向变化，但在流向方向不变化($R$是独立坐标)

图 4.1.1　一维流体流动的例子

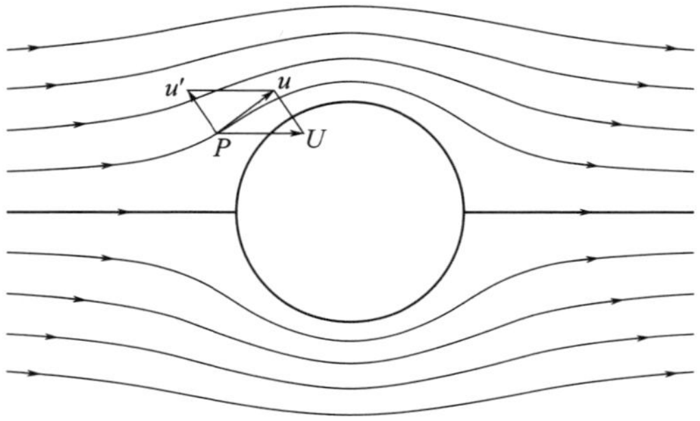


图 4.1.2　二维流体流动的例子（理想不可压缩流体经过一个长而静止圆柱的稳态流动，圆柱轴线垂直于主流方向）

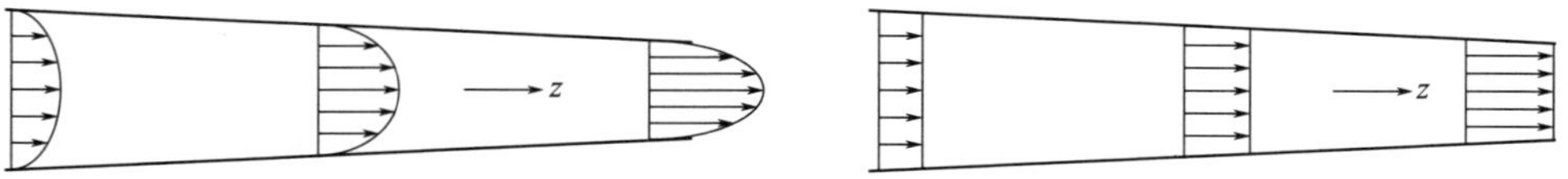


图 4.1.3　二维流动的一维近似
（左图：流体速度在横向和流向方向都变化，右图：近似流场仅在流向 $z$ 方向变化）

通常采用两种坐标系统描述流体运动，它们是运动坐标系统和固定坐标系统，分别称为拉格朗日法和欧拉法。为了描述流体流动，需要知道流场性能随时间的变化（即时间导数）。物质导数（见 4.1.4 节）提供了这两种坐标系统的时间导数之间的关系。

## 4.1.2　剪切流动

在聚合物加工中，剪切流动居于显著地位。它主要有三种类型[1]：简单剪切流动、一般剪切流动和单向剪切流动。

(1) 简单剪切流动

在平行板之间和压力梯度不改变的稳态流动叫做**简单剪切流动**（simple shear flow）（图 4.1.4）。如果 $\dot{\gamma}$ 是简单剪切流动的剪切速率，在简单剪切流动中的速度场和形变速率张量是：

$$v_1=\dot{\gamma}x_2,\ v_2=v_3=0,\ \boldsymbol{D}=\begin{pmatrix}0&1&0\\1&0&0\\0&0&0\end{pmatrix}\frac{1}{2}\dot{\gamma},\ \boldsymbol{W}=\begin{pmatrix}0&1&0\\-1&0&0\\0&0&0\end{pmatrix}\frac{1}{2}\dot{\gamma} \tag{4.1.1}$$

根据式（3.2.32），得到在式（4.1.1）中的 $\dot{\gamma}$：

$$\dot{\gamma}=\dot{\gamma}_{12}=\frac{\partial v_1}{\partial x_2}=\frac{v}{h} \tag{4.1.2}$$

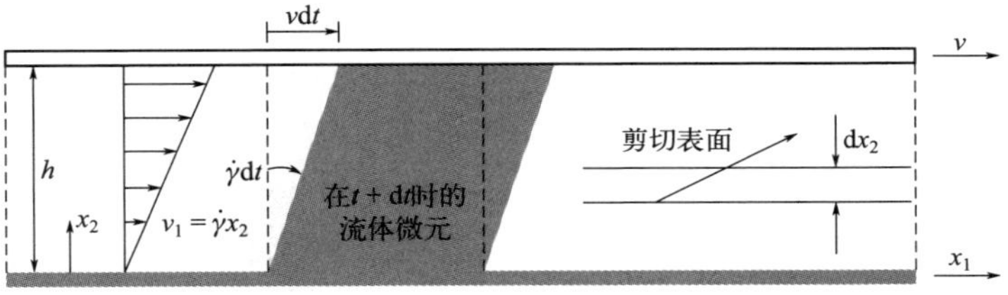


图 4.1.4 稳态简单剪切流动

由式（3.2.37）至式（3.2.39），通过计算，得到 2$\boldsymbol{D}$ 的不变量与剪切速率和 2$\boldsymbol{D}$ 的第二不变量的关系：

$$I_{2\boldsymbol{D}}=0,\ II_{2\boldsymbol{D}}=(2D)_{12}{}^2=2\dot{\gamma}^2,\ III_{2\boldsymbol{D}}=0 \tag{4.1.3a}$$

$$\dot{\gamma}=\sqrt{\frac{1}{2}II_{2\boldsymbol{D}}}=\sqrt{\frac{1}{2}(2\boldsymbol{D}:2\boldsymbol{D})}=\sqrt{\frac{1}{2}(2D)_{ij}(2D)_{ji}} \tag{4.1.3b}$$

式（4.1.3b）的 $II_{2\boldsymbol{D}}=(2\boldsymbol{D}:2\boldsymbol{D})$ 是因为在简单剪切流动中形变速率张量 2$\boldsymbol{D}$ 简化成了式（4.1.1）的形式。

应当注意，即使对于简单剪切流动，在不同的坐标系统中，剪切速率 $\dot{\gamma}$ 的计算公式也是不同的［见式（3.2.34）、式（3.2.40）和式（3.2.42）］：

在笛卡尔坐标系中，$\boldsymbol{v}=\boldsymbol{v}(v_x,0,0)$，$\dot{\gamma}=\dot{\gamma}_{xy}=\dfrac{\partial v_x}{\partial y}$

在柱坐标系中，$\boldsymbol{v}=\boldsymbol{v}(0,v_\theta,0)$，$\partial/\partial\theta=0$，$\dot{\gamma}=\dot{\gamma}_{r\theta}=r\dfrac{\partial}{\partial r}\left(\dfrac{v_\theta}{r}\right)$

在球坐标系中，$\boldsymbol{v}=\boldsymbol{v}(0,0,v_\phi)$，$\partial/\partial\phi=0$，$\dot{\gamma}=\dot{\gamma}_{r\phi}=r\dfrac{\partial}{\partial r}\left(\dfrac{v_\phi}{r}\right)$

简单剪切流动的特征是：

① 等体积流动，即体积守恒：$\boldsymbol{\nabla}\cdot\boldsymbol{v}=\mathrm{tr}D=0$。这个条件意味着在任何两个邻近剪切表面之间的距离是不变的。

② 材料平面没有平面内的应变。坐标 $x_2$ 是规定每一材料平面的单一参数。这些材料平面叫做剪切平面（shearing plane）。如果一个剪切平面相对于邻近剪切平面的速度场是 $v_{\mathrm{rel}}=(\partial v_1/\partial x_2)\cdot \mathrm{d}x_2$，与这个速度场 $v_{\mathrm{rel}}$ 有关的流线叫作剪切线（lines of shear）。剪切线是直线，也是材料线。

③ 形变速率张量 $\boldsymbol{D}$ 由式（4.1.1）给出。

④ 在式（4.1.1）中的剪切速率 $\dot{\gamma}$ 是常数。

在实际应用中，许多重要的更复杂流动具有简单剪切流动的特征。

从式（3.1.11），可以将在简单剪切流动中的应力张量写为：

$$\boldsymbol{T}=-p\boldsymbol{I}+\boldsymbol{\tau}=\begin{pmatrix}-p+\tau_{xx} & \tau_{yx} & 0\\ \tau_{xy} & -p+\tau_{yy} & 0\\ 0 & 0 & -p+\tau_{zz}\end{pmatrix}\boldsymbol{e}_i\boldsymbol{e}_j$$

（2）一般剪切流动

如果满足下面的条件，流动是一般剪切流动（general shear flow）（图4.1.5）。

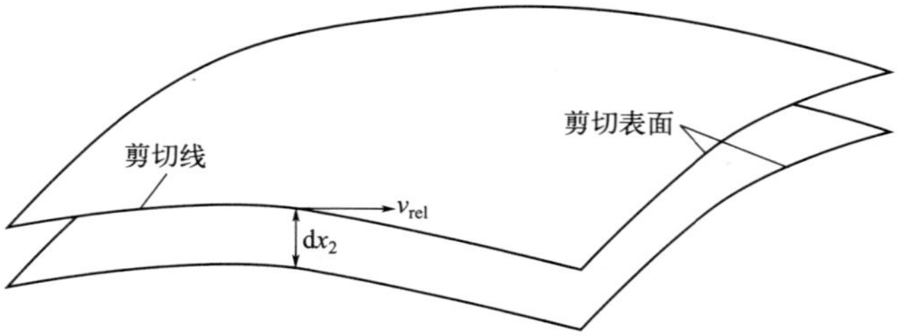


图 4.1.5　剪切表面和剪切线

① 等体积流动即体积守恒：$\boldsymbol{\nabla}\cdot\boldsymbol{v}=\mathrm{tr}\boldsymbol{D}=0$。

② 材料表面没有表面内应变。单一参数规定每一材料表面。剪切线不一定是材料线。

（3）单向剪切流动

单向剪切流动（unidirectional shear flow）除了满足一般剪切流动的条件

①和②之外，还满足条件：剪切线是材料线。换句话说，在特定时间与剪切线一致的材料线，随着时间的推移，将继续是剪切线。

如果单向剪切流动再满足条件：对于每一个粒子，剪切速率 $\dot{\gamma}$ 不依赖于时间，这种流动叫作**测黏流动**（viscometric flow），也叫做**流变稳态流动**（rheological steady flow）。这种流动不一定是稳态流动（参见在4.1.1节中稳态流动的定义）。流变稳态的说法意味着流体形变速率不随时间变化。测黏流动在非牛顿流体性能的研究中起重要作用。

## 4.1.3 拉伸流动

如果在形变速率张量中，没有剪切速度梯度即 $\dot{\gamma}_{ij}=0$（$i\neq j$），只有法向速度梯度 $\dot{\gamma}_{ii}$，这种流动叫作**拉伸流动**（extensional flow）或**无剪切流动**（shear free flow）。根据式（3.2.31），沿任意一个坐标轴（例如 $x_1$）的**拉伸速率**（elongation rate）$\dot{\varepsilon}$ 的定义是：

$$\dot{\varepsilon}=\dot{\gamma}_{11}=\frac{\partial v_1}{\partial x_1}$$

在（局部）笛卡尔坐标系中，拉伸流动的形变速率张量是：

$$D=\begin{pmatrix}\dot{\varepsilon}_1 & 0 & 0\\ 0 & \dot{\varepsilon}_2 & 0\\ 0 & 0 & \dot{\varepsilon}_3\end{pmatrix} \tag{4.1.4}$$

对于不可压缩流体，应变速率必须满足不可压缩性条件：

$$\dot{\varepsilon}_1+\dot{\varepsilon}_2+\dot{\varepsilon}_3=0 \tag{4.1.5}$$

拉伸流动在非牛顿流体性能的实验研究中同样重要，其在聚合物加工（例如真空成型、吹塑、发泡操作、纺丝、压延和挤出等）中也有实际意义。图4.1.6显示一个挤出机头。在这个机头中，口模是短的圆管，用活塞正位移移动代替实际上游螺杆建立的压力驱动流动。沿离活塞一定距离的流道壁，流动近似是剪切流动。在流道对称中心线附近和在口模入口收敛流道区域，流动是拉伸流动。在口模中，大多数流体处于剪切流动中。

根据在式（4.1.5）中的 $\dot{\varepsilon}_1$、$\dot{\varepsilon}_2$ 和 $\dot{\varepsilon}_3$ 之间的关系，均匀拉伸流动有三种最重要的类型：单轴拉伸流动、双轴拉伸流动和平面拉伸流动。均匀拉伸流动仅是实际拉伸流动的近似。

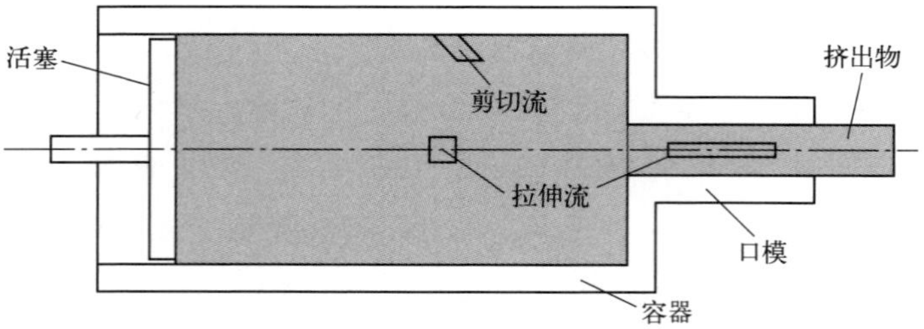


图 4.1.6　挤出机头

(1) 单轴拉伸流动

**单轴拉伸流动**（uniaxial extensional flow）在一个方向上拉伸材料，在其他两个方向上同等压缩材料，即轴对称拉伸。例如，拉伸圆形截面的熔体细丝（纤维成型）可用单轴拉伸流动来近似。在简单单轴拉伸流动中，流体体积微元的速度场是：

$$v_1=\dot{\varepsilon}x_1, v_2=-\frac{\dot{\varepsilon}}{2}x_2, v_3=-\frac{\dot{\varepsilon}}{2}x_3, \varepsilon=\varepsilon(t) \tag{4.1.6}$$

这种类型拉伸流动的特征形变速率张量是：

$$\boldsymbol{D}=\begin{pmatrix}2 & 0 & 0\\ 0 & -1 & 0\\ 0 & 0 & -1\end{pmatrix}\frac{\dot{\varepsilon}(t)}{2} \tag{4.1.7}$$

在单轴拉伸流动中，形变速率张量 $2\boldsymbol{D}$ 的不变量是：

$$I_{2\boldsymbol{D}}=0, II_{2\boldsymbol{D}}=-3\dot{\varepsilon}^2(t),\ III_{2\boldsymbol{D}}=2\dot{\varepsilon}^3(t) \tag{4.1.8}$$

图 4.1.7 显示单轴拉伸流动。在图 4.1.7 中，在时间 $t$ 和 $t+\mathrm{d}t$ 的微元是同一流体微元。

如果拉伸流动是稳态均匀的，即 $\dot{\varepsilon}=$常数，设在时间 $t=0$ 和 $t$ 时样品的长度分别是 $L_0$ 和 $L$，根据式 (4.1.6)，得：

$$\dot{\varepsilon}=\frac{\dot{L}}{L} \tag{4.1.9}$$

(2) 双轴拉伸流动

**双轴拉伸流动**（biaxial extensional flow）在两个方向上同等拉伸材料，在第三个方向上压缩材料（图 4.1.8）。吹膜或发泡成型属于双轴拉伸操作。在这种类型拉伸流动中，流体体积微元的特征形变速率张量是：

$$\boldsymbol{D}=\begin{pmatrix}1 & 0 & 0\\ 0 & 1 & 0\\ 0 & 0 & -2\end{pmatrix}\dot{\varepsilon}(t) \tag{4.1.10}$$

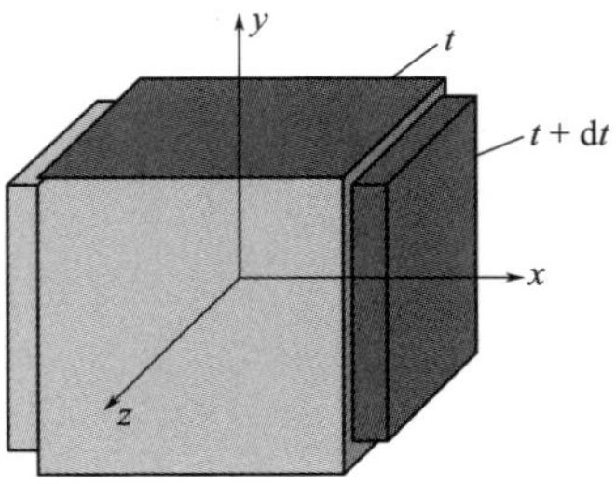


图 4.1.7　单轴拉伸流动

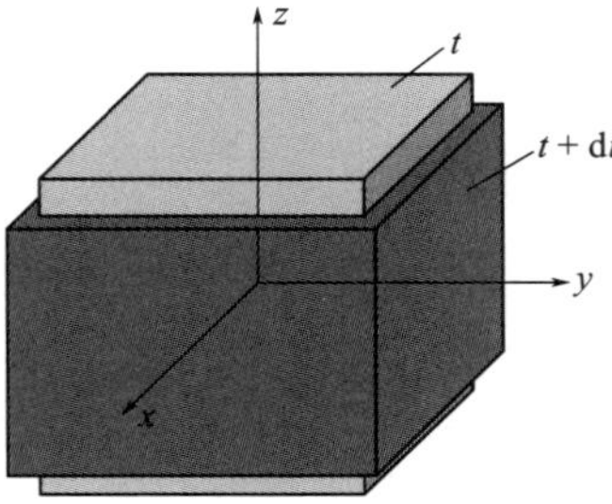


图 4.1.8　双轴拉伸流动

(3) 平面拉伸流动

**平面拉伸流动**（planar extensional flow）在一个方向（例如 $x$ 方向）上拉伸材料，在第二个方向（$z$ 方向）上保持尺寸不变，在第三个方向（$y$ 方向）上压缩材料。这样的流动由沿长度方向均匀拉伸薄膜而使厚度减小和宽度不变的操作产生。它的流体体积微元的特征形变速率张量是：

$$\boldsymbol{D}=\begin{pmatrix}1 & 0 & 0\\ 0 & -1 & 0\\ 0 & 0 & 0\end{pmatrix}\dot{\varepsilon}(t) \tag{4.1.11}$$

平面拉伸流动又称为**纯剪切流动**（pure shear flow），因为对于三个正交方向 $\boldsymbol{e}_1$、$\boldsymbol{e}_2$ 和 $\boldsymbol{e}_3$ 的形变速率张量与简单剪切流动的形变速率张量［式（4.1.1）］一样，见图 4.1.9。

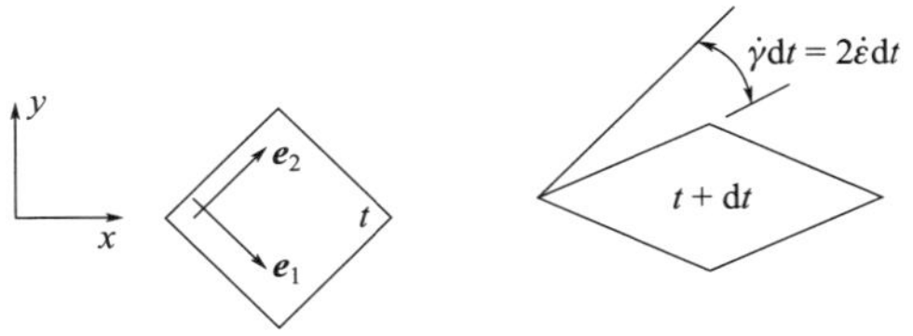


图 4.1.9　平面拉伸流动。在 $x$ 方向拉伸材料，在 $y$ 方向压缩材料，在 $z$ 方向的尺寸不变。

$$\boldsymbol{D}=\begin{pmatrix}0 & 1 & 0\\ 1 & 0 & 0\\ 0 & 0 & 0\end{pmatrix}\dot{\varepsilon}(t) \tag{4.1.12}$$

在拉伸流动中的应力张量可写为：

$$\boldsymbol{T}=-p\boldsymbol{I}+\boldsymbol{\tau}=\begin{pmatrix}-p+\tau_{xx} & 0 & 0\\ 0 & -p+\tau_{yy} & 0\\ 0 & 0 & -p+\tau_{zz}\end{pmatrix}\boldsymbol{e}_i\boldsymbol{e}_j \qquad (4.1.13)$$

### 4.1.4 物质导数

**拉格朗日法**（Lagrangian method）是与单个流体粒子一起运动的观察者观察的方法。**欧拉法**（Euler method）是静止观察者观察的方法。拉格朗日法跟随通过流场运动的流体粒子（图 4.1.10），描述流体粒子的运动和沿粒子路径的粒子流动状态的变化。这一方法适合于描述运动点的材料行为，因为不是在空间的某一点上，而是在移动的材料微元中发生包括形变的变化。欧拉法描述在空间固定位置或静止区域中的流场特性，它通常适合于流体运动的观察、测量和模拟。

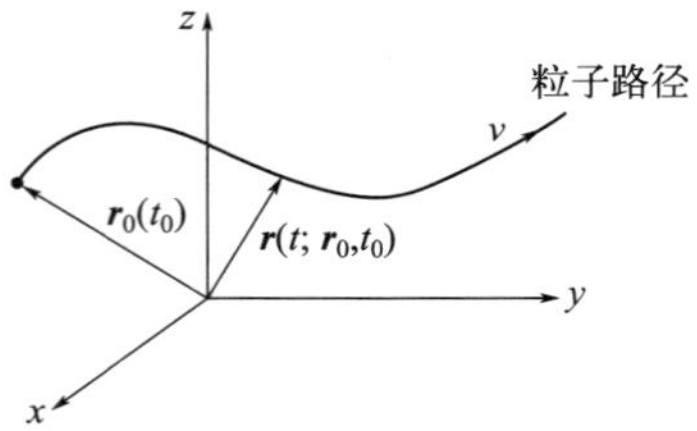


图 4.1.10　在时间 $t_0$ 时位置 $\boldsymbol{r}_0$ 的流体粒子运动的拉格朗日描述（粒子路径 $\boldsymbol{r}(t;\boldsymbol{r}_0,t_0)$ 规定了在以后时间的流体粒子的位置）

在基于粒子的流体运动拉格朗日描述中，任何标量（例如温度）、矢量（例如速度）或张量（例如应力）的流场性能 $F$ 或许依赖于相关流体粒子沿着的路径和时间：$F=F[\boldsymbol{r}(t;\boldsymbol{r}_0,t_0)]$。在基于场的流体运动欧拉描述中，流场性能 $F$ 则直接依赖于位置矢量 $\boldsymbol{x}$ 和时间 $t$：$F=F(\boldsymbol{x},t)$。在液体大形变理论中，需要知道 $F$ 随时间的变化（即时间导数）。虽然在固定坐标系统中测量材料性能，但是由于流体运动的欧拉描述不是跟随单个流体粒子，将使计算 $F$ 的时间导数变复杂。为了把 $F$ 的时间导数从运动坐标系统（拉格朗日描述）转换到固定坐标系统（欧拉描述），需要建立两种时间导数之间的关系。

在同一坐标系和同一时钟下，当 $\boldsymbol{r}$ 和 $\boldsymbol{x}$ 定义相同的空间点时，通过要求流场性能相等，能够确定两个描述之间的运动学关系：

当 $\boldsymbol{x}=\boldsymbol{r}(t;\boldsymbol{r}_0,t_0)$ 时，

$$F[\boldsymbol{r}(t;\boldsymbol{r}_0,t_0),t]=F(\boldsymbol{x},t) \qquad (4.1.14)$$

方程 $\boldsymbol{x}=\boldsymbol{r}(t;\ \boldsymbol{r}_0,t_0)$ 规定流体粒子沿着的轨迹。这一兼容性的要求构成在流体

运动的欧拉描述中确定和解释时间导数的基础。对式（4.1.14）求时间的全导数，产生：

$$\frac{\mathrm{d}}{\mathrm{d}t}F[\boldsymbol{r}(t;\boldsymbol{r}_0,t_0),t]=\frac{\partial F}{\partial r_1}\frac{\mathrm{d}r_1}{\mathrm{d}t}+\frac{\partial F}{\partial r_2}\frac{\mathrm{d}r_2}{\mathrm{d}t}+\frac{\partial F}{\partial r_3}\frac{\mathrm{d}r_3}{\mathrm{d}t}+\frac{\partial F}{\partial t}$$

$$=\frac{\mathrm{d}}{\mathrm{d}t}F(\boldsymbol{x},t),\boldsymbol{x}=\boldsymbol{r}(t;\boldsymbol{r}_0,t_0) \qquad (4.1.15)$$

式中，$\boldsymbol{r}$ 的分量是 $r_i$。在式（4.1.15）中，$r_i$ 的时间导数是流体粒子速度 $\boldsymbol{v}$ 的分量 $v_i$。另外，当 $\boldsymbol{x}=\boldsymbol{r}$ 时，$\partial F/\partial r_i=\partial F/\partial x_i$，于是，可以完全用欧拉描述来重写式（4.1.15）的右侧：

$$\frac{\mathrm{d}}{\mathrm{d}t}F[\boldsymbol{r}(t;\boldsymbol{r}_0,t_0),t]=\frac{\partial F}{\partial x_1}v_1+\frac{\partial F}{\partial x_2}v_2+\frac{\partial F}{\partial x_3}v_3+\frac{\partial F}{\partial t}$$

$$=(\nabla F)\cdot\boldsymbol{v}+\frac{\partial F}{\partial t}\equiv\frac{D}{Dt}F(\boldsymbol{x},t) \qquad (4.1.16)$$

式中，$\mathrm{D}/\mathrm{D}t$ 是在流体运动的欧拉描述中的时间全导数。它与在拉格朗日描述中的时间全导数 $\mathrm{d}/\mathrm{d}t$ 等价，称为**物质导数**（material or substantial derivative）或**粒子导数**（particle derivative）。物质导数提供了跟随流体粒子的时间导数信息。式（4.1.16）定义的物质导数 $\mathrm{D}/\mathrm{D}t$ 由非稳态部分和对流部分组成：$\mathrm{D}/\mathrm{D}t$ 的非稳态部分是 $\partial F/\partial t$，它是 $F$ 在位置 $\boldsymbol{x}$ 的局部时间变化速率（局部时间导数），当 $F$ 不依赖时间时，$\partial F/\partial t=0$；$\mathrm{D}/\mathrm{D}t$ 的对流部分是 $\boldsymbol{v}\cdot\nabla F$，它是当流体粒子从一个位置移动到另一个位置时发生的 $F$ 的变化速率，当 $F$ 是空间均匀或流体不运动或 $\boldsymbol{v}$ 与 $\nabla F$ 垂直时，$\boldsymbol{v}\cdot\nabla F=0$。用矢量和指标记号，稍微重排式（4.1.16），写为：

$$\frac{\mathrm{D}F}{\mathrm{D}t}=\frac{\partial F}{\partial t}+\boldsymbol{v}\cdot\nabla F,\text{或}\frac{\mathrm{D}F}{\mathrm{D}t}=\frac{\partial F}{\partial t}+v_i\frac{\partial F}{\partial x_i} \qquad (4.1.17)$$

如果在式（4.1.17）中的 $F$ 是形变速率张量 $2\boldsymbol{D}$ 或 $\dot{\boldsymbol{\gamma}}$，式（4.1.17）变为 $\mathrm{D}\dot{\boldsymbol{\gamma}}/\mathrm{D}t$ 的表达式。在这个表达式中的 $\boldsymbol{v}\cdot\nabla\dot{\boldsymbol{\gamma}}$ 项不仅用于计算 $\dot{\boldsymbol{\gamma}}$ 的物质导数，而且也用于计算 $\dot{\boldsymbol{\gamma}}$ 的共旋转导数 $\dot{\boldsymbol{\gamma}}^{\circ}$ 和共形变导数 $\dot{\boldsymbol{\gamma}}^{\nabla}$ 或 $\dot{\boldsymbol{\gamma}}^{\Delta}$（见 7.3 节）。为了方便使用，表 4.1.1 给出了在三种坐标系中的 $\boldsymbol{v}\cdot\nabla\dot{\boldsymbol{\gamma}}$ 分量。

**表 4.1.1 在三种坐标系中的 $\boldsymbol{v}\cdot\nabla\dot{\boldsymbol{\gamma}}$ 分量**

| |
|---|
| 直角坐标系[1] $(x,y,z)$： |
| $(\boldsymbol{v}\cdot\nabla\dot{\boldsymbol{\gamma}})_{xx}=(\boldsymbol{v}\cdot\nabla)\dot{\gamma}_{xx},(\boldsymbol{v}\cdot\nabla\dot{\boldsymbol{\gamma}})_{yy}=(\boldsymbol{v}\cdot\nabla)\dot{\gamma}_{yy},(\boldsymbol{v}\cdot\nabla\dot{\boldsymbol{\gamma}})_{zz}=(\boldsymbol{v}\cdot\nabla)\dot{\gamma}_{zz}$， |
| $(\boldsymbol{v}\cdot\nabla\dot{\boldsymbol{\gamma}})_{xy}=(\boldsymbol{v}\cdot\nabla\dot{\boldsymbol{\gamma}})_{yx}=(\boldsymbol{v}\cdot\nabla)\dot{\gamma}_{xy},(\boldsymbol{v}\cdot\nabla\dot{\boldsymbol{\gamma}})_{yz}=(\boldsymbol{v}\cdot\nabla\dot{\boldsymbol{\gamma}})_{zy}=(\boldsymbol{v}\cdot\nabla)\dot{\gamma}_{yz}$， |
| $(\boldsymbol{v}\cdot\nabla\dot{\boldsymbol{\gamma}})_{zx}=(\boldsymbol{v}\cdot\nabla\dot{\boldsymbol{\gamma}})_{xz}=(\boldsymbol{v}\cdot\nabla)\dot{\gamma}_{zx}$ |

续表

柱坐标系统[2]$(r,\theta,z)$：

$$(\boldsymbol{v}\cdot\nabla\dot{\boldsymbol{\gamma}})_{rr}=(\boldsymbol{v}\cdot\nabla)\dot{\boldsymbol{\gamma}}_{rr}-\frac{v_\theta}{r}(\dot{\boldsymbol{\gamma}}_{r\theta}+\dot{\boldsymbol{\gamma}}_{\theta r}),(\boldsymbol{v}\cdot\nabla\dot{\boldsymbol{\gamma}})_{\theta\theta}=(\boldsymbol{v}\cdot\nabla)\dot{\boldsymbol{\gamma}}_{\theta\theta}+\frac{v_\theta}{r}(\dot{\boldsymbol{\gamma}}_{r\theta}+\dot{\boldsymbol{\gamma}}_{\theta r}),$$

$$(\boldsymbol{v}\cdot\nabla\dot{\boldsymbol{\gamma}})_{zz}=(\boldsymbol{v}\cdot\nabla)\dot{\boldsymbol{\gamma}}_{zz},(\boldsymbol{v}\cdot\nabla\dot{\boldsymbol{\gamma}})_{r\theta}=(\boldsymbol{v}\cdot\nabla\dot{\boldsymbol{\gamma}})_{\theta r}=(\boldsymbol{v}\cdot\nabla)\dot{\boldsymbol{\gamma}}_{\theta r}+\frac{v_\theta}{r}(\dot{\boldsymbol{\gamma}}_{rr}-\dot{\boldsymbol{\gamma}}_{\theta\theta}),$$

$$(\boldsymbol{v}\cdot\nabla\dot{\boldsymbol{\gamma}})_{\theta z}=(\boldsymbol{v}\cdot\nabla\dot{\boldsymbol{\gamma}})_{z\theta}=(\boldsymbol{v}\cdot\nabla)\dot{\boldsymbol{\gamma}}_{\theta z}+\frac{v_\theta}{r}\dot{\boldsymbol{\gamma}}_{rz},$$

$$(\boldsymbol{v}\cdot\nabla\dot{\boldsymbol{\gamma}})_{rz}=(\boldsymbol{v}\cdot\nabla\dot{\boldsymbol{\gamma}})_{zr}=(\boldsymbol{v}\cdot\nabla)\dot{\boldsymbol{\gamma}}_{rz}-\frac{v_\theta}{r}\dot{\boldsymbol{\gamma}}_{\theta z}$$

球坐标系统[3]$(r,\theta,\phi)$：

$$(\boldsymbol{v}\cdot\nabla\dot{\boldsymbol{\gamma}})_{rr}=(\boldsymbol{v}\cdot\nabla)\dot{\boldsymbol{\gamma}}_{rr}-\frac{2v_\theta}{r}\dot{\boldsymbol{\gamma}}_{r\theta}-\frac{2v_\phi}{r}\dot{\boldsymbol{\gamma}}_{r\phi},$$

$$(\boldsymbol{v}\cdot\nabla\dot{\boldsymbol{\gamma}})_{\theta\theta}=(\boldsymbol{v}\cdot\nabla)\dot{\boldsymbol{\gamma}}_{\theta\theta}+\frac{2v_\theta}{r}\dot{\boldsymbol{\gamma}}_{r\theta}-\frac{2v_\phi}{r}\dot{\boldsymbol{\gamma}}_{\theta\phi}\cot\theta,$$

$$(\boldsymbol{v}\cdot\nabla\dot{\boldsymbol{\gamma}})_{\phi\phi}=(\boldsymbol{v}\cdot\nabla)\dot{\boldsymbol{\gamma}}_{\phi\phi}+\frac{2v_\phi}{r}\dot{\boldsymbol{\gamma}}_{r\phi}+\frac{2v_\phi}{r}\dot{\boldsymbol{\gamma}}_{\theta\phi}\cot\theta,$$

$$(\boldsymbol{v}\cdot\nabla\dot{\boldsymbol{\gamma}})_{r\theta}=(\boldsymbol{v}\cdot\nabla\dot{\boldsymbol{\gamma}})_{\theta r}=(\boldsymbol{v}\cdot\nabla)\dot{\boldsymbol{\gamma}}_{r\theta}+\frac{v_\theta}{r}(\dot{\boldsymbol{\gamma}}_{rr}-\dot{\boldsymbol{\gamma}}_{\theta\theta})-\frac{v_\phi}{r}(\dot{\boldsymbol{\gamma}}_{\phi\theta}+\dot{\boldsymbol{\gamma}}_{r\phi}\cot\theta),$$

$$(\boldsymbol{v}\cdot\nabla\dot{\boldsymbol{\gamma}})_{r\phi}=(\boldsymbol{v}\cdot\nabla\dot{\boldsymbol{\gamma}})_{\phi r}=(\boldsymbol{v}\cdot\nabla)\dot{\boldsymbol{\gamma}}_{r\phi}-\frac{v_\theta}{r}\dot{\boldsymbol{\gamma}}_{\theta\phi}+\frac{v_\phi}{r}[(\dot{\boldsymbol{\gamma}}_{rr}-\dot{\boldsymbol{\gamma}}_{\phi\phi})+\dot{\boldsymbol{\gamma}}_{r\theta}\cot\theta],$$

$$(\boldsymbol{v}\cdot\nabla\dot{\boldsymbol{\gamma}})_{\theta\phi}=(\boldsymbol{v}\cdot\nabla\dot{\boldsymbol{\gamma}})_{\phi\theta}=(\boldsymbol{v}\cdot\nabla)\dot{\boldsymbol{\gamma}}_{\theta\phi}+\frac{v_\theta}{r}\dot{\boldsymbol{\gamma}}_{r\phi}+\frac{v_\phi}{r}[\dot{\boldsymbol{\gamma}}_{\theta r}+(\dot{\boldsymbol{\gamma}}_{\theta\theta}-\dot{\boldsymbol{\gamma}}_{\phi\phi})\cot\theta]$$

备注：

1. $(\boldsymbol{v}\cdot\nabla)=v_x\dfrac{\partial}{\partial x}+v_y\dfrac{\partial}{\partial y}+v_z\dfrac{\partial}{\partial z}$

2. $(\boldsymbol{v}\cdot\nabla)=v_r\dfrac{\partial}{\partial r}+\dfrac{v_\theta}{r}\dfrac{\partial}{\partial\theta}+v_z\dfrac{\partial}{\partial z}$

3. $(\boldsymbol{v}\cdot\nabla)=v_r\dfrac{\partial}{\partial r}+\dfrac{v_\theta}{r}\dfrac{\partial}{\partial\theta}+\dfrac{v_\phi}{r\sin\theta}\dfrac{\partial}{\partial\phi}$

# 4.2 守恒方程

材料流动不仅由形变与应力之间的本构关系控制，还必须遵守**质量守恒**（conservation of mass）、**动量守恒**（conservation of momentum）和**能量守恒**（conservation of energy）的控制原理。这些定律有积分形式和微分形式。前者适用于广大区域，这时忽略有很小空间范围的可能复杂流动细节，寻求平均或整体流动性能，例如质量通量、表面压力或断面流速。后者适用于空间中一点处的情况，这时需要详细分析该点附近很小区域的流动细节，而非平均或整体的量。两种形式同等有效，可以相互推导。

在这一节中，仅提供这些守恒原理的方程。它们的详细推导可以参考 P. K. Kundu 等人的流体力学著作[2]。

## 4.2.1 质量守恒

质量守恒的原理：在流动的流体中，在一个材料控制体积 $V(t)$ 内，质量变化率 $\mathrm{d}m/\mathrm{d}t$ 必须等于通过这个材料控制体积表面 $S(t)$ 的净质量通量（图 4.2.1）。$V(t)$ 是一个特定流体粒子集合占据的体积，在流动流体内运动和形变。速度通过 $S(t)$ 可将质量带入或带出 $V(t)$。质量通量是指单位时间内通过某一面积的物质质量。通过表面微元 $\mathrm{d}S$ 的质量通量是 $\boldsymbol{n}\cdot\rho\boldsymbol{v}\mathrm{d}S$。$\boldsymbol{n}$ 是表面微元 $\mathrm{d}S$ 的向外单位法向矢量，$\rho(\boldsymbol{x},t)$ 是流体密度，$\boldsymbol{v}(\boldsymbol{x},t)$ 是局部流体速度。于是，积分式质量守恒方程是：

$$\frac{\mathrm{d}m}{\mathrm{d}t}=\frac{\mathrm{d}}{\mathrm{d}t}\int_{V(t)}\rho(\boldsymbol{x},t)\mathrm{d}V=-\int_{S(t)}\boldsymbol{n}\cdot\rho(\boldsymbol{x},t)\boldsymbol{v}\mathrm{d}S \tag{4.2.1}$$

式中，使用 $-\boldsymbol{n}$（曲面法线的负值）是因为考虑进入控制体积的通量。

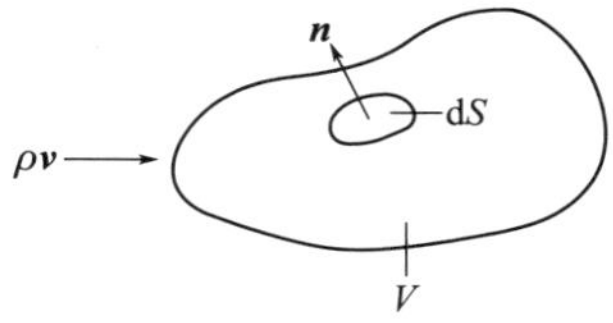


图 4.2.1 在运动控制容积 V 中的质量平衡

利用 Gauss 散度定理，得到微分式质量守恒方程：

$$\frac{\partial\rho(\boldsymbol{x},t)}{\partial t}+\nabla\cdot(\rho(\boldsymbol{x},t)\boldsymbol{v}(\boldsymbol{x},t))=0\Longleftrightarrow\frac{\partial\rho}{\partial t}+\frac{\partial}{\partial x_i}(\rho v_i)=0 \tag{4.2.2}$$

这个关系式也叫作**连续性方程**（continuity equation）。式（4.2.2）是在欧拉描述中的结果。用物质导数的定义，可以将式（4.2.2）写为：

$$\frac{1}{\rho(\boldsymbol{x},t)}\frac{\mathrm{D}}{\mathrm{D}t}\rho(\boldsymbol{x},t)+\nabla\cdot\boldsymbol{v}(\boldsymbol{x},t)=0 \tag{4.2.3}$$

式（4.2.3）是在拉格朗日描述中的结果。$\mathrm{D}\rho/\mathrm{D}t$ 是跟随一个流体粒子的流体密度的时间变化率。对于恒定密度（$\rho$=常数）的流场，$\mathrm{D}\rho/\mathrm{D}t\equiv\partial\rho/\partial t+\boldsymbol{v}\cdot\nabla\rho=$

0。对于**不可压缩流体**（incompressible fluid）（密度不随压力而变化的流体），由于流体粒子密度不变化而不同流体粒子或许有不同的密度，根据式（4.2.3），得到：

$$\nabla \cdot \boldsymbol{v}=0 \tag{4.2.4}$$

也就是说，恒定密度的流动是不可压缩流动的一个子集。液体几乎是不可压缩的。

当流体粒子的压力、温度或分子组成变化时，$\mathrm{D}\rho/\mathrm{D}t$ 不等于零，一般需要式（4.2.2）形式的连续性方程。

在不同坐标系下，式（4.2.4）有不同的形式。在笛卡尔坐标系（$x,y,z$）中的连续性方程是：

$$\frac{\partial v_x}{\partial x}+\frac{\partial v_y}{\partial y}+\frac{\partial v_z}{\partial z}=0 \tag{4.2.5}$$

柱坐标系和球坐标系在应用中具有特别的重要性。在柱坐标系（$r$，$\theta$，$z$）中的连续性方程是：

$$\frac{1}{r}\frac{\partial(rv_r)}{\partial r}+\frac{1}{r}\frac{\partial v_\theta}{\partial \theta}+\frac{\partial v_z}{\partial z}=0 \tag{4.2.6}$$

在球坐标系（$r,\theta,\phi$）中的连续性方程是：

$$\frac{1}{r^2}\frac{\partial(r^2 v_r)}{\partial r}+\frac{1}{r\sin\theta}\frac{\partial(v_\theta \sin\theta)}{\partial \theta}+\frac{1}{r\sin\theta}\frac{\partial v_\phi}{\partial \phi} \tag{4.2.7}$$

## 4.2.2 动量守恒

动量守恒的原理：材料控制体积 $V(t)$ 的动量变化率，等于通过这个控制体积表面 $S(t)$ 的对流、周围材料作用在表面 $S(t)$ 上的接触力和在 $V(t)$ 中的体积力产生的动量净流入的总和（图 4.2.2）。积分式动量守恒方程是：

$$\frac{\mathrm{d}}{\mathrm{d}t}\int_{V(t)}\rho\boldsymbol{v}\mathrm{d}V=-\int_{S(t)}(\boldsymbol{n}\cdot\boldsymbol{v})\rho\boldsymbol{v}\mathrm{d}S+\int_{S(t)}\boldsymbol{n}\cdot\boldsymbol{T}\mathrm{d}S+\int_{V(t)}\rho\boldsymbol{g}\mathrm{d}V \tag{4.2.8}$$

式中，$\rho\boldsymbol{v}$ 是流动流体单位体积的动量。通过表面 $\mathrm{d}S$ 流入控制体积 $V(t)$ 的动量等于 $\rho\boldsymbol{v}\times(-\boldsymbol{n}\cdot\boldsymbol{v})\mathrm{d}S$。当把应力张量理解为动量通量时，$\boldsymbol{n}\cdot\boldsymbol{T}\mathrm{d}S$ 是通过作用在表面 $\mathrm{d}S$ 上的接触力 $\boldsymbol{t}\mathrm{d}S$ 流入控制体积 $V(t)$ 的动量。$\rho\boldsymbol{g}\mathrm{d}V$ 是通过作用在体积 $\mathrm{d}V$ 中的体积力流入控制体积 $V(t)$ 的动量。$\boldsymbol{n}$ 是表面 $\mathrm{d}S$ 的向外单位法向矢量，$\boldsymbol{g}$ 是作用在 $\mathrm{d}V$ 内流体上的单位质量的体积力，$\boldsymbol{t}$ 是作用在 $\mathrm{d}S$ 上单位面积的

应力矢量。体积力是非物理接触的，通常产生于重力场或电磁力场，通过流体分布，与质量（或电荷、电流等）成正比。在本节中，按单位质量规定体积力。

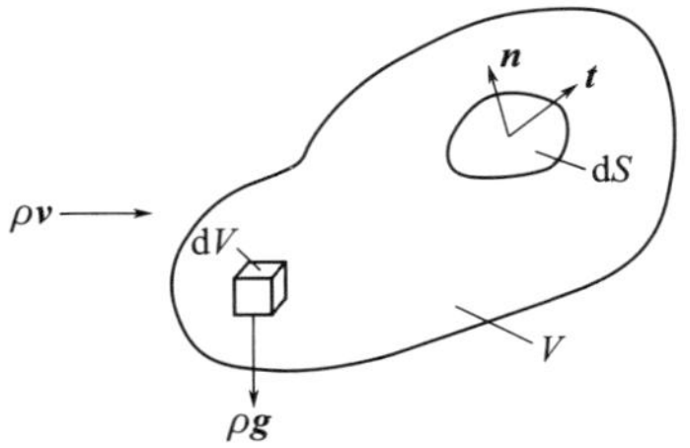


图 4.2.2　在材料控制体积 $V$ 中的动量平衡

影响流体运动的其他力是表面张力和界面张力。这些张力作用在嵌入界面内的线上。尽管在具有界面的流动中这些张力通常是重要的，但是它们没有直接出现在运动方程中，反而通过边界条件成为影响流体运动的因素。

利用 Gauss 散度定理，得到微分式动量守恒方程：

$$\rho \frac{\mathrm{D}\boldsymbol{v}}{\mathrm{D}t}=\nabla \cdot \boldsymbol{T}+\rho \boldsymbol{g} \Longleftrightarrow \rho \frac{\mathrm{D}v_i}{\mathrm{D}t}=\frac{\partial}{\partial x_j}(T_{ij})+\rho g_i \tag{4.2.9}$$

式（4.2.9）有时叫作 **Cauchy 运动方程**。它将流体粒子加速度与在粒子上的静体积力（$\rho g_i$）和表面力（$\partial T_{ij}/\partial x_j$）联系起来。当式（4.2.9）用于牛顿流体时，它称为 **Navier-Stokes 动量方程**。

应当说明的是，在一些文献[3] 中，式（4.2.9）有另外一种形式：

$$\rho \frac{\mathrm{D}\boldsymbol{v}}{\mathrm{D}t}=-\nabla \cdot \boldsymbol{T}+\rho \boldsymbol{g} \tag{4.2.10}$$

式（4.2.9）和式（4.2.10）的差别是：$\nabla \cdot \boldsymbol{T}$ 项的符号不同。这是因为它们来自不同的应力矢量（分量）符号约定。式（4.2.9）使用材料表面微元的正面材料对其反面材料作用的拉应力为正的约定，而式（4.2.10）使用这个拉应力为负的约定。后一种约定满足各种输送现象（动量、热量和扩散）具有同样的符号约定。然而，两种符号约定并不影响流动问题的解。只要把本构方程代入动量守恒方程，速度梯度将取代应力分量，两种符号约定可导出完全相同的表达式。

将应力分解成流体静力学贡献和流体动力学贡献即 $T_{ij}=-p\delta_{ij}+\tau_{ij}$ [式（3.1.11）] 时，式（4.2.9）写为：

$$\rho \frac{\mathrm{D}\boldsymbol{v}}{\mathrm{D}t}=-\nabla p+\nabla \cdot \boldsymbol{\tau}+\rho \boldsymbol{g} \Longleftrightarrow \rho \frac{\mathrm{D}v_i}{\mathrm{D}t}=-\frac{\partial p}{\partial x_i}+\frac{\partial \tau_{ij}}{\partial x_j}+\rho g_i \tag{4.2.11}$$

与连续性方程一样，在不同坐标系下动量守恒方程有不同的形式。在笛卡尔坐标系（$x,y,z$）中，$x$、$y$ 和 $z$ 方向的动量分量是：

$$
\begin{aligned}
&\rho\left(\frac{\partial v_x}{\partial t}+v_x\frac{\partial v_x}{\partial x}+v_y\frac{\partial v_x}{\partial y}+v_z\frac{\partial v_x}{\partial z}\right)=-\frac{\partial p}{\partial x}+\frac{\partial \tau_{xx}}{\partial x}+\frac{\partial \tau_{yx}}{\partial y}+\frac{\partial \tau_{zx}}{\partial z}+\rho g_x\\
&\rho\left(\frac{\partial v_y}{\partial t}+v_x\frac{\partial v_y}{\partial x}+v_y\frac{\partial v_y}{\partial y}+v_z\frac{\partial v_y}{\partial z}\right)=-\frac{\partial p}{\partial y}+\frac{\partial \tau_{xy}}{\partial x}+\frac{\partial \tau_{yy}}{\partial y}+\frac{\partial \tau_{zy}}{\partial z}+\rho g_y\\
&\rho\left(\frac{\partial v_z}{\partial t}+v_x\frac{\partial v_z}{\partial x}+v_y\frac{\partial v_z}{\partial y}+v_z\frac{\partial v_z}{\partial z}\right)=-\frac{\partial p}{\partial z}+\frac{\partial \tau_{xz}}{\partial x}+\frac{\partial \tau_{yz}}{\partial y}+\frac{\partial \tau_{zz}}{\partial z}+\rho g_z
\end{aligned}
\tag{4.2.12}
$$

在柱坐标系（$r$，$\theta$，$z$）中动量分量是：

$$
\begin{aligned}
&\rho\left(\frac{\partial v_r}{\partial t}+v_r\frac{\partial v_r}{\partial r}+\frac{v_\theta}{r}\frac{\partial v_r}{\partial \theta}+v_z\frac{\partial v_r}{\partial z}-\frac{v_\theta^2}{r}\right)=\\
&-\frac{\partial p}{\partial r}+\frac{1}{r}\frac{\partial (r\tau_{rr})}{\partial r}+\frac{1}{r}\frac{\partial \tau_{r\theta}}{\partial \theta}+\frac{\partial \tau_{rz}}{\partial z}-\frac{\tau_{\theta\theta}}{r}+\rho g_r\\
&\rho\left(\frac{\partial v_\theta}{\partial t}+v_r\frac{\partial v_\theta}{\partial r}+\frac{v_\theta}{r}\frac{\partial v_\theta}{\partial \theta}+v_z\frac{\partial v_\theta}{\partial z}+\frac{v_r v_\theta}{r}\right)=\\
&-\frac{1}{r}\frac{\partial p}{\partial \theta}+\frac{1}{r^2}\frac{\partial (r^2\tau_{r\theta})}{\partial r}+\frac{1}{r}\frac{\partial \tau_{\theta\theta}}{\partial \theta}+\frac{\partial \tau_{\theta z}}{\partial z}+\rho g_\theta\\
&\rho\left(\frac{\partial v_z}{\partial t}+v_r\frac{\partial v_z}{\partial r}+\frac{v_\theta}{r}\frac{\partial v_z}{\partial \theta}+v_z\frac{\partial v_z}{\partial z}\right)=\\
&-\frac{\partial p}{\partial z}+\frac{1}{r}\frac{\partial (r\tau_{rz})}{\partial r}+\frac{1}{r}\frac{\partial \tau_{\theta z}}{\partial \theta}+\frac{\partial \tau_{zz}}{\partial z}+\rho g_z
\end{aligned}
\tag{4.2.13}
$$

在球坐标系（$r,\theta,\phi$）中动量分量是：

$$
\begin{aligned}
&\rho\left(\frac{\partial v_r}{\partial t}+v_r\frac{\partial v_r}{\partial r}+\frac{v_\theta}{r}\frac{\partial v_r}{\partial \theta}+\frac{v_\phi}{r\sin\theta}\frac{\partial v_r}{\partial \phi}-\frac{v_\theta^2+v_\phi^2}{r}\right)=\\
&-\frac{\partial p}{\partial r}+\frac{1}{r^2}\frac{\partial (r^2\tau_{rr})}{\partial r}+\frac{1}{r\sin\theta}\frac{\partial (\tau_{r\theta}\sin\theta)}{\partial \theta}+\frac{1}{r\sin\theta}\frac{\partial \tau_{r\phi}}{\partial \phi}-\frac{\tau_{\theta\theta}+\tau_{\phi\phi}}{r}+\rho g_r\\
&\rho\left(\frac{\partial v_\theta}{\partial t}+v_r\frac{\partial v_\theta}{\partial r}+\frac{v_\theta}{r}\frac{\partial v_\theta}{\partial \theta}+\frac{v_\phi}{r\sin\theta}\frac{\partial v_\theta}{\partial \phi}+\frac{v_r v_\theta}{r}-\frac{v_\phi^2}{r}\cot\theta\right)=\\
&-\frac{1}{r}\frac{\partial p}{\partial \theta}+\frac{1}{r^2}\frac{\partial (r^2\tau_{r\theta})}{\partial r}+\frac{1}{r\sin\theta}\frac{\partial (\tau_{\theta\theta}\sin\theta)}{\partial \theta}+\frac{1}{r\sin\theta}\frac{\partial \tau_{\theta\phi}}{\partial \phi}+\frac{\tau_{r\theta}}{r}-\frac{\tau_{\phi\phi}}{r}\cot\theta+\rho g_\theta\\
&\rho\left(\frac{\partial v_\phi}{\partial t}+v_r\frac{\partial v_\phi}{\partial r}+\frac{v_\theta}{r}\frac{\partial v_\phi}{\partial \theta}+\frac{v_\phi}{r\sin\theta}\frac{\partial v_\phi}{\partial \phi}+\frac{v_r v_\phi}{r}+\frac{v_\theta v_\phi}{r}\cot\theta\right)=
\end{aligned}
$$

$$-\frac{1}{r\sin\theta}\frac{\partial p}{\partial \phi}+\frac{1}{r^2}\frac{\partial(r^2\tau_{r\phi})}{\partial r}+\frac{1}{r}\frac{\partial \tau_{\theta\phi}}{\partial \theta}+\frac{1}{r\sin\theta}\frac{\partial \tau_{\phi\phi}}{\partial \phi}+\frac{\tau_{r\phi}}{r}+\frac{2\cot\theta}{r}\tau_{\theta\phi}+\rho g_{\phi}$$

(4.2.14)

通过引入**修正压力**（modified pressure）$P$，可将一般动量守恒方程［式（4.2.11）］简化。求解静止流体的动量守恒方程（没有偏应力和加速度），可以确定静态压力（static pressure）$p_s$：

$$0=-\nabla p_s+\rho \boldsymbol{g} \tag{4.2.15}$$

修正压力 $P$ 定义为：

$$P=p-p_s \tag{4.2.16}$$

用 $P+p_s$ 替换在式（4.2.11）中的压力 $p$ 和应用式（4.2.15），可以得到一个新的和简单的动量守恒方程：

$$\rho\frac{\mathrm{D}\boldsymbol{v}}{\mathrm{D}t}=-\nabla P+\nabla\cdot\boldsymbol{\tau}\Longrightarrow\rho\frac{\mathrm{D}v_i}{\mathrm{D}t}=-\frac{\partial P}{\partial x_i}+\frac{\partial \tau_{ij}}{\partial x_j} \tag{4.2.17}$$

然而，在实际应用中，并非总能引入修正压力。通常，为了简化动量守恒方程，忽略体积力项。在这种情况下，$P=p$。

下面讨论在直平行流线流动中的压力梯度。分析这种流动是很简单的，在许多实际应用中有时它仅近似发生。在 5.6 节中，将讨论这种流动的一些特殊情况。

假设流体是不可压缩的，速度场是：

$$v_x=v_x(x,y,z,t),v_y=v_z=0 \tag{4.2.18}$$

于是，流线是平行于 $x$ 轴的直线。

将速度场［式（4.2.18）］应用到连续性方程［式（4.2.5）］，得到：

$$\frac{\partial v_x(x,y,z,t)}{\partial x}=0,v_x=v_x(y,z,t) \tag{4.2.19}$$

因此，速度场不依赖于 $x$ 坐标。于是，假设偏应力 $\tau_{ij}$ 也不依赖于 $x$ 坐标是合理的。忽略体积力，动量守恒方程［式（4.2.12）］化简为：

$$\rho\frac{\partial v_x}{\partial t}=-\frac{\partial p}{\partial x}+\frac{\partial \tau_{yx}}{\partial y}+\frac{\partial \tau_{zx}}{\partial z} \tag{4.2.20}$$

$$0=-\frac{\partial p}{\partial y}+\frac{\partial \tau_{yy}}{\partial y}+\frac{\partial \tau_{zy}}{\partial z},0=-\frac{\partial p}{\partial z}+\frac{\partial \tau_{yz}}{\partial y}+\frac{\partial \tau_{zz}}{\partial z} \tag{4.2.21}$$

因为偏应力 $\tau_{ij}$ 不依赖于 $x$，式（4.2.21）意味着：

$$\frac{\partial^2 p}{\partial x\partial y}=\frac{\partial^2 p}{\partial x\partial z}=0 \tag{4.2.22}$$

在稳态流动条件下，应用式（4.2.20）和式（4.2.19），得：

$$\frac{\partial p}{\partial x}=c(\text{一个常数})\text{或一个时间函数}\ c(t) \tag{4.2.23}$$

这个结果可以叙述为：在直平行流线的流动中，在流线方向的（忽略体积力或修正的）压力梯度，对于稳态流动是一个常数，对于非稳态流动是一个时间函数。

## 4.2.3 能量守恒

控制物体能量的基本原理是热力学第一定律：单位时间供给物体的**机械功率**（mechanical power）$P$ 和**热功率**（heat power）$\dot{Q}$ 的和，等于物体的**内能**（internal energy）$E$ 和**动能**（kinetic energy）$K$ 的时间变化率之和。即：$P+\dot{Q}=\dot{E}+\dot{K}$。当把它应用到一个表面积为 $S(t)$ 的材料控制体积 $V(t)$ 时，热力学第一定律可以写为：

$$\frac{\mathrm{d}}{\mathrm{d}t}\int_{V(t)}\rho\left(e+\frac{1}{2}|\boldsymbol{v}|^2\right)\mathrm{d}V=\int_{V(t)}\rho\boldsymbol{g}\cdot\boldsymbol{v}\mathrm{d}V+\int_{A(t)}\boldsymbol{t}\cdot\boldsymbol{v}\mathrm{d}A-\int_{A(t)}\boldsymbol{q}\cdot\boldsymbol{n}\mathrm{d}A \tag{4.2.24}$$

式中，$e(\boldsymbol{x},t)$ 是单位质量的内能（比内能）；$\boldsymbol{q}(\boldsymbol{x},t)$ 是**热通量矢量**（heat flux vector）。式（4.2.24）右侧的项是：体积力在 $V(t)$ 中的流体上做功速率、表面力在 $V(t)$ 中的流体上做功速率和从 $V(t)$ 中传导出的热功率。在式（4.2.24）右侧中前两项的和是供给 $V(t)$ 的机械功率。供给流体的热通常包括热传导、热辐射和在物体中的热源。在这里，仅考虑热传导的热供给。在式（4.2.24）中最后一项有负号是因为当热离开 $V(t)$ 时，在 $V(t)$ 中的能量减少。当 $\boldsymbol{q}\cdot\boldsymbol{n}$ 为正时，这种情况发生。式（4.2.24）适用于单组分系统。对于多组分流体流动，通常必须添加上与不同分子焓和化学反应有关的项。

经过推导，可以得到在不可压缩流体中流体粒子的**热能平衡方程**（thermal energy balance equation）：

$$\rho\frac{\mathrm{D}e}{\mathrm{D}t}=\boldsymbol{\tau}:\nabla\boldsymbol{v}-\nabla\cdot\boldsymbol{q}\Longleftrightarrow\rho\frac{\mathrm{D}e}{\mathrm{D}t}=\tau_{ij}\frac{\partial v_j}{\partial x_i}-\frac{\partial q_i}{\partial x_i} \tag{4.2.25}$$

对于热各向同性的流体，应用**傅里叶热传导方程**（Fourier's heat conduction equation）：$\boldsymbol{q}=-k\nabla T$，$T=T(\boldsymbol{x},t)$ 是温度，$k$ 是**热传导率**（thermal conductivity）。$k$ 是温度的函数，但是经常被认为是一个常数。对于不可压缩流

体，假设比内能 $e$ 仅是温度 $T$ 的函数：$e=e(T)$。**比热**（specific heat）$c$ 定义为单位质量和单位温度的内能变化：$c=\mathrm{d}e/\mathrm{d}T$。比热 $c$ 仅稍微随温度变化。因此，式（4.2.25）可以写为：

$$\rho c\frac{\mathrm{D}T}{\mathrm{D}t}=k\nabla^2T+\boldsymbol{\tau}:\nabla\boldsymbol{v}\Longleftrightarrow\rho c\frac{\mathrm{D}T}{\mathrm{D}t}=k\nabla^2T+\tau_{ij}\frac{\partial v_j}{\partial x_i}\tag{4.2.26}$$

式中，$\boldsymbol{\tau}:\nabla\boldsymbol{v}$ 或 $\tau_{ij}(\partial v_j/\partial x_i)$ 也叫作单位体积的**应力功率**（stress power）或单位体积的**形变功率**（deformation power）。下面讨论在应力功率中具体项的物理解释[1]。

式（4.2.26）定义了单位体积的应力功率：

$$\omega=\boldsymbol{\tau}:\nabla\boldsymbol{v}=\tau_{ij}\frac{\partial v_j}{\partial x_i}\tag{4.2.27}$$

使用应力张量对称性，将式（4.2.27）重新写为：

$$\omega=\tau_{ij}\frac{\partial v_j}{\partial x_i}=\frac{1}{2}\tau_{ij}\frac{\partial v_j}{\partial x_i}+\frac{1}{2}\tau_{ji}\frac{\partial v_i}{\partial x_j}=\tau_{ij}\frac{1}{2}\left(\frac{\partial v_i}{\partial x_j}+\frac{\partial v_j}{\partial x_i}\right)$$

$$\omega=\tau_{ij}D_{ij}\text{ 或 }\quad\omega=\boldsymbol{\tau}:\boldsymbol{D}\tag{4.2.28}$$

显然，式（4.2.28）右边是两类项 $\tau_{ii}D_{ii}$ 和 $\tau_{ij}D_{ij}$（$i\neq j$）的加和。$\tau_{ii}D_{ii}$ 是拉伸应力与拉伸速率或线应变速率的乘积，$\tau_{ij}D_{ij}$（$i\neq j$）是剪切应力与剪切速率的乘积。

对于一个体积微元，在 $\mathrm{d}t$ 时间内，拉伸应力产生拉伸应变 $D_{ii}\mathrm{d}t$，剪切应力产生剪切应变 $D_{ij}\mathrm{d}t$（$i\neq j$），如图 4.2.3 所示（图中只显示二维流体微元）。假设流体是不可压缩的，体积应变为零。微元体积 $\mathrm{d}V=\mathrm{d}x_1\mathrm{d}x_2\mathrm{d}x_3$。因此，应力在微元上做的功只包括拉伸应力和剪切应力在微元上做的功。在 $\mathrm{d}t$ 时间内，所有应力 $\tau_{ij}$ 在微元上做的总功 $\Delta W$ 是：

$$\begin{aligned}\Delta W=&(\tau_{11}\mathrm{d}x_2\mathrm{d}x_3)[(D_{11}\mathrm{d}t)\mathrm{d}x_1]+(\tau_{22}\mathrm{d}x_1\mathrm{d}x_3)[(D_{22}\mathrm{d}t)\mathrm{d}x_2]\\&+(\tau_{33}\mathrm{d}x_1\mathrm{d}x_2)[(D_{33}\mathrm{d}t)\mathrm{d}x_3]+(\tau_{12}\mathrm{d}x_1\mathrm{d}x_3)[(2D_{12}\mathrm{d}t)\mathrm{d}x_2]\\&+(\tau_{13}\mathrm{d}x_2\mathrm{d}x_3)[(2D_{13}\mathrm{d}t)\mathrm{d}x_1]+(\tau_{23}\mathrm{d}x_1\mathrm{d}x_2)[(2D_{23}\mathrm{d}t)\mathrm{d}x_3]\\=&(\tau_{11}D_{11}+\tau_{22}D_{22}+\tau_{33}D_{33}+2\tau_{12}D_{12}+2\tau_{13}D_{13}+2\tau_{23}D_{23})\\&(\mathrm{d}x_1\mathrm{d}x_2\mathrm{d}x_3\mathrm{d}t)\\=&\tau_{ij}D_{ij}\mathrm{d}V\mathrm{d}t\end{aligned}\tag{4.2.29}$$

因此，应力功率表示单位时间单位体积的应力做的功。应力功率总是正值，它表示机械能耗散成为热能。

在流体中，能量耗散引起温度场变化。剪切耗散依赖于黏度和局部形变速率，而黏度有温度依赖性，剪切耗散能够改变速度分布。因此，通过温度依赖性的黏度把能量方程和动量方程联系在一起，必须联立求解这两个方程。

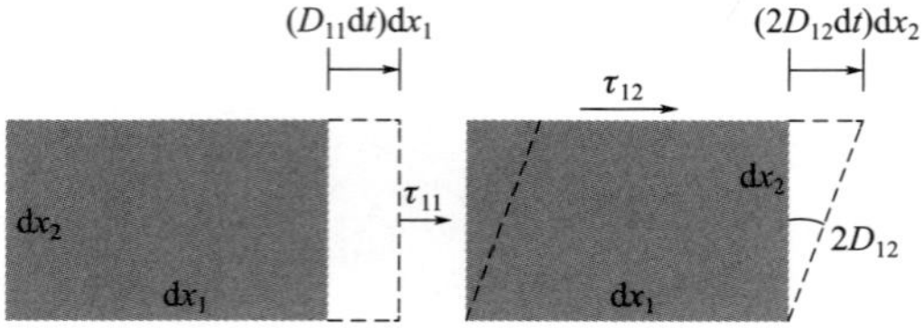


图 4.2.3　经受应变 $D_{11}dt$ 和 $2D_{12}dt$ 的体积微元

［引自 F. Irgens, *Rheology and Non-Newtonian Fluids*, Springer, Switzerland, p73 (2014)］

在笛卡尔坐标系 ($x$, $y$, $z$) 中的能量方程是：

$$
\begin{aligned}
&\rho c\left(\frac{\partial T}{\partial t}+v_x\frac{\partial T}{\partial x}+v_y\frac{\partial T}{\partial y}+v_z\frac{\partial T}{\partial z}\right)\\
&=k\left(\frac{\partial^2 T}{\partial x^2}+\frac{\partial^2 T}{\partial y^2}+\frac{\partial^2 T}{\partial z^2}\right)+\tau_{xx}\frac{\partial v_x}{\partial x}+\tau_{xy}\left(\frac{\partial v_x}{\partial y}+\frac{\partial v_y}{\partial x}\right)+\tau_{yy}\frac{\partial v_y}{\partial y}\\
&\quad+\tau_{yz}\left(\frac{\partial v_y}{\partial z}+\frac{\partial v_z}{\partial y}\right)+\tau_{zx}\left(\frac{\partial v_z}{\partial x}+\frac{\partial v_x}{\partial z}\right)+\tau_{zz}\frac{\partial v_z}{\partial z}
\end{aligned}
\tag{4.2.30}
$$

在柱坐标系 ($r$, $\theta$, $z$) 中的能量方程是：

$$
\begin{aligned}
&\rho c\left(\frac{\partial T}{\partial t}+v_r\frac{\partial T}{\partial r}+\frac{v_\theta}{r}\frac{\partial T}{\partial \theta}+v_z\frac{\partial T}{\partial z}\right)\\
&=k\left(\frac{1}{r}\frac{\partial}{\partial r}\left(r\frac{\partial T}{\partial r}\right)+\frac{1}{r^2}\frac{\partial^2 T}{\partial \theta^2}+\frac{\partial^2 T}{\partial z^2}\right)+\tau_{rr}\frac{\partial v_r}{\partial r}\\
&\quad+\tau_{r\theta}\left(\frac{1}{r}\frac{\partial v_r}{\partial \theta}+r\frac{\partial}{\partial r}\left(\frac{v_\theta}{r}\right)\right)+\tau_{zr}\left(\frac{\partial v_z}{\partial r}+\frac{\partial v_r}{\partial z}\right)\\
&\quad+\tau_{\theta\theta}\left(\frac{1}{r}\frac{\partial v_\theta}{\partial \theta}+\frac{v_r}{r}\right)+\tau_{\theta z}\left(\frac{\partial v_\theta}{\partial z}+\frac{1}{r}\frac{\partial v_z}{\partial \theta}\right)+\tau_{zz}\frac{\partial v_z}{\partial z}
\end{aligned}
\tag{4.2.31}
$$

在一些情况下，等温分析聚合物流动。这时，不可压缩液体的温度是恒定的，热传递或做功不能改变流体微元的热能，因为 $dT=dv=0$（$v$ 是比体积，$v=1/\rho$）。流动的热力学特征描述完全取决于密度。因此，场的因变量是流体速度 $\boldsymbol{v}$（单位质量动量）和压力 $p$。这里，$p$ 不是热力学变量，而是法向应力。于是，求解这一系统只需要四个方程：一个质量守恒方程和三个动量守恒分量。

# 4.3 边界条件

求微分守恒方程的正常解，除了本构方程之外，还需要边界条件。在一个固体边界上或在两种不相混溶的流体之间的界面处，通过考察一个小而薄的横跨界面的长方形控制体积，从守恒定律可以推导出一些必要的边界条件。图 4.3.1 显示了一个界面控制体积，该界面把介质 2（一种流体）和介质 1（一个固体或与流体 2 不相混溶的一种流体）分离。在图 4.3.1 中，$+\boldsymbol{n}$ 和 $-\boldsymbol{n}$ 分别是指向介质 2 和介质 1 的单位法向矢量。控制体积的上下方形表面有 $\mathrm{d}A$ 的面积，局部平行于界面，彼此间隔一个小的距离 $l$。相切于界面的两个切向矢量是 $\boldsymbol{t}'$ 和 $\boldsymbol{t}''$，选择为 $\boldsymbol{t}'\times\boldsymbol{t}''=\boldsymbol{n}$。$\boldsymbol{v}_1$、$\boldsymbol{v}_2$ 和 $\boldsymbol{v}_s$ 分别是介质 1、介质 2 和界面的速度矢量。当 $l\to 0$ 和保持在两种不同介质中的两个方形面积微元时，将守恒定律应用到矩形体积 $l\mathrm{d}A$，产生五个边界条件。当 $l\to 0$ 时，所有体积积分$\to 0$，对正比于 $l$ 的四个矩形侧面区域的表面积分将趋向于零，除非这四个侧面有界面（表面）张力。

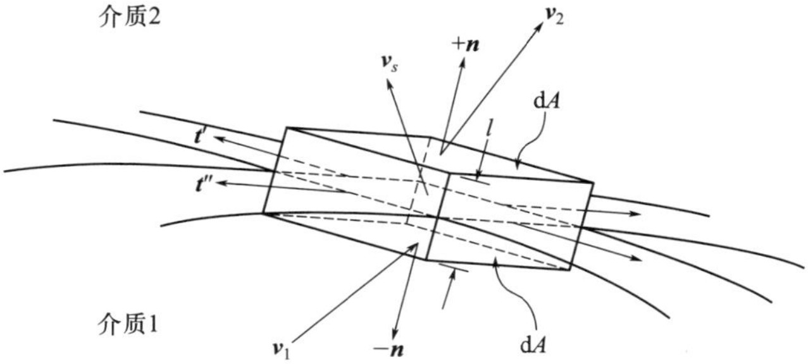


图 4.3.1 在两种介质之间的界面

（介质 2 是流体，介质 1 是固体或与介质 2 不相混溶的第二种流体）

［引自 P. K. Kundu，I. M. Cohen and D. R. Dowling，*Fluid Mechanics*，Sixth Edition，Elsevier，London，p155（2016）］

## 4.3.1 质量守恒边界条件

当 $l\to 0$ 和保持方形面积微元 $\mathrm{d}A$ 时，在界面体积微元 $l\mathrm{d}A$ 中的质量变化率是零，即 $\mathrm{d}m/\mathrm{d}t=0$。在这种情况下，将式（4.2.1）应用于体积微元，获得的质量守恒的结果是：

$$\rho_1(\boldsymbol{v}_1-\boldsymbol{v}_s)\cdot\boldsymbol{n}-\rho_2(\boldsymbol{v}_2-\boldsymbol{v}_s)\cdot\boldsymbol{n}=0$$

$$\dot{m}_{\mathrm{s}}=\rho_1(\boldsymbol{v}_1-\boldsymbol{v}_s)\cdot\boldsymbol{n}=\rho_2(\boldsymbol{v}_2-\boldsymbol{v}_s)\cdot\boldsymbol{n} \tag{4.3.1}$$

式中，$\dot{m}_{\mathrm{s}}$ 是单位面积的界面质量通量。如果介质 1 是一种与介质 2 不相混溶的流体，没有穿过界面的质量流动［即**无穿透**（no-penetration）边界条件，流体不能穿过或渗透界面］，$\dot{m}_{\mathrm{s}}=0$，式（4.3.1）简化为：

$$\boldsymbol{v}_1\cdot\boldsymbol{n}=\boldsymbol{v}_s\cdot\boldsymbol{n}\ \text{和}\ \boldsymbol{v}_2\cdot\boldsymbol{n}=\boldsymbol{v}_s\cdot\boldsymbol{n} \tag{4.3.2}$$

如果介质 1 是固体和**无滑移**（no-slip）边界条件（它假定流体黏附到固体表面上）成立，$\boldsymbol{v}_1=\boldsymbol{v}_s$，因此，$\dot{m}_{\mathrm{s}}=0$。于是，质量守恒边界条件简化为：

$$\boldsymbol{v}_2\cdot\boldsymbol{n}=\boldsymbol{v}_s\cdot\boldsymbol{n} \tag{4.3.3a}$$

如果固体是静止的，则：

$$\boldsymbol{v}_2\cdot\boldsymbol{n}=0 \tag{4.3.3b}$$

在式（4.3.1）的边界条件中，仅涉及 $\boldsymbol{v}_s$ 的法向分量（$\boldsymbol{v}_s\cdot\boldsymbol{n}$），没有 $\boldsymbol{v}_s$ 的切向分量。也就是说，从质量守恒方程不能获得在界面处切向流体速度分量的必要条件。然而，实际上无滑移条件规定了在界面处切向速度分量必须满足：

$$\boldsymbol{v}_1\cdot\boldsymbol{t}'=\boldsymbol{v}_2\cdot\boldsymbol{t}'\ \text{和}\ \boldsymbol{v}_1\cdot\boldsymbol{t}''=\boldsymbol{v}_2\cdot\boldsymbol{t}'' \tag{4.3.4}$$

因此，对于一种黏性流体（介质 2）相对于一种不可渗透固体（介质 1）运动的情况，式（4.3.1）和式（4.3.4）一起简化到下面的边界条件：

$$\boldsymbol{v}_2=\boldsymbol{v}_1 \tag{4.3.5}$$

### 4.3.2 动量守恒边界条件

与质量守恒的情况一样，在界面体积微元 $l\mathrm{d}A$ 中的动量变化率也是零。忽略体积力和考虑**界面张力**（interface tension），将式（4.2.8）应用于界面体积微元，在图 4.3.1 中的法向方向上获得的动量守恒的结果是：

$$\dot{m}_{\mathrm{s}}(\boldsymbol{v}_2-\boldsymbol{v}_1)\cdot\boldsymbol{n}=-(p_2-p_1)+[(n_i\tau_{ij})_2-(n_i\tau_{ij})_1]n_j+\sigma(1/R'+1/R'') \tag{4.3.6}$$

式中，$p_1$ 和 $p_2$ 分别是介质 1 和介质 2 的压力；$\tau_{ij}$ 是偏应力张量；$\sigma$ 是界面张力；$R'$ 和 $R''$ 是两个界面主曲率半径。式（4.3.6）决定在界面处的法向速度差。

当两种流体都不运动或 $\dot{m}_s=0$ 时，式（4.3.6）简化成 **Laplace 压力**：$\Delta p=p_2-p_1=\sigma(1/R'+1/R'')$。

从动量守恒方程也不能获得在界面处切向流体速度分量的必要条件。仍然需要使用式（4.3.4）。

虽然无滑移假定非常适用于所有黏性液体（对于大多数黏弹性聚合物熔体，几乎在所有流动条件下也是有效的），但无滑移边界条件有时不能成立，原因在于其可能产生**壁滑移**或**近壁滑移**[4]（wall slip or near-wall slip），即紧贴流道壁的那一层材料具有一个有限的相对滑移速度。例如，在临界填料含量（10%～15%）以上，混炼胶在实验或加工设备壁面显示壁滑移[5]。当前有三个对壁滑移机理的解释[6]：(a) 壁面黏着失效、(b) 材料内部黏着失效（由于在体相中和吸附在壁面上的分子链解缠结）和（c）壁面产生润滑表面层（由于应力诱导迁移或润滑剂扩散）。壁滑移是一种特殊的熔体流动不稳定性行为，它不仅破坏了在分析流场时约定的边界条件，而且对聚合物加工带来影响。然而，在设备内正常流动状态下，除了异常情况外，求解流动问题都假设无滑移条件。

考虑式（4.3.4），再次将式（4.2.8）应用于在图 4.3.1 中的控制体积，获得的切向动量守恒的结果是：

$$0=+[(n_i\tau_{ij})_2-(n_i\tau_{ij})_1]t'_j+(\partial\sigma/\partial x_j)t'_j \tag{4.3.7a}$$

$$0=+[(n_i\tau_{ij})_2-(n_i\tau_{ij})_1]t''_j+(\partial\sigma/\partial x_j)t''_j \tag{4.3.7b}$$

式（4.3.7）包括界面张力梯度，是在流体-流体界面处匹配的切向应力的陈述。通常，为了分析有相变化的多相流动，需要使用边界条件式（4.3.1）、式（4.3.4）、式（4.3.6）和式（4.3.7）。多相流动超出了本书的范围，在此不再展开。

### 4.3.3 能量守恒边界条件

忽略体积力，当一起使用图 4.3.1 的控制体积和式（4.2.24）时，获得下面的能量守恒边界条件：

$$\dot{m}_s\left[\left(e+\frac{1}{2}|\boldsymbol{v}|^2\right)_2-\left(e+\frac{1}{2}|\boldsymbol{v}|^2\right)_1\right]=-(k\nabla T)_2\cdot\boldsymbol{n}+(k\nabla T)_1\cdot\boldsymbol{n} \tag{4.3.8}$$

当 $\dot{m}_s=0$ 时，在界面处热传导通量必须是连续的。在液-固界面上，不允许温度突变，无滑移边界条件的热等价是：

$$T_1 = T_2 \tag{4.3.9}$$

式中，$T_1$ 是在界面处液体 1 的温度，$T_2$ 是在界面处固体 2 或液体 2 的温度。

## 参考文献


[1] Irgens F. *Rheology and Non-Newtonian Fluids*. Switzerland: Springer, 2014.

[2] Kundu P K, Cohen I M, Dowling D R. *Fluid Mechanics*. Sixth Edition. London: Elsevier, 2016.

[3] Tadmor Z, Gogos C G. 聚合物加工原理. 耿孝正，阎琦，等译. 北京：化学工业出版社，1990：117.

[4] Denn M M. Extrusion Instabilities and Wall Slip. *Ann. Rev. Fluid Mech.*, 2001, 33: 265-287.

[5] Montes S, White J L, Nakajima N. Rheological Behaviour of Rubber Carbon Black Compounds in Various Shear Histories. *J. Non-Newtonian Fluid Mech.*, 1988, 28: 183-212.

[6] Tadmor Z, Gogos C G. *Principles of Polymer Processing*. Second Edition. New Jersey: Wiley-Interscience, 2006: 63.

# 第 5 章

# 聚合物熔体黏性行为

# 5.1 一般黏性本构方程

## 5.1.1 引言

在稳态剪切流动中，典型聚合物熔体综合流动曲线有三个区（图 5.1.1）。在很低的剪切速率时，黏度接近一个平台或平稳变化（牛顿平台），呈现牛顿液体行为，因为低的剪切速率不足以影响无规线团构象。在这一区域中的表观黏度叫作**零剪切速率黏度**（zero-shear-rate viscosity）$\eta_0$，即 $\eta_0=\lim\limits_{\dot{\gamma}\to 0}\eta(\dot{\gamma})$。在中等剪切速率区域，发生剪切变稀行为，因为分子链解缠结（或缠结点破坏速度大于其重建速度）和沿剪切方向伸展取向，造成流动阻力降低。在很高的剪切速率时，黏度降到最小值，趋向于恒定，又显示牛顿液体行为，因为分子链的解缠结和伸展取向程度已达最大。这一区域的表观黏度称为**无穷剪切速率黏度**（infinite-shear-rate viscosity）$\eta_\infty$，即 $\eta_\infty=\lim\limits_{\dot{\gamma}\to\infty}\eta(\dot{\gamma})$。

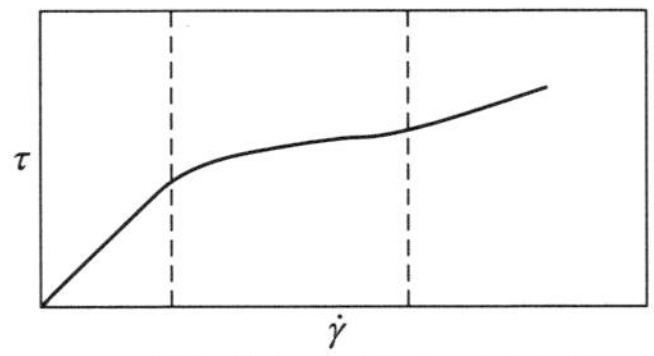

(a) 剪切应力$\tau$-剪切速率$\dot{\gamma}$曲线

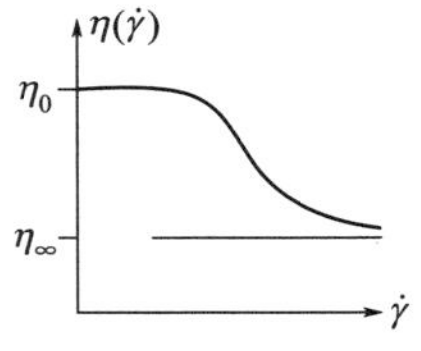

(b) 剪切黏度$\eta$-剪切速率$\dot{\gamma}$曲线

图 5.1.1 典型聚合物熔体综合流动曲线

通常，在剪切变稀区中加工聚合物。剪切变稀行为能够增加聚合物的加工性，使模塑容易。聚合物熔体流动经常显示第一个牛顿平台和剪切变稀两个区域，难以达到第三个区域，因为在很高剪切速率时，流动将失去稳定或出现高能量耗散和高温引起的聚合物分子降解。

如果将一维牛顿黏性定律 $\tau=\eta\dot{\gamma}$［式（1.1.2）］转化为张量关系，并用 $\eta$

代替 $\mu$，得到广义牛顿流体的本构方程：

$$\boldsymbol{\tau}=\eta(I_{2\boldsymbol{D}},II_{2\boldsymbol{D}},III_{2\boldsymbol{D}})2\boldsymbol{D} \tag{5.1.1}$$

式中，$\boldsymbol{\tau}$ 是偏应力张量，$2\boldsymbol{D}$ 是应变速率张量（$\nabla \boldsymbol{v}+\nabla \boldsymbol{v}^{\mathrm{T}}$），$I_{2\boldsymbol{D}}$、$II_{2\boldsymbol{D}}$ 和 $III_{2\boldsymbol{D}}$ 是应变速率张量的三个不变量。**广义牛顿流体**（generalized Newtonian fluid，GNF）指的是类似于式（5.1.1）结构而用张量形式书写的一系列方程，因为式（5.1.1）在形式上与不可压缩牛顿流体三维本构方程类似，但黏度 $\eta$ 不是一个常量，而是应变速率张量（$2\boldsymbol{D}$）三个不变量（标量）的函数，当黏度 $\eta$ 是一个常量时，就得到牛顿流体的本构方程。黏度函数 $\eta(I_{2\boldsymbol{D}}，II_{2\boldsymbol{D}}，III_{2\boldsymbol{D}})$是黏度的应变速率依赖性的一种表达方法。

考虑不可压缩流动，即 $\nabla\cdot\boldsymbol{v}=0$，$I_{2\boldsymbol{D}}$ 变为零。如果流场是以剪切为主，$III_{2\boldsymbol{D}}$ 将认为是零［对于简单剪切流动，$III_{2\boldsymbol{D}}$ 恒等于零，见式（4.1.3a）］。根据上面条件，认为 $\eta$ 将仅是 $II_{2\boldsymbol{D}}$ 的函数 $\eta(II_{2\boldsymbol{D}})$ 是合适的。根据经验，更有用的黏度函数是使用剪切速率 $\dot{\gamma}$ 而不是使用 $II_{2\boldsymbol{D}}$。从应变速率张量 $2\boldsymbol{D}$ 的 $II_{2\boldsymbol{D}}$，可以计算剪切速率的大小 $|\dot{\gamma}|$ ［式（4.1.3b）］：

$$|\dot{\gamma}|=\sqrt{\frac{1}{2}II_{2\boldsymbol{D}}} \tag{5.1.2}$$

因此，广义牛顿流体本构式（5.1.1）可以重新写为：

$$\boldsymbol{\tau}=2\eta(\dot{\gamma})\boldsymbol{D} \tag{5.1.3}$$

对于 GNF，没有考虑弹性效应，这与大多数非牛顿流体在稳态剪切流动中的试验是不符的，这是 GNF 模型的缺点。然而，GNF 代表比较简单的应力张量和应变速率张量之间的关系，可以很容易地写入动量方程。这一动量方程可以用计算流体动力学模拟中的数值方法求解。经验显示，GNF 最适合稳态测黏流动，它也被广泛应用在更一般类型的流动中，甚至非稳态流动。在下面几节中，将介绍 $\eta(II_{2\boldsymbol{D}})$ 或 $\eta(\dot{\gamma})$ 的几个常见表达式。

## 5.1.2 幂律方程

用于描述聚合物熔体剪切变稀行为的非常有用并且相对容易理解的表达式是**幂律方程**（Power law equation）。幂律方程也称为 Ostwald-de Waele 方程[1,2]：

$$\boldsymbol{\tau}=2K(II_{2\boldsymbol{D}})^{n-1}\boldsymbol{D} \tag{5.1.4}$$

对于稳态简单剪切流动，式（5.1.4）化简成：

$$\tau = K\dot{\gamma}^n \text{ 或 } \eta_a(\dot{\gamma}) = K\dot{\gamma}^{n-1} \tag{5.1.5}$$

式中，$n$ 是**幂律指数**（power law index）或**非牛顿指数**，表示偏离牛顿流体行为的程度。对于假塑性流体，$n<1$，$n$ 的区间经常是 0.15～0.6。$K$ 是**稠度参数**（consistency parameter），$K$ 的量纲为 $N \cdot s^n/m^2$。例如，对于聚苯乙烯熔体，在 149℃时 $n$ 和 $K$ 的值分别是 $0.4N \cdot s^n/m^2$ 和 $1.6 \times 10^5 N \cdot s^n/m^2$。由于 $K$ 的量纲依赖于 $n$，$K$ 不是材料性能。在 $\dot{\gamma}$ 的整个范围内，每种塑料熔体的 $n$ 值是不同的，即黏度的剪切速率依赖性不同（图 5.1.2），而橡胶的 $n$ 值几乎恒定[3]，其 $n \approx 0.25$。

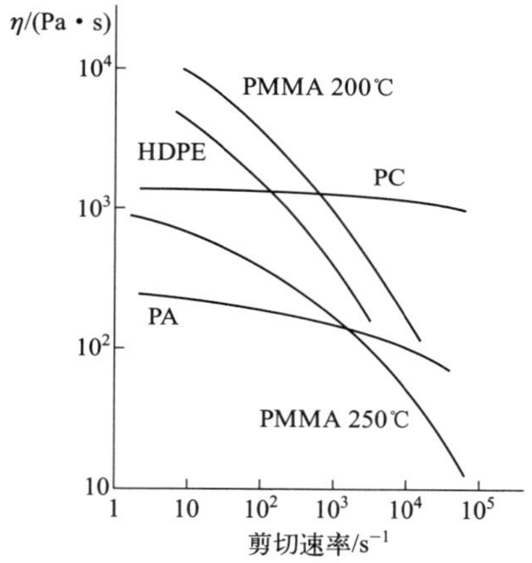


图 5.1.2　塑料熔体黏度的剪切速率依赖性

[引自 E. Saldívar-Guerra and E. Vivaldo-Lima，*Handbook of Polymer Synthesis, Characterization and Processing*，John Wiley & Sons，New Jersey，p452（2013）]

在图 5.1.2 中，与大多数通用聚合物相比，PC 更似牛顿行为，仅显示小的剪切变稀，因为在它的主链上有许多的不旋转键。PET 也有与 PC 类似的行为。

$n$ 和 $K$ 都与温度有关。$K$ 和 $n$ 的温度依赖性[4] 经常表示为：

$$K = K_0 \exp\left(-A\frac{T-T_0}{T_0}\right),\quad n = n_0 + B\frac{T-T_0}{T_0} \tag{5.1.6}$$

式中，$K_0$、$A$、$n_0$ 和 $B$ 是在参考温度 $T_0$ 时的参数值（温度单位是 K）。参数 $B$ 经常很小，以至于幂律指数可以认为是不变的。

从式（5.1.5），得到：

$$\lg\eta_a = \lg K + (n-1)\lg\dot{\gamma} \tag{5.1.7}$$

式（5.1.7）表明，幂律模型的黏度函数在 lg-lg 图中是直线。

幂律方程的主要缺陷是当 $\dot{\gamma} \to 0$ 时，它预测一个无穷大黏度，而当 $\dot{\gamma} \to \infty$ 时

它预测一个零黏度，这些违背非牛顿流体的试验结果：$\eta_0$＝有限值＞0 和 $\eta_\infty$＝有限值＞0。然而，在许多流动问题中，低剪切速率区和很高剪切速率区的重要性较小。幂律方程的一个很大优势是它很适合解析解，因此，在应用中被广泛使用。

如果 $n=1$，幂律方程描述牛顿液体，此时 $K=\mu$。如果 $n>1$，幂律方程也可以描述胀流性流体。但是，在模型化剪切增稠流体的流动时，应当谨慎，因为剪切增稠经常预示着不稳定、相分离和缺乏可逆性等。

### 5.1.3 其他黏性模型

（1）Cross 模型

为了在低剪切速率和高剪切速率下都给出牛顿区，在 1965 年 Cross 提出了一个模型[5]：

$$\frac{\eta(\dot{\gamma})-\eta_\infty}{\eta_0-\eta_\infty}=\frac{1}{1+\left(\lambda^2\left|\frac{1}{2}II_{2D}\right|\right)^{(1-n)/2}} \tag{5.1.8}$$

式中，$\lambda$ 是特征流动时间（$\lambda^{-1}$ 表示在黏度曲线中在牛顿区域和剪切变稀区域之间转变时的剪切速率）。由于典型的 $\eta_0 \gg \eta_\infty$，当 $\left(\frac{1}{2}II_{2D}\right)^{1/2}=\dot{\gamma}$ 非常小时，$\eta$ 趋近于 $\eta_0$。在中等 $\dot{\gamma}$，Cross 模型有一个幂律区域：$\eta(\dot{\gamma})-\eta_\infty \simeq (\eta_0-\eta_\infty)m\dot{\gamma}^{n-1}$，$m=\lambda^{n-1}$。对于 $\eta_0 \gg \eta_\infty$，$\eta(\dot{\gamma}) \simeq \eta_0 m\dot{\gamma}^{n-1}$。在非常高的剪切速率下，式（5.1.8）的右侧变得很小，$\eta$ 达到高剪切速率牛顿极限 $\eta_\infty$。

（2）Yasuda-Carreau 模型

为了更好地拟合数据，Yasuda 等人[6] 在 1981 年提出了一个五参数模型：称为 **Yasuda-Carreau 模型**：

$$\frac{\eta(\dot{\gamma})-\eta_\infty}{\eta_0-\eta_\infty}=\frac{1}{\left[1+\left(\lambda\left|\frac{1}{2}II_{2D}\right|^{1/2}\right)^a\right]^{(1-n)/a}} \tag{5.1.9}$$

这个模型相当于具有第五个拟合参数 $a$ 的 Cross 模型。当 $a=2$ 时，式（5.1.9）称为 **Carreau 模型**[7]（1968）。这时式（5.1.9）变为：

$$\frac{\eta(\dot{\gamma})-\eta_\infty}{\eta_0-\eta_\infty}=\frac{1}{[1+(\lambda\dot{\gamma})^2]^{(1-n)/2}}=[1+(\lambda\dot{\gamma})^2]^{(n-1)/2} \tag{5.1.10}$$

式中，$\lambda$ 是特征流动时间。乘积 $\lambda\dot{\gamma}=\mathrm{De}$（见 7.1.1 节）反映了熔体的黏弹性特

征。当 De→0 时，熔体变为牛顿流体。随着 De 增加，熔体变为低黏和高弹。

Yasuda-Carreau 方程在 $\dot{\gamma}$ 值的整个范围内，能很好拟合聚合物熔体的试验数据（图 5.1.3）。

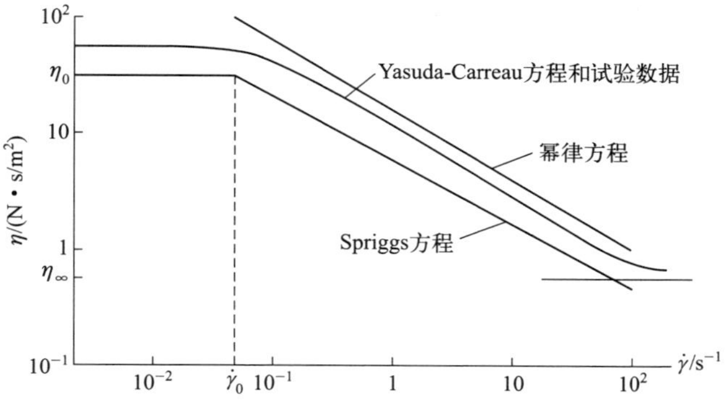


图 5.1.3 试验数据与黏度模型的 lg-lg 图的比较

［引自 F. Irgens，*Rheology and Non-Newtonian Fluids*，Springer，Cham，Switzerland，p114（2014）］

（3）Spriggs 方程

Spriggs 在 1965 年提出一个简化的幂律方程。**Spriggs 方程**[8] 是：

$$当\ \dot{\gamma}\leqslant\dot{\gamma}_0\ 时，\eta(\dot{\gamma})=\eta_0；当\ \dot{\gamma}\geqslant\dot{\gamma}_0\ 时，\eta(\dot{\gamma})=\eta_0\left(\frac{\dot{\gamma}}{\dot{\gamma}_0}\right)^{n-1} \tag{5.1.11}$$

式中，$\dot{\gamma}$ 是参考剪切速率；$1/\dot{\gamma}_0$ 是特征时间。这个方程既保留了幂律方程的简单性，又加入了特征时间。当 $\dot{\gamma}\leqslant\dot{\gamma}_0$ 时，有水平的渐进线。这与实验一致。

（4）Ellis 方程

**Ellis 方程**[9]（1927）是一个三参数模型，用剪切应力表达黏度：

$$\frac{\eta_0}{\eta(\tau)}=1+\left(\frac{\sqrt{\frac{1}{2}II_\tau}}{\tau_{1/2}}\right)^{\alpha-1} \tag{5.1.12}$$

式中，$\alpha$ 是 $\lg(\eta/\eta_0-1)-\lg(\tau/\tau_{1/2})$ 曲线的斜率；$II_\tau$ 是应力张量的第二不变量（在简单剪切流动中，$\sqrt{\frac{1}{2}II_\tau}=|\tau_{21}|$）；$\tau_{1/2}$ 是 $\eta=\eta_0/2$ 处的剪切应力值；$\eta_0$ 是零剪切速率黏度（当 $\dot{\gamma}\to 0$ 时的 $\eta$ 极限）。三参数 Ellis 方程不像幂律方程那样使用方便，但是仍然足够简单，允许对一些复杂流动问题求解析解。它能够预示在很低剪切速率时的牛顿平台。

# 5.2 黏塑性本构方程

正如在 1.3.1 中所述，黏塑性材料展示屈服剪切应力 $\tau_y$，即：当最大剪切应力 $\tau_{max}<\tau_y$ 时，没有流动；当最大剪切应力 $\tau_{max}\geqslant\tau_y$ 时，发生流动（$\tau_y=\lim\limits_{\dot{\gamma}\to 0}\tau(\dot{\gamma})$，有限值的屈服应力启动流动）。

钻井泥浆、室内涂料、人造黄油和油漆是一类最简单的黏塑性材料。它们属于 **Bingham 流体**（宾汉流体）。Bingham 首先在 1916 年以这种方式描述油漆。Bingham 流体的一维本构方程是：

当 $\tau_{max}<\tau_y$ 时，$\tau=G\gamma$　　（胡克弹性固体行为，$\eta(\dot{\gamma})=\infty$ 和 $\dot{\gamma}=0$）

当 $\tau_{max}\geqslant\tau_y$ 时，$\tau=\tau_y+\mu\dot{\gamma}$　　（牛顿液体行为）　　（5.2.1）

式中，$\mu$ 是一旦材料流动而达到的恒定黏度，也叫做**塑性黏度**（plastic viscosity）。

高含量固体填料的塑料或橡胶熔体是另一类重要的黏塑性材料。这些材料一旦开始流动，黏度随剪切速率增大而下降的关系服从幂律关系：

$$\tau=\tau_y+K\dot{\gamma}^n \tag{5.2.2a}$$

$$\eta(\tau)=\tau\left(\frac{K}{\tau-\tau_y}\right)^{1/n},\tau>\tau_y \tag{5.2.2b}$$

或

$$\tau=\tau_y+\frac{A\dot{\gamma}}{1+B\dot{\gamma}^{1-n}} \tag{5.2.3}$$

式中，$K$ 是稠度参数；$n$ 是幂律指数；$A$ 和 $B$ 是用于拟合数据的模型参数，$A$ 和 $B$ 的量纲分别是 $N\cdot s/m^2$ 和 $s^{1-n}$。式（5.2.2）称为 **Herschel-Bulkley 方程**[10]（1926）。式（5.2.3）称为 **White 方程**[11]。橡胶混炼胶的 $\tau_y$ 和 $n$ 的参数值[12] 分别是 50～150kPa 和 0.2～0.25。

然而，涵盖很宽剪切速率范围的研究显示，黏塑性材料有一个较低的牛顿区而不是胡克区。这表明屈服准则应使用临界剪切速率代替剪切应力[13]。当用 2$\boldsymbol{D}$ 的第二不变量作为屈服准则时，三维形式的 Herschel-Bulkley 方程是：

当 $II_{2\boldsymbol{D}}{}^{1/2} \leqslant \dot{\gamma}_c$ 时，$\boldsymbol{\tau} = 2\mu\boldsymbol{D}$

当 $II_{2\boldsymbol{D}}{}^{1/2} > \dot{\gamma}_c$ 时，$\boldsymbol{\tau} = 2\left(\dfrac{\tau_y}{|II_{2\boldsymbol{D}}|^{1/2}} + K\,|II_{2\boldsymbol{D}}|^{(n-1)/2}\right)\boldsymbol{D}$ （5.2.4）

在应用黏塑性本构方程时，使用临界剪切速率作为屈服准则的一个好处是更加容易进行数值计算。

# 5.3 影响黏度的主要因素

除了剪切速率或剪切应力之外，影响黏度的其他重要因素是加工变量（温度和压力）和材料配方（例如分子量、分子量分布和填料）。

## 5.3.1 温度和压力对黏度的影响

对于一个给定配方的聚合物，聚合物熔体黏度通常随温度降低或压力升高而增加（图 5.3.1），这些是聚合物分子链活动性降低的结果。但这两个变量对黏度的影响一般不如剪切速率的影响强烈。

聚合物熔体黏度的温度依赖性通常由 **Arrhenius 方程**描述：

$$\eta = A\mathrm{e}^{\Delta E/RT} \tag{5.3.1}$$

式中，$A$ 是特定材料的常数；$\Delta E$ 是流动活化能（J/mol）；$T$ 是热力学温度（K）；$R$ 是气体常数［8.314J/(mol·K)］。Arrhenius 方程来源于分子位置互换的纯热活化过程的研究。

在求解聚合物流动问题时，相对容易使用的一个表观黏度温度依赖性的经验方程是：

$$\eta = K_1\mathrm{e}^{-aT} \tag{5.3.2}$$

式中，$K_1$ 是与材料有关的常数；$a$ 是温度系数。式（5.3.1）和式（5.3.2）更有用的形式是把在一个参考温度 $T_R$ 下的黏度 $\eta_R(T_R)$ 与一个不同温度 $T$ 下的黏度 $\eta(T)$ 联系起来：

$$\eta(T) = \eta_R(T_R)\mathrm{e}^{\frac{\Delta E}{R}\left(\frac{1}{T}-\frac{1}{T_R}\right)} \quad 或 \quad \eta(T) = \eta_R(T_R)\mathrm{e}^{-a(T-T_R)} \tag{5.3.3}$$

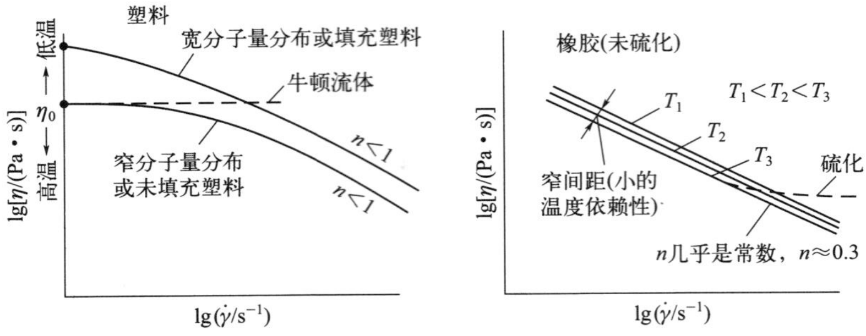


图 5.3.1 不同温度下的黏度与剪切速率
［引自 Nishi and Hitoshi，*Journal of the Society of Rubber Industry*，Japan，**43**，p 136-143（2015）］

描述黏度的剪切速率和温度依赖性的表达式为：

$$\eta(\dot{\gamma},T)=\eta_0\dot{\gamma}^{n-1}\mathrm{e}^{\frac{\Delta E}{R}\left(\frac{1}{T}-\frac{1}{T_R}\right)} \quad 或 \quad \eta(\dot{\gamma},T)=\eta_0\dot{\gamma}^{n-1}\mathrm{e}^{-a(T-T_R)} \tag{5.3.4}$$

如果在温度 $T_R$ 的 $\lg\tau$-$\lg\dot{\gamma}$ 曲线的黏度 $\eta_0$ 是已知的，并且常数 $\Delta E$ 或 $a$ 和 $n$ 也是已知的，根据式（5.3.4），可以确定在任何剪切速率 $\dot{\gamma}$ 和在任何温度 $T$ 的黏度。

不同聚合物的黏度通常有不同的温度敏感性（$\partial\eta/\partial T$）。作为一般规律，无定形聚合物黏度的温度敏感性高（例如 PVC 和 PMMA），而半结晶聚合物黏度的温度敏感性较低（例如 PE 和 PP）（图 5.3.2）。对于温度敏感性的材料，应当严格控制加工温度，以避免产品质量波动。温度应当控制在最佳工作温度的 ±2℃。许多聚合物，在较低温度下（例如接近其 $T_g$），有大的黏度温度敏感性。

聚合物熔体黏度与压力的函数关系通常写为：

$$\eta(P)=\eta_R(P_R)\mathrm{e}^{b(P-P_R)} \tag{5.3.5}$$

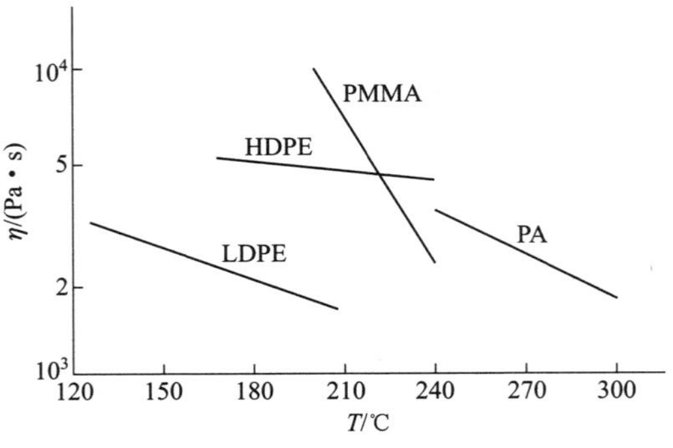


图 5.3.2 不同聚合物黏度的温度敏感性

式中，$\eta_R(P_R)$ 是参考压力 $P_R$ 下的黏度；$b$ 是压力系数。当 $P \leqslant 35\text{MPa}$ 时，压力对黏度的影响较不重要。这一压力范围是大多数聚合物加工操作中的压力。而当 $P > 35\text{MPa}$ 时，压力对黏度的影响变得重要，例如在注射操作中。

## 5.3.2 分子量和分子量分布对黏度的影响

聚合物流变学性能强烈依赖于分子链长。对于聚合物液体，零剪切黏度 $\eta_0$ 与重均分子量 $M_w$ 之间的关系是：

$$\text{当 } M_w < M_c \text{ 时，} \eta_0 = K_1 M_w \tag{5.3.6a}$$

$$\text{当 } M_w > M_c \text{ 时，} \eta_0 = K_2 M_w^{3.4} \tag{5.3.6b}$$

式（5.3.6）是由 Fox 等[14] 在 Bueche[15] 的试验基础上首先提出的。$M_c$ 是临界缠结分子量，$K_1$ 和 $K_2$ 是与温度和分子结构有关的常数。在低分子量时，双对数图 $\lg\eta_0$-$\lg M_w$ 的斜率是 1，在高分子量时，双对数图的斜率是 3.4，从线性关系到 3.4 指数幂关系的转折点是 $M_c$（图 5.3.3），这是因为当分子量达到 $M_c$ 时，分子链开始形成缠结网络，引起增强的分子间相互作用。由于 $M_c$ 大致需要两个缠结才能影响一个链，$M_c$ 的值有一个近似关系[16]：$M_c \sim 2M_e$，$M_e$ 是在缠结点之间的平均分子量，它可从平台模量确定：

$$M_e = \frac{\rho RT}{G_N} \tag{5.3.7}$$

式中，$\rho$ 是聚合物质量密度；$R$ 是气体常数；$T$ 是热力学温度；$G_N$ 是平台模量。例如，聚乙烯、顺式-1,4-聚丁二烯、顺式-1,4-聚异戊二烯、聚异丁烯、聚二甲基硅氧烷和聚苯乙烯熔体的典型 $M_e$ 值分别是 4000、7000、14000、17000、29000 和 35000。

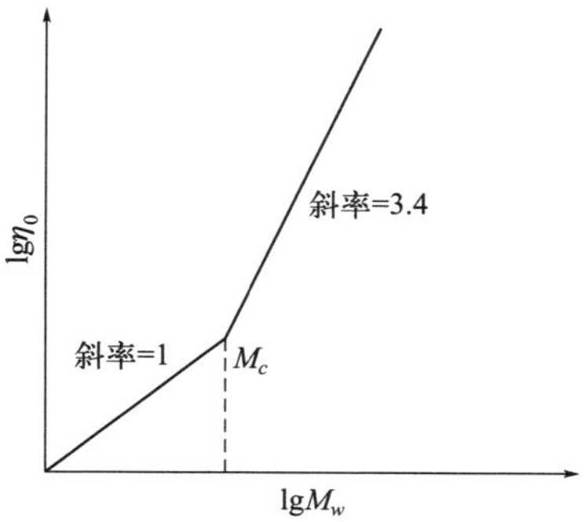


图 5.3.3 聚合物分子量对零剪切黏度的影响

预测分子量、分子量分布和温度对黏度-剪切速率关系影响的模型是 **Adams-Campbell 模型**[17]：

$$\eta(T,\dot{\gamma})=\exp\left\{\ln\eta_0(T)+\frac{s\sigma}{\sqrt{2}}\left[\Theta(1-\mathrm{erf}(\Theta))-\frac{1}{\sqrt{\pi}}\exp(\Theta^2)\right]\right\} \tag{5.3.8}$$

$$\Theta=\frac{\ln\mu(T)-\ln(\dot{\gamma})}{\sqrt{2}\,\sigma} \tag{5.3.9}$$

式中，$s$、$\sigma$、$\ln\mu(T)$ 和 $\ln\eta_0(T)$ 是模型参数，它们依赖于分子量、$T_g$ 和温度。在很宽范围的分子量、分子量分布和温度的情况下，通过分析大量黏度-剪切速率数据，获得下面形式的四个模型参数[17]：

$$s=\frac{M_w-M_c}{M_w} \tag{5.3.10}$$

$$\sigma=1.393\sqrt{1.06-\frac{M_n}{M_w}} \tag{5.3.11}$$

$$\ln\mu(T)=\exp\left[-2.7+(39.52-15.83\sigma^2)\left(\frac{T-T_g}{T_g}\right)\right]\left(\frac{M_w}{M_c}\right)^{-3.4} \tag{5.3.12}$$

$$\ln\eta_0(T)=\exp(-1.33)\left(\frac{M_w}{M_c}\right)^{3.4}\left(\frac{T-T_g}{T_g}\right)^{-10.09} \tag{5.3.13}$$

式中，$M_c$ 是缠结的临界分子量；$T$ 和 $T_g$ 是温度和玻璃化转变温度（K）。对于通用级 PS 塑料（$M_w=300000$），在 PI=2.4 和 1.5 的两个分子量分布宽度指数的情况下，使用 Adams-Campbell 模型，预测了分子量分布和温度对黏度-剪切速率关系的影响[17]。（图 5.3.4）。

从图 5.3.4 看到，在 543K 的温度时，对于 PI=2.4 的聚合物，从牛顿黏度到幂律黏度的转变点大约是 $0.1\mathrm{s}^{-1}$，对于 PI=1.5 的聚合物，这个转变点大约是 $10\mathrm{s}^{-1}$。这说明通过降低分子量分布宽度指数 PI，牛顿到幂律行为转变的剪切速率移高几乎两个数量级。这是因为相同 $M_w$ 而较大 PI 的聚合物，有更大分子量的级分，更易形成高的缠结程度，大的应力容易引起在较低剪切速率下解缠结，发生剪切变稀行为。另外，在低剪切速率下，加工窄分子量分布的聚合物将需要更高的功率。当在一个功率或扭矩受限的挤出机上加工聚合物时，应当记住这一点。

## 5.3.3 填料对黏度的影响

聚合物混合物通常包含填料，以增强聚合物和改善加工性，或者获得增强物

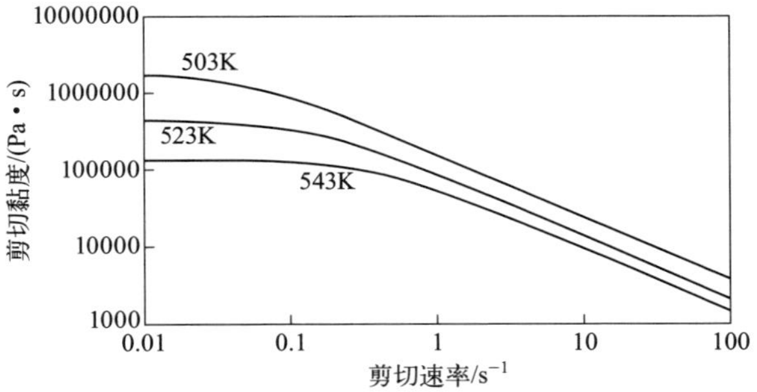


(a) $M_w=300000$，$PI=M_w/M_n=2.4$

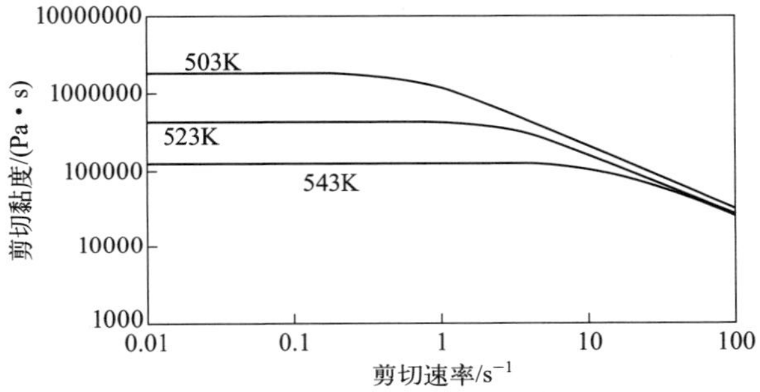


(b) $M_w=300000$，$PI=M_w/M_n=1.5$

图 5.3.4　分子量分布和温度对黏度-剪切速率关系的影响

［引自 G. A. Campbell and M. A. Spalding, *Analyzing and Troubleshooting Single-Screw Ectruders*, Hanser，Munich，p99（2013）］

理性能的聚合物。任何填料都将增加聚合物熔体的黏度，这一效应可以解释为：由于填料粒子是刚性的，在聚合物中添加填料将减少**可形变相**的体积。当填充聚合物熔体经受剪切应力时，因为较低的形变体积，实际的形变和形变速率比未填充聚合物熔体的形变和形变速率更高[16]。因此，在施加同样的表观剪切速率时，与未填充聚合物熔体相比，填充聚合物熔体需要更大的剪切应力，表现为剪切黏度的增加。剪切黏度与填料体积分数之间关系遵循 **Guth-Gold 方程**[18]（1938）：

$$\eta=\eta_0(1+2.5\varphi+14.1\varphi^2) \tag{5.3.14}$$

式中，$\eta_0$ 是纯聚合物的黏度；$\varphi$ 是填料的体积分数。

目前，代替传统填料，使用纳米填料（例如碳纳米管、纳米二氧化硅等）的聚合物混合物变得更加普遍，因为纳米粒子有极大的表面积与体积比，很低含量（百分之几或更少）的纳米填料即可获得聚合物力学性能的重大改善。影响填料增强效应的另一个因素是填料粒子的高长宽比（aspect ration），这些填料粒子仅纳米大小（在一维或二维中）。当考虑粒子形状的影响时，应当将形状系数 $f$ 引入式（5.3.14），修正的 Guth-Gold 关系[16] 是：

$$\eta=\eta_0(1+2.5\varphi+14.1f^2\varphi^2) \tag{5.3.15}$$

图 5.3.5 显示仅添加 1% 的碳纳米管，黏度增加超过两个数量级。在图 5.3.5 中 $\phi$ 是多层碳纳米管的体积浓度。

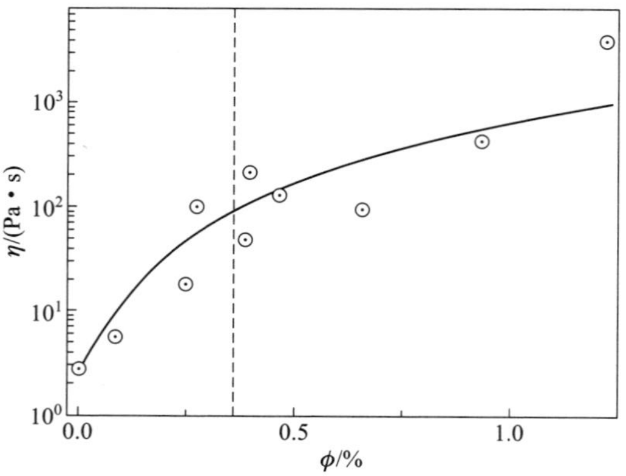


图 5.3.5　在 0.1Hz 时测量的聚二胺（$M_w$=4000）的动态黏度
[引自 B. Ermam，J. E. Mark and C. M. Roland，*The Science and Technology of Rubber*，Fourth Edition，Elsevier Inc，Waltham，p316（2013）]

填料含量不仅影响混合物的黏度，而且也影响许多填充系统中黏度-剪切速率曲线第一牛顿平台的存在。当填料含量足够高时，填料之间发生相互作用，造成低剪切速率的牛顿平台消失。对于炭黑填充胶料，这个效应特别重要，因为这个效应在比较低填料量的情况下出现，并且可随炭黑结构复杂性进一步增强（图 5.3.6）。在图 5.3.6（a）中，对于 20phr 的增强炭黑（N326），不再观察到牛顿

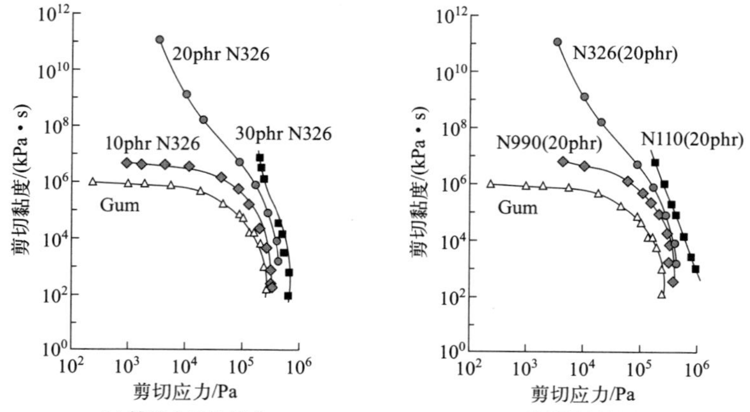


图 5.3.6　填料含量和结构对胶料剪切黏度的影响
[引自 S. Montes，J. L. White and N. Nakajima，Rheological Behaviour of Rubber Carbon Black Compounds in Various Shear Histories，*J. Non-Newtonian Fluid Mech.*，28，183-212（1988）]

平台。获得的黏度-剪切应力曲线表明屈服应力存在，即低于屈服应力，黏度将是无穷大，不能观察到流动。当用非增强级炭黑（N990）代替增强炭黑（N326）时，也可看到类似的行为［图 5.3.6（b）］。

# 5.4 拉伸黏度

在第 4.1.3 节中定义了三种特殊的拉伸流动。这三种特殊的拉伸流动的应力张量是：

$$\boldsymbol{T}=\begin{pmatrix}\tau_{11}-p & 0 & 0\\ 0 & \tau_{22}-p & 0\\ 0 & 0 & \tau_{33}-p\end{pmatrix} \tag{5.4.1}$$

对于不可压缩流体，在式（5.4.1）中的压力 $p$ 不能与在固体界面上测量的法向应力分离，而且本构方程也不能给出压力 $p$，必须从流动的运动方程和边界条件确定压力 $p$。因此，为了使 $p$ 与测量值分离，使用可以被模型化的法向应力差。习惯上使用两个法向应力差：

$$\tau_{11}-\tau_{22}=N_1,\tau_{22}-\tau_{33}=N_2 \tag{5.4.2}$$

$N_1$ 和 $N_2$ 分别称为**第一法向应力差**（first normal stress difference）和**第二法向应力差**（second normal stress difference）。第三法向应力差可以由 $N_1$ 和 $N_2$ 表示。需要说明的是，对聚合物流体，在剪切流动中也产生法向应力差（详见 7.1 节）。

三种特殊拉伸流动有如下的特征形变速率张量：

单轴拉伸流动：
$$\boldsymbol{D}=\begin{pmatrix}2 & 0 & 0\\ 0 & -1 & 0\\ 0 & 0 & -1\end{pmatrix}\frac{\dot{\varepsilon}(t)}{2} \tag{5.4.3}$$

双轴拉伸流动：
$$\boldsymbol{D}=\begin{pmatrix}1 & 0 & 0\\ 0 & 1 & 0\\ 0 & 0 & -2\end{pmatrix}\dot{\varepsilon}(t) \tag{5.4.4}$$

平面拉伸流动：

$$\boldsymbol{D}=\begin{pmatrix}1 & 0 & 0\\ 0 & -1 & 0\\ 0 & 0 & 0\end{pmatrix}\dot{\varepsilon}(t) \tag{5.4.5}$$

所有三种特殊拉伸流动的形变速率张量仅有一个特征应变速率 $\dot{\varepsilon}(t)$。因此，由两个法向应力差可以定义两个拉伸黏度函数：

$$\bar{\eta}_1(\dot{\varepsilon})=\frac{\tau_{11}-\tau_{22}}{\dot{\varepsilon}},\quad \bar{\eta}_2(\dot{\varepsilon})=\frac{\tau_{22}-\tau_{33}}{\dot{\varepsilon}} \tag{5.4.6}$$

在单轴拉伸流动中，各向同性和轴对称性表明，$\tau_{22}=\tau_{33}$，因此仅需要模型化第一法向应力差。因此，稳态单轴拉伸的**拉伸黏度**（extensional viscosity）$\eta_E$ 的定义式是：

$$\eta_E(\dot{\varepsilon})\equiv\bar{\eta}(\dot{\varepsilon})=\bar{\eta}_1(\dot{\varepsilon})=\frac{\tau_{11}-\tau_{22}}{\dot{\varepsilon}} \tag{5.4.7}$$

$\eta_E$ 也称为 **Trouton 黏度**。Trouton[19] 在 1906 年发现沥青和焦油混合物的拉伸黏度不依赖 $\dot{\varepsilon}$，大约等于 $3\mu$，$\mu$ 是牛顿流体的剪切黏度。这是最早对拉伸流动的关注。实际上，对于不可压缩牛顿流体，从本构方程 $\tau_{ij}=2\mu D_{ij}$，可以推导出这一关系：

$$\begin{gathered}\tau_{11}=2\mu\dot{\varepsilon},\quad \tau_{22}=-\mu\dot{\varepsilon},\quad \tau_{33}=-\mu\dot{\varepsilon}\\ \tau_{11}-\tau_{22}=3\mu\dot{\varepsilon},\quad \eta_E=3\mu\end{gathered} \tag{5.4.8}$$

即牛顿流体的拉伸黏度简单地是其剪切黏度的三倍。现在，通常把拉伸黏度与剪切黏度的比称为 **Trouton 比**（Trouton ratio）（在剪切速率等于拉伸速率的条件下）。

在低应变速率时，等式 $\eta_E=3\mu$ 也适合非牛顿流体，此时的 $\mu$ 应是 $\eta_0$，即：

$$\eta_E\big|_{\dot{\varepsilon}\to 0}=3\eta\big|_{\dot{\gamma}\to 0}\Longrightarrow\eta_{E0}=3\eta_0 \tag{5.4.9}$$

然而，对于聚合物熔体和高弹性聚合物溶液，在高拉伸速率时，经常观察到拉伸黏度随拉伸速率增加而增加[20]（图 5.4.1），称为**拉伸增稠**（extensional thickening）。与长支化分子的聚合物熔体（例如低密度聚乙烯）相比，无长支化分子的聚合物熔体（例如高密度聚乙烯和聚苯乙烯）经常有少得多的拉伸增稠行为。这是因为长支化链产生的缠结阻碍大分子流动运动的重排，引起应变硬化，应力和黏度增加[21]。但是，也观察到了相反的情况，即**拉伸变稀**（extensional thinning）。从图 5.4.1 看到，在低应变速率时，Trouton 比是 3，但是，随着增大应变速率，Trouton 比变得大得多，可达 $3\times10^4$。拉伸增稠材料的纤维纺丝过程更加容易和稳定[22]。

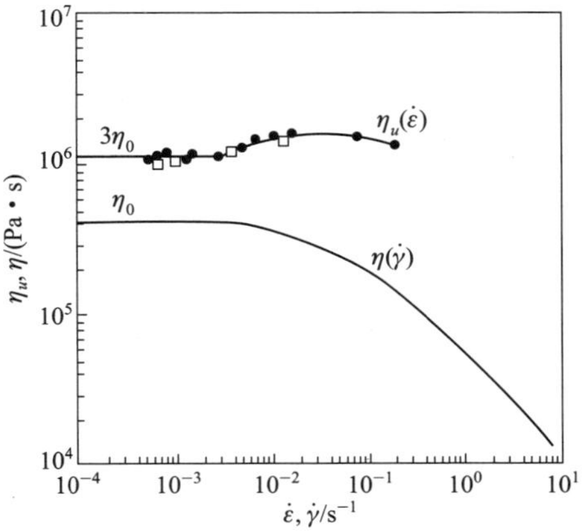


图 5.4.1 在单轴拉伸和剪切中的聚苯乙烯熔体的黏度（160℃）
[引自 C. W. Macosko，*Rheology*：*Principles*，*Measurements and Application*，Wiley-VCH，New York，p67（1994）]

对于双轴拉伸流动，由于 $\tau_{11}=\tau_{22}$，仅需要模型化第二法向应力差。双轴拉伸黏度 $\eta_{EB}$ 的定义式是：

$$\eta_{EB}(\dot{\varepsilon})=\bar{\eta}_2(\dot{\varepsilon})=\frac{\tau_{11}-\tau_{33}}{\dot{\varepsilon}} \tag{5.4.10}$$

类似单轴拉伸流动的推导，可以得到：

$$\eta_{EB}\big|_{\dot{\varepsilon}\to 0}=6\eta\big|_{\dot{\gamma}\to 0}\Longrightarrow\eta_{EB0}=6\eta_0 \tag{5.4.11}$$

对于平面拉伸流动，仅测量一个法向应力差 $\tau_{11}-\tau_{22}$，于是，平面拉伸黏度 $\eta_{EP}$ 的定义式是：

$$\eta_{EP}(\dot{\varepsilon})=\bar{\eta}_1(\dot{\varepsilon}) \tag{5.4.12}$$

# 5.5 在非稳态流动中的黏性行为

前面主要讨论在稳态流动中的情况。然而，在聚合物实际加工中，有大量非稳态流动的情况，例如在挤出短口模中、在直径突然变化流道中或在注射充模过程中的流动。在这些情况下，由于瞬态行为比较长，与流动时间有可比性，对流动产生影响，只用在稳态条件下的流动曲线表征材料特性是不正确的，应当了解材料的瞬态行为，尤其是材料在典型非稳态流动实验中的黏性行为。

通常，把非常数的剪切速率 $\dot{\gamma}(t)$ 或拉伸速率 $\dot{\varepsilon}(t)$ 的流动称为非稳态剪切流动或非稳态拉伸流动。可以说，有无穷多的非稳态剪切流动，但是在实验上尝试过的主要非稳态剪切流动是振荡剪切（见 6.2 节）、突然施加剪切（见下面讨论）、剪切停止或应力松弛（见 7.2 节）、阶跃剪切（见例 3.2.4）、蠕变实验（见 7.2 节）和约束弹性恢复实验（$t<0$，$\tau=\tau_0$；$t\geqslant 0$，$\tau=0$）。在多数情况下，在实验或实际加工中的拉伸流动（见 4.1.3）是非稳态的。前者是因为在达到或接近稳态拉伸流动前，很大的应变引起材料断裂；实际加工中则通常是因为生产工艺的限制。使用这些典型实验的数据，也可以研究其他非稳态的测黏流动。

在本节中，只定性讨论在突然施加恒定剪切速率或恒定拉伸速率（$t<0$，$\dot{\varepsilon}=0$；$t\geqslant 0$，$\dot{\gamma}=\dot{\gamma}_0$，$\dot{\varepsilon}=\dot{\varepsilon}_0$）时，聚合物液体在简单剪切或单轴拉伸流动中的瞬态行为。类似于稳态黏度，瞬态剪切黏度定义为：

$$\eta^+(\dot{\gamma},t)=\frac{\tau_{12}(t,\dot{\gamma})}{\dot{\gamma}} \tag{5.5.1}$$

图 5.5.1 显示聚合物液体在剪切开始时剪切应力的典型发展。在足够低的剪切速率 $\dot{\gamma}_0$ 时，剪切应力（和法向应力差 $N_1$）平稳上升到它的稳态值 $\tau(\dot{\gamma})$；在更大（或非牛顿区）剪切速率 $\dot{\gamma}_0$ 时，在达到稳态值之前剪切应力（和法向应力差 $N_1$）经过一个最大值，称为**应力过冲**（stress overshoot）。这种现象可以解释为：在中高剪切速率，链缠结结构来不及解缠结，过度的结构应变导致应力过冲；当分子链解缠结时，应力下降至由缠结程度确定的剪切应力稳态值。瞬态剪切黏度也出现过冲，而且有明显的剪切变稀行为。

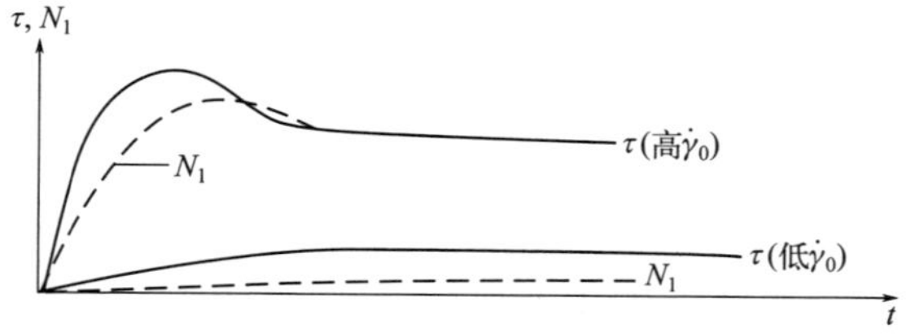


图 5.5.1　在恒定剪切速率下聚合物液体剪切应力的发展

非硫化橡胶（生胶和混炼胶）有强的触变性。这种触变效应也明显体现在剪切瞬态中。如果剪切非硫化橡胶，接着停止剪切流动，在静止一段时间后再重新开始剪切，会发现应力过冲大小与停顿时间的长短密切相关[23,24]，即应力过冲随着停顿时间的增加而增大（图 5.5.2）。对于生胶，这个现象可归因于停顿期间的分子链重新缠结。停顿时间越长，分子链重新缠结的程度越高。对于炭黑填充混炼胶，上述现象主要是由炭黑聚集体与橡胶分子之间键合形成的“填料网络结构”引起的。停顿时间越长，持续构建的这一结构的数量越多，破坏这一结构和产生稳态剪切流动的瞬态应力就越大。因此，炭黑填充混炼胶比生胶有更强的应力过冲瞬态。

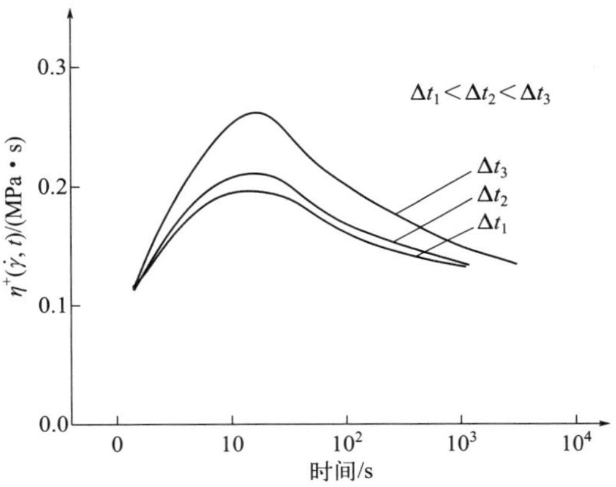


图 5.5.2　在剪切流动开始时停顿时间 $\Delta t$ 对瞬态剪切黏度的影响
（停顿时间长短的顺序是 $\Delta t_1 < \Delta t_2 < \Delta t_3$）

同样，类似于稳态拉伸黏度，瞬态单轴拉伸黏度定义是：

$$\eta_E^+(\dot{\varepsilon}, t) = \frac{\tau_{11}(t, \dot{\varepsilon}) - \tau_{22}(t, \dot{\varepsilon})}{\dot{\varepsilon}} \tag{5.5.2}$$

图 5.5.3 为不同恒定拉伸速率下聚合物液体瞬态单轴拉伸黏度的典型曲线。对于低应变速率，瞬态拉伸黏度趋于稳态；在一些情况下，黏度平台即为最大值，在达到最大值之后，黏度开始下降（见图 5.4.1）。对于高应变速率，瞬态拉伸黏度急剧增加，在较长的一段时间内似乎形成了一个黏度平台，然而通常不能达到稳态。而且，随着拉伸速率增加，一般趋势是朝向更高的瞬态拉伸黏度值，因为当增加拉伸速率时，长链聚合物分子沿拉伸方向的伸展和取向程度增大。然而，如果聚合物有大的侧基（如 PP），大侧基将阻止聚合物分子取向，随着拉伸速率增加，这种聚合物的拉伸黏度下降。

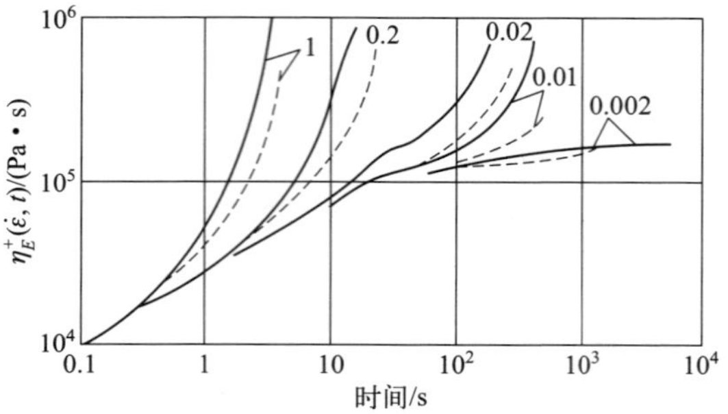


图 5.5.3 在恒定 $\dot{\varepsilon}$ 的单轴拉伸流动中聚合物液体应力增长［虚线是 Meissner（1971）的支化 LDPE 熔体的数据（温度 150℃，在 20℃时的密度 918kg/m$^3$，熔体指数=1.33，分子量 $M_w=4.82\times10^5$）。实线是根据 Lodge 状液体［即式（7.4.25）］计算的响应曲线（在 $\dot{\varepsilon}=10^{-3}s^{-1}$ 时用选择的记忆函数拟合数据），在曲线上显示的是 $\dot{\varepsilon}(s^{-1})$ 的值］

［引自 R. I. Tanner，*Engineering Rheology*，Oxford University Press，New York，p112（1985）］

# 5.6 一些基本流动问题计算

为了说明主要黏性本构方程在聚合物加工中的典型应用，下面讨论流体动力学的一些基本问题。它们需要结合下列要素：（1）本构方程；（2）平衡方程；（3）边界条件。对于求解任何一个微分方程，边界条件的使用是很典型和重要的。

本节选择的例子（在平行板之间的流动、通过圆管的流动、挤压流动和在稳态简单剪切流动中的温度场）都是基于简单几何的流动，以便能够积分流动微分方程而获得解析解。5.6.1 节、5.6.2 节、5.6.4 节主要按照 Irgens 的方法[4] 介绍。实际的任何几何模式（甚至很复杂）的流动方程，通常使用计算机模拟得到需要精度的近似数值解。所有例子都与层流有关，不适用于湍流。

## 5.6.1 在平行板之间的流动

**例 5.6.1**

图 5.6.1 所示为在两个相距 $h$ 的平行板之间的流体流场。一个平板静止，而

另一个平板以恒定速度 $v_1$ 运动。平板运动、在 $x$ 方向上的压力梯度和重力 $\boldsymbol{g}$ 驱动流动。这类流动发生在单螺杆挤出机计量段中。推导这一流动的速度分布和体积流率。

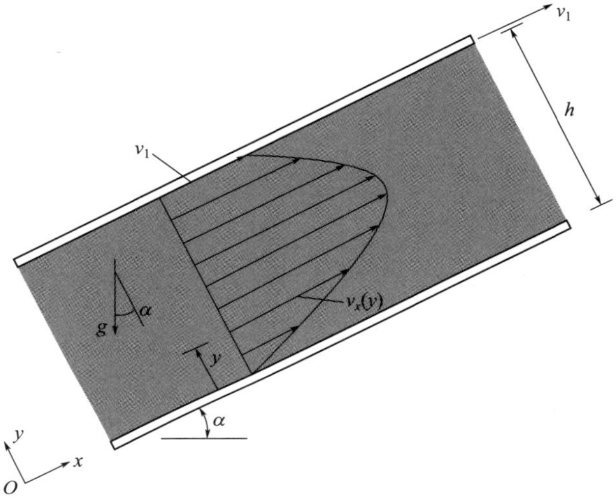


图 5.6.1 在平行板之间的流动

**解：**

假设流动是等温稳态层流。等温流动假设大大简化了求解，不考虑黏性生热和能量守恒方程，提供简单、有用的指导公式（无黏性流动可以是真实等温的）。稳态流动意味着速度分量不依赖于时间 $t$。如果忽略入口和出口效应，层流流动的假设表明，在 $y$ 和 $z$ 方向没有流动。因此，速度场是：

$$v_x=v(y),\ v_y=v_z=0 \tag{5.6.1}$$

假设流体黏附到两个板上，即无滑移边界条件：

$$v(0)=0,\ v(h)=v_1 \tag{5.6.2}$$

假设流体是不可压缩流体，由连续性方程（4.2.5）可得：

$$\frac{\partial v_x}{\partial x}=0 \tag{5.6.3}$$

这实际上是流动充分发展的条件，即速度分量不是流动方向坐标 $x$ 的函数。

对于任何（牛顿或非牛顿）流体，偏应力 $\tau_{ik}$ 都是应变速率的函数。由于假定的速度场，仅存在偏应力张量分量 $\tau_{yx}$，并且 $\tau_{yx}$ 仅是 $y$ 的函数。于是，在笛卡尔坐标系下的三个动量方程分量［式（4.2.12）］简化为：

$$\frac{\partial p}{\partial x}=\frac{\partial \tau_{yx}}{\partial y},\ 0=\frac{\partial p}{\partial y},\ 0=\frac{\partial p}{\partial z} \tag{5.6.4}$$

后两个方程表明，$p$ 不是 $y$ 和 $z$ 的函数，只能是 $x$ 的函数。在第一个方程中，左边只能是 $x$ 的函数，而右边是 $y$ 的函数。只有两者都等于一个常数 $c$ 或时间函数 $c(t)$，这个等式才能成立。对于稳态流动，压力梯度是一个常数，即 $\partial p/\partial x = c$。

直接积分式（5.6.4）的第一个方程，并且考虑作用在固体边界 $y=0$ 处的剪切应力为 $\tau_w$，方程的通解可以写为：

$$\tau_{yx}=\frac{\mathrm{d}p}{\mathrm{d}x}y+\tau_w=cy+\tau_w \tag{5.6.5}$$

式（5.6.5）表明，在恒定压力梯度的情况下，剪切应力是 $y$ 的线性函数。

为了获得速度分布和体积流率，需要引入流体模型。将考虑三个流体模型：牛顿流体、幂律流体和 Bingham 流体。

（1）牛顿流体

牛顿流体的本构方程是：

$$\tau_{yx}=\mu\frac{\mathrm{d}v_x}{\mathrm{d}y} \tag{5.6.6}$$

联合式（5.6.5）和式（5.6.6），得：

$$\frac{\mathrm{d}v_x}{\mathrm{d}y}=\frac{c}{\mu}y+\frac{\tau_w}{\mu} \tag{5.6.7}$$

积分式（5.6.7），得：

$$v_x(y)=\frac{c}{2\mu}y^2+\frac{\tau_w}{\mu}y+C_1 \tag{5.6.8}$$

根据边界条件（5.6.2），可以确定剪切应力 $\tau_w$ 和积分常数 $C_1$：

$$C_1=0,\tau_w=-\frac{ch}{2}+\frac{\mu v_1}{h} \tag{5.6.9}$$

于是，速度场［式（5.6.8）］现在变成：

$$v_x(y)=-\frac{ch^2}{2\mu}\left[\frac{y}{h}-\left(\frac{y}{h}\right)^2\right]+v_1\frac{y}{h} \tag{5.6.10}$$

速度分布 $v_x(y)$ 是两项的线性叠加：第一项是压力梯度的结果（抛物线速度分布），第二项是由上板拖曳运动引起（线性速度分布）。

通过 $x=$常数的单位宽度横截面的体积流率是：

$$Q=\int_0^h v_x(y)\mathrm{d}y=-\frac{ch^3}{12\mu}+v_1\frac{h}{2}=Q_p+Q_d \tag{5.6.11}$$

$Q_p$ 是纯压力流率，$Q_p=-ch^3/12\mu$；$Q_d$ 是纯拖曳流率，$Q_d=v_1h/2$。

图 5.6.2 显示了一些特征特例的速度分布。

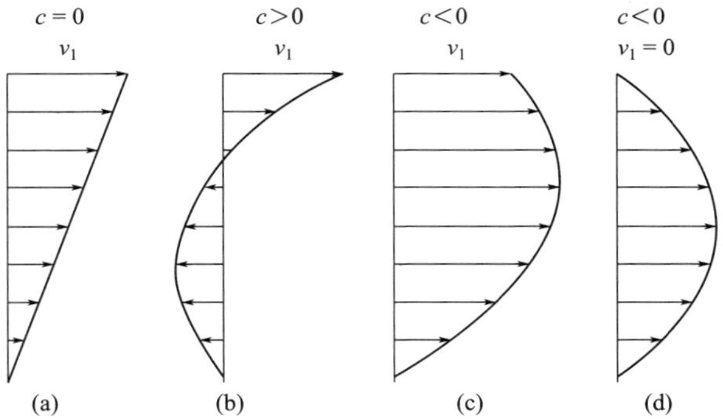


图 5.6.2　牛顿流体的速度分布

（a）零压力梯度：$c=0$

$$v_x(y)=v_1\ \frac{y}{h},Q=\frac{v_1 h}{2} \tag{5.6.12}$$

这是纯拖曳流的情况。

（b）正压力梯度：$c>0$

当 $v_1=\dfrac{ch^2}{6\mu}$时，$Q=0$ （5.6.13）

这是出口关闭的情况。

（c）负压力梯度：$c<0$

$$Q=\frac{|c|h^3}{12\mu}+\frac{v_1 h}{2} \tag{5.6.14}$$

（d）负压力梯度和两个固定的平板：$c<0$，$v_1=0$

$$v_x(y)=\frac{|c|h^2}{2\mu}\left[\frac{y}{h}-\left(\frac{y}{h}\right)^2\right],\ Q=\frac{|c|h^3}{12\mu} \tag{5.6.15}$$

这是纯压力流的情况。

现在考虑平行板结构的增压问题。重新整理式（5.6.11）：

$$c=\frac{\mathrm{d}p}{\mathrm{d}x}=\frac{12\mu}{h^3}(Q_d-Q) \tag{5.6.16}$$

如果 $Q_d>Q$，即移动平板拖曳的流体比实际流过的流体多，在平行板结构中可以产生压力。在这种情况下，产生的压力梯度正比于黏度。因此，高黏度的聚合物熔体增加了系统的增压能力。对于恒定的净流率 $Q$，压力梯度随平板速度的增加而增加（$Q$ 正比于 $v_1$）。在实际加工设备中，平板速度是操作变量。而对于恒定的 $Q_d$，压力梯度反比于 $h^3$。$h$ 在实际熔体泵（螺杆泵）中是一个设计变量。

根据式（5.6.11），容易证明对于一个给定的 $Q$，存在一个对应于最大压力梯度的最佳 $h$：$h=3Q/v_1$。

如果 $Q=0$（出口关闭），可以获得最大可能压力梯度：

$$\left(\frac{\mathrm{d}p}{\mathrm{d}x}\right)_{\max}=\frac{6\mu v_1}{h^2} \tag{5.6.17}$$

需要说明的是，在实际中，平行板不必有平面，可以弯曲成圆筒，只要在两个同轴圆筒之间的间隙远小于它们的半径，即可忽略它们的曲率，认为它们为平行板。

（2）幂律流体

幂律流体的本构方程是：

$$\eta=\eta(\dot{\gamma})=K|\dot{\gamma}|^{n-1},\dot{\gamma}=\frac{\mathrm{d}v_x}{\mathrm{d}y},\tau_{yx}=\eta\frac{\mathrm{d}v_x}{\mathrm{d}y} \tag{5.6.18}$$

联合式（5.6.5）和（5.6.18），得：

$$K\left|\frac{\mathrm{d}v_x}{\mathrm{d}y}\right|^{n-1}\frac{\mathrm{d}v_x}{\mathrm{d}y}=cy+\tau_w \tag{5.6.19}$$

当积分式（5.6.19）时，区分下面两种可能发生的情况是很方便的：

（a）在 $0\leqslant y\leqslant h$ 区间中速度梯度 $\mathrm{d}v_x/\mathrm{d}y$ 有相同的符号；

（b）在 $0\leqslant y\leqslant h$ 区间中速度梯度 $\mathrm{d}v_x/\mathrm{d}y$ 改变符号。

为了简化分析，选择的条件是：$v_1=0$ 和 $c<0$。于是，速度梯度在 $0\leqslant y\leqslant h/2$ 区间中是 $\mathrm{d}v_x/\mathrm{d}y\geqslant 0$，在 $h/2\leqslant y\leqslant h$ 区间中是 $\mathrm{d}v_x/\mathrm{d}y\leqslant 0$。由于流动对称于 $y=h/2$ 平面，对于 $v_x(y)$ 的边界条件［式（5.6.2）］现在变为：

$$v(0)=0,\quad \frac{\mathrm{d}v_x}{\mathrm{d}y}\bigg|_{y=h/2}=0 \tag{5.6.20}$$

根据式（5.6.19），在式（5.6.20）中的后一个条件表明：

$$\tau_w=\frac{|c|h}{2} \tag{5.6.21}$$

这个条件也可以由式（5.6.5）和对称性条件（在 $y=h/2$，$\tau_{yx}=0$）获得。在 $0\leqslant y\leqslant h/2$ 区间中，式（5.6.19）可以写为：

$$\frac{\mathrm{d}v_x}{\mathrm{d}y}=\left[\frac{|c|}{K}\left(\frac{h}{2}-y\right)\right]^{1/n} \tag{5.6.22}$$

应用条件 $v(0)=0$ 和在 $0\leqslant y\leqslant h$ 区间中的对称性，积分式（5.6.22），得到：

$$v_x(y)=\left[\frac{|c|h}{2K}\right]^{1/n}\left\{1-\left|1-\frac{2y}{h}\right|^{(n+1)/n}\right\} \tag{5.6.23}$$

体积流率是：

$$Q=2\int_0^{h/2}v_x(y)\mathrm{d}y=\left[\frac{|c|h}{2K}\right]^{1/n}\frac{nh^2}{2(1+2n)} \tag{5.6.24}$$

图 5.6.3 显示了 $n=0.2$ 的幂律流体的速度分布。

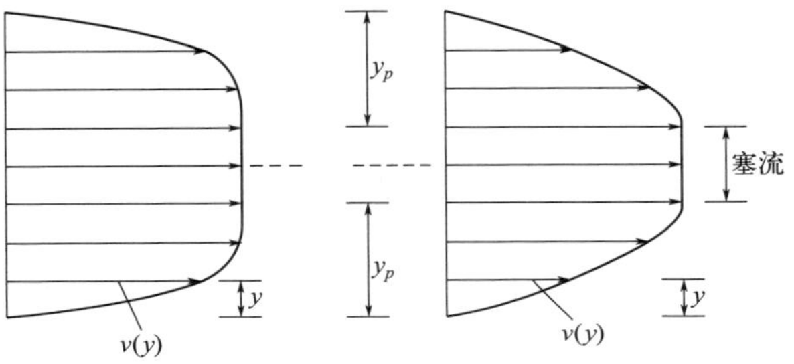


图 5.6.3　幂律流体和 Bingham 流体的速度分布

(3) Bingham 流体

对于式 (5.6.1) 规定的流动，Bingham 流体的本构方程是：

$$\tau_{yx}=\left[\mu+\frac{\tau_y}{|\mathrm{d}v_x/\mathrm{d}y|}\right]\frac{\mathrm{d}v_x}{\mathrm{d}y},\quad \frac{\mathrm{d}v_x}{\mathrm{d}y}\neq 0 \tag{5.6.25}$$

$$\frac{\mathrm{d}v_x}{\mathrm{d}y}=0,\quad |\tau_{yx}|\leqslant\tau_y$$

式中，$\tau_y$ 是屈服剪切应力。

为了简化分析，选择 $v_1=0$ 和 $c<0$ 的特殊情况。由于流动对称于 $y=h/2$ 平面，从式 (5.6.5) 可以获得：

$$\tau_{yx}(h)=-\tau_{yx}(0),\quad ch+\tau_w=-\tau_w$$

$$\tau_w=\frac{|c|h}{2} \tag{5.6.26}$$

把式 (5.6.5) 重新写为：

$$\tau_{yx}=|c|\left[\frac{h}{2}-y\right] \tag{5.6.27}$$

对于两个 $y$ 值：$y_p$ 和 $h-y_p$，剪切应力等于屈服应力 $\tau_y$。从下面的方程可以确定 $y_p$：

$$\tau_{yx}(y_p)=\tau_y=|c|\left[\frac{h}{2}-y_p\right]$$

$$y_p=\frac{h}{2}-\frac{\tau_y}{|c|} \tag{5.6.28}$$

在 $y_p \leqslant y \leqslant h-y_p$ 区间的流体层像固体一样流动，为未形变的材料。在这个区域中的流动叫做**塞流**（plug flow），见图 5.6.3。

在 $0 \leqslant y \leqslant y_p$ 的区间中，速度梯度 $\mathrm{d}v_x/\mathrm{d}y$ 是正的，式（5.6.25）和（5.6.27）给出：

$$\frac{\mathrm{d}v_x}{\mathrm{d}y}=\frac{|c|}{\mu}\left[\frac{h}{2}-y\right]-\frac{\tau_y}{\mu}, y\leqslant y_p \tag{5.6.29}$$

积分式（5.6.29），得：

$$v_x(y)=\frac{|c|h^2}{2\mu}\left[\frac{y}{h}-\left(\frac{y}{h}\right)^2\right]-\frac{\tau_y}{\mu}y, y\leqslant y_p \tag{5.6.30}$$

塞流的速度 $v_p=v(y_p)$ 是：

$$v_p=\frac{|c|h^2}{8\mu}-\frac{h}{2\mu}\tau_y+\frac{1}{2\mu|c|}\tau_y^2 \tag{5.6.31}$$

体积流率是：

$$Q=v_p(h-2y_p)+2\int_0^{y_p}v_x(y)\mathrm{d}y=\frac{|c|h^3}{12\mu}-\frac{h^2}{4\mu}\tau_y+\frac{1}{2\mu c^2}\tau_y^3 \tag{5.6.32}$$

## 5.6.2 通过圆管的流动

**例 5.6.2**

压力驱动流体通过直圆管。假设流体为不可压缩的牛顿流体、幂律流体或 Bingham 流体，流动是等温、稳态和充分发展的层流，推导这三种流体通过圆管横截面的速度分布和体积流率。

**解：**

假设在稳态和层流充分发展的条件下，如图 5.6.4 所示，在柱坐标系（$R$，$\theta$，$z$）中的速度场是：

$$v_z=v_z(R),\quad v_z(d/2)=0,\quad v_R=v_\theta=0 \tag{5.6.33}$$

单位时间流过一个环形微元 $\mathrm{d}A$ 的流体体积是：$\mathrm{d}Q=v_z(R)\cdot\mathrm{d}A=v_z(R)\cdot(2\pi R\cdot\mathrm{d}R)$。流经整个圆管横截面的体积流率 $Q$ 是：

$$Q=2\pi\int_0^{d/2}Rv_z(R)\mathrm{d}R \tag{5.6.34}$$

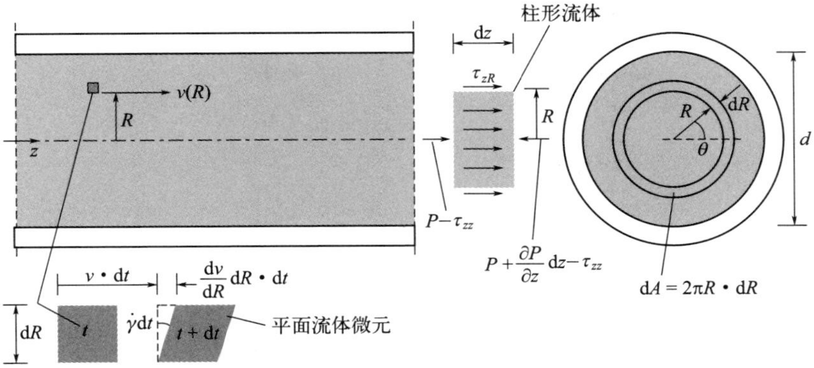


图 5.6.4 管流

由于流动的对称性，$\tau_{z\theta}=\tau_{R\theta}=0$。因为速度场仅是 $R$ 的函数，应力也只是 $R$ 的函数：

$$\tau_{RR}(R),\ \tau_{\theta\theta}(R),\ \tau_{zz}(R),\ \tau_{z\theta}=\tau_{R\theta}=0 \tag{5.6.35}$$

应用在稳态流动中压力梯度为常数的一般结果［式（4.2.23）］，有：

$$\frac{\partial p}{\partial z}=c \tag{5.6.36}$$

图 5.6.4 显示了一个经受应力的半径为 $R$ 和长度为 $dz$ 的柱状流体。速度场式（5.6.33）给出零加速度。因为偏应力 $\tau_{zz}$ 仅依赖于 $R$，这一柱状流体的平衡方程是：

$$\tau_{zR}\cdot(2\pi R\cdot dz)-\frac{\partial p}{\partial z}dz\cdot\pi R^2=0$$

$$\tau_{zR}=\tau_{zR}(R)=\frac{c}{2}R \tag{5.6.37}$$

假设流动是沿正的 $z$ 向，压力梯度 $c$ 必须是负的。因此，在管壁处的剪切应力是：

$$\tau_w=|\tau_{zR}(d/2)|=\frac{|c|d}{4} \tag{5.6.38}$$

式（5.6.37）也可由柱坐标系下的动量方程获得。在目前情况下，动量方程（4.2.13）化简为：

$$0=-\frac{\partial p}{\partial R}+\frac{1}{R}\frac{\partial}{\partial R}(R\tau_{RR})-\frac{1}{R}\tau_{\theta\theta},\ 0=-\frac{1}{R}\frac{\partial p}{\partial\theta},\ 0=-\frac{\partial p}{\partial z}+\frac{1}{R}\frac{\partial}{\partial R}(R\tau_{zR}) \tag{5.6.39}$$

式（5.6.39）的第二个方程表明 $p$ 不是 $\theta$ 的函数，只能是 $R$ 和 $z$ 的函数，即

$p = p(R, z)$。式（5.6.39）的第三个方程可以写为 $\partial p/\partial z = (1/R)\partial(R\tau_{zR})/\partial R$，它的左边是 $z$ 的函数，而右边是 $R$ 的函数，只有两边都等于一个常数 $c$ 或时间函数 $c(t)$，这个方程才能成立。于是，由式（5.6.39）中的第三个方程给出：

$$\frac{\partial}{\partial R}(R\tau_{zR}) = cR$$

$$R\tau_{zR} = \frac{c}{2}R^2 + C_1 \tag{5.6.40}$$

从对称性条件 $\tau_{zR}$（0）=0，确定积分常数 $C_1 = 0$。因此，从式（5.6.40）获得的 $\tau_{zR}$ 表达式与式（5.6.37）相同。

对牛顿流体、幂律流体和 Bingham 流体三种流体模型，使用平衡方程［式（5.6.37）］，确定通过圆管的速度分布 $v_z$（$R$）和体积流率 $Q$。

（1）牛顿流体

图 5.6.4 显示了在时间增量 d$t$ 期间，一个小的平面流体微元的形变。由此，可以导出唯一非零形变速率 $\dot{\gamma}_{zR} = \mathrm{d}v_z/\mathrm{d}R$。对于牛顿流体，可以获得下面的偏应力：

$$\tau_{zR} = \tau_{Rz} = \mu\frac{\mathrm{d}v_z}{\mathrm{d}R}, \quad \tau_{RR} = \tau_{\theta\theta} = \tau_{zz} = \tau_{R\theta} = \tau_{\theta R} = \tau_{\theta z} = \tau_{z\theta} = 0 \tag{5.6.41}$$

联合式（5.6.37）和式（5.6.41），得到：

$$\frac{\mathrm{d}v_z}{\mathrm{d}R} = \frac{cR}{2\mu} \tag{5.6.42}$$

应用黏附边界条件 $v_z(d/2) = 0$，积分式（5.6.42），得：

$$v_z(R) = v_0\left[1 - \left(\frac{2R}{d}\right)^2\right], \quad v_0 = \frac{|c|d^2}{16\mu} \tag{5.6.43}$$

图 5.6.5（a）显示了牛顿流体的速度分布。

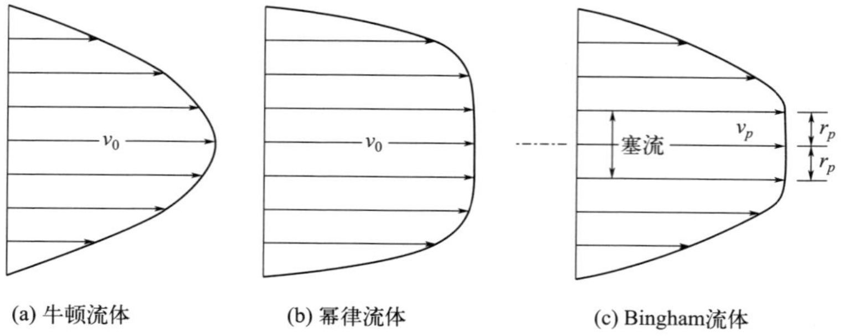


图 5.6.5　在管流中的速度分布

根据式（5.6.34），可确定体积流率 $Q$：

$$Q=2\pi v_0\int_0^{d/2}\left[R-\frac{4R^3}{d^2}\right]\mathrm{d}R=\frac{\pi d^4}{128\mu}|c| \tag{5.6.44}$$

这就是著名的 **Hagen-Poiseuille 公式**。

（2）幂律流体

对于幂律流体和式（5.6.33）规定的流动，偏应力是：

$$\tau_{zR}=\tau_{Rz}=K\left|\frac{\mathrm{d}v_z}{\mathrm{d}R}\right|^n,\tau_{RR}=\tau_{\theta\theta}=\tau_{zz}=\tau_{R\theta}=\tau_{\theta R}=\tau_{\theta z}=\tau_{z\theta}=0 \tag{5.6.45}$$

联合式（5.6.37）和式（5.6.45），得到：

$$\frac{\mathrm{d}v_z}{\mathrm{d}R}=-\left(\frac{|c|R}{2K}\right)^{1/n} \tag{5.6.46}$$

这里，使用了负压力梯度 $c$ 的假设。积分式（5.6.46）和应用边界条件 $v_z(d/2)=0$，得到：

$$v_z(R)=v_0\left[1-\left(\frac{2R}{d}\right)^{(n+1)/n}\right],v_0=\left(\frac{|c|d}{4K}\right)^{1/n}\frac{nd}{2(n+1)} \tag{5.6.47}$$

图 5.6.5（b）显示了 $n=0.2$ 的幂律流体的速度分布。

从式（5.6.34），可以获得体积流率 $Q$：

$$\begin{aligned}Q&=2\pi v_0\int_0^{d/2}\left[R-\left(\frac{2}{d}\right)^{(n+1)/n}R^{(2n+1)/n}\right]\mathrm{d}R\\&=v_0\frac{n+1}{3n+1}\frac{\pi d^2}{4}=\left(\frac{|c|d}{4K}\right)^{1/n}\frac{n}{3n+1}\frac{\pi d^3}{8}\end{aligned} \tag{5.6.48}$$

对于 $n=1$ 和 $K=\mu$ 的牛顿流体，式（5.6.47）和（5.6.48）分别还原为式（5.6.43）和式（5.6.44）。

由速度分布方程（5.6.47），可计算剪切速率分布：

$$\dot{\gamma}(R)=\frac{\mathrm{d}v_z}{\mathrm{d}R}=-v_0\left(\frac{n+1}{n}\right)\left(\frac{2}{d}\right)^{(n+1)/n}R^{1/n} \tag{5.6.49}$$

在圆管壁处（$R=d/2$）的剪切速率 $\dot{\gamma}_w$ 是：

$$|\dot{\gamma}_w|=v_0\left(\frac{n+1}{n}\right)\left(\frac{2}{d}\right) \tag{5.6.50}$$

用式（5.6.48）的 $Q$ 代替在式（5.6.50）中的 $v_0$，可将式（5.6.50）重新写为：

$$\dot{\gamma}_w=\frac{8Q}{\pi d^3}\left(\frac{3n+1}{n}\right) \tag{5.6.51}$$

对于 $K=\mu$ 和 $n=1$ 的牛顿流体，从式（5.6.51）得到在圆管壁处的剪切速

率 $\dot{\gamma}_{wN}$：

$$\dot{\gamma}_{wN}=\frac{32Q}{\pi d^3} \tag{5.6.52}$$

于是，

$$|\dot{\gamma}_w|=\left(\frac{3n+1}{4n}\right)\dot{\gamma}_{wN} \tag{5.6.53}$$

这个结果可用于分析毛细管流变仪的数据。

(3) Bingham 流体

对于式（5.6.33）给出的流动，相关的本构方程是：

$$\tau_{zR}=\tau_{Rz}=\left[\mu+\frac{\tau_y}{|\mathrm{d}v_z/\mathrm{d}R|}\right]\frac{\mathrm{d}v_z}{\mathrm{d}R},\quad \frac{\mathrm{d}v_z}{\mathrm{d}R}\neq 0$$

$$|\tau_{zR}|=|\tau_{zR}|\leqslant\tau_y,\quad \frac{\mathrm{d}v_z}{\mathrm{d}R}=0$$

$$\tau_{RR}=\tau_{\theta\theta}=\tau_{zz}=\tau_{R\theta}=\tau_{\theta R}=\tau_{\theta z}=\tau_{z\theta}=0 \tag{5.6.54}$$

从平衡方程（5.6.37），得到：

$$\text{当 } R\leqslant r_p=\frac{2\tau_y}{|c|}\text{时，}\ |\tau_{zR}|\leqslant\tau_y \tag{5.6.55}$$

式（5.6.54）和式（5.6.55）显示，在半径 $r_p$ 的圆柱表面内，材料像固体塞一样流动。

考虑到 $c<0$ 和 $\mathrm{d}v_z/\mathrm{d}R\leqslant 0$，联合式（5.6.37）和式（5.6.54），得：

$$\frac{\mathrm{d}v_z}{\mathrm{d}R}=-\frac{|c|}{2\mu}R+\frac{\tau_y}{\mu} \tag{5.6.56}$$

积分方程（5.6.56）并应用边界条件 $v_z\ (d/2)\ =0$，得到：

$$v_z(R)=\frac{|c|d^2}{16\mu}\left[1-\left(\frac{2R}{d}\right)^2\right]-\frac{\tau_y d}{2\mu}\left[1-\frac{2R}{d}\right],r_p\leqslant R\leqslant\frac{d}{2} \tag{5.6.57}$$

固体塞的速度是：

$$v_p=v(r_p)=\frac{|c|d^2}{16\mu}\left[1-\frac{4\tau_y}{|c|d}\right]^2 \tag{5.6.58}$$

从这个结果可知，如果 $|c|<4\tau_y/d$，$v_p=0$ 和 $r_p=d/2$，即在以 $R=r_p$ 为半径的圆柱空间中，发生固体塞流。没有真正意义上的流动。

图 5.6.5（c）显示了 Bingham 流体的速度分布。

由式（5.6.34），获得体积流率 $Q$：

$$Q=v_p\cdot\pi r_p^2+2\pi\int_{r_p}^{d/2}v_z(R)R\,\mathrm{d}R$$

$$=\frac{|c|\pi d^4}{128\mu}\left[1-\frac{16}{3}\frac{\tau_y}{|c|d}+\frac{256}{3}\left(\frac{\tau_y}{|c|d}\right)^4\right] \quad (5.6.59)$$

对于 $\tau_y=0$ 的特殊情况，式（5.6.57）和式（5.6.59）相应于牛顿流体速度分布［式（5.6.43）］和体积流率［式（5.6.44）］。

上述分析也适用于挤出口模和注射流道等的流动计算。

## 5.6.3 挤压流动

实际的流动通常是剪切和拉伸流动的复杂组合。在许多聚合物加工中，代表这种组合的典型流动是**挤压流动**（squeeze flow），例如，在密炼机转子凸棱和混炼室壁之间、在压延机辊筒楔形区域中或在压缩模塑中的流动。挤压流动有多种类型，例如恒定面积、恒定体积、恒定速度或恒定**挤压力**（squeezing force）的挤压流动。典型的挤压流动是在恒定挤压力下由平行圆盘挤压所形成的流动（图 5.6.6），大多数研究者都使用这种挤压过程来研究挤压流动。

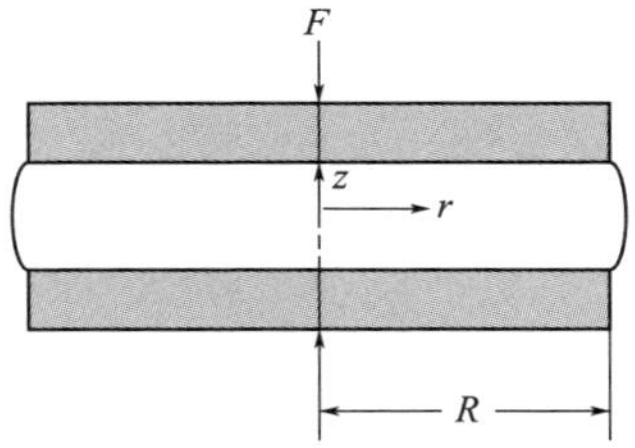


图 5.6.6　在平行圆盘之间的挤压流动

这种流动基本上是层流剪切，在挤压力 $F$ 的作用下，上下两个圆盘相互靠近，产生的压力驱动流体径向向外流动。因为壁面一起运动，流体径向流速随 $r$ 增加而增大，在 $z$ 和 $r$ 方向上都产生速度梯度，即 $|\partial v_r/\partial z|>0$ 和 $\partial v_r/\partial r>0$，它们分别引起剪切流动和拉伸流动。

挤压流动的主要问题是不稳定流动，因为挤压流动是瞬态的。但是，如果**挤压速度**（squeezing velocity）足够低，对于此类问题可以使用**准稳态近似**（quasi-steady state approximation）[23]，即将局部和瞬时的流动描述成在两个平行板之间的稳态流动。

**例 5.6.3**

考虑一个幂律液体完全填满半径为 $R$ 的两个圆盘之间间隙的等温挤压流动问题（图 5.6.6）。当 $t\leqslant 0$ 时，圆盘间距是 $2h_0$，流体处于静止状态；当 $t=0$ 时，对两个圆盘施加恒定力 $F$，且当 $t>0$ 时保持该力 $F$。由于力的作用，圆盘

间距 $2h$ 随时间变化。推导在这一挤压流动中的速度分布和挤压力的表达式。

**解：**

使用圆柱坐标系 $(r,\theta,z)$，$z$ 轴是圆盘的对称轴，坐标原点位于圆盘间距的中间平面上。由于圆盘的对称性，$v_\theta$ 为零。只要 $2h_0$ 比 $R$ 小，与径向速度 $v_r$ 相比，可以忽略垂直于板的速度 $v_z$。因此，一个很好近似的速度场是：

$$v_r=v_r(r,z,t),v_z=v_\theta=0 \tag{5.6.60}$$

在任何半径 $r$ 处，使用积分形式的连续方程：

$$-\dot{h}\pi r^2=2\pi r\int_0^h v_r\,\mathrm{d}z \tag{5.6.61}$$

式中，$-\dot{h}=-\mathrm{d}h/\mathrm{d}t$ 是上圆盘下降的瞬时速度，即挤压速度。

只使用动量守恒方程的 $r$ 分量，忽略重力项。径向速度 $v_r$ 在短的距离 $h$ 内从零值（在圆盘壁处）到有限值（在圆盘间距中心面处）快速变化，与 $\partial v_r/\partial z$ 相比较，$\partial v_r/\partial r$ 小到可以忽略。由于圆盘对称性，$\partial v_r/\partial\theta=0$ 和 $\tau_{r\theta}=\tau_{\theta r}=0$。使用准稳态近似假设，$r$ 方向的动量分量方程简化为：

$$-\frac{\partial p}{\partial r}=\frac{\partial\tau_{zr}}{\partial z} \tag{5.6.62}$$

式中，$p=p\ (r,\ t)$。式（5.6.62）左边的“－”号是因为 $\partial p/\partial r$ 是负值。

由于在应力张量中考虑的唯一分量是 $\tau_{zr}$，在这种情况下，幂律方程写为：

$$\tau_{zr}=-K\left|\frac{\partial v_r}{\partial z}\right|^{n-1}\frac{\partial v_r}{\partial z}=K\left(-\frac{\partial v_r}{\partial z}\right)^n \tag{5.6.63}$$

式（5.6.63）右边的“－”号是因为 $\partial v_r/\partial z$ 是负值。对于 $0\leqslant z\leqslant h(t)$，$K$ 和 $n$ 是常数。假设表观黏度函数仅依赖于 $\partial v_r/\partial z$，忽略 $\partial v_r/\partial r$ 对黏度的影响。

求解上述方程使用的初始条件和边界条件包括：

对于所有 $t\geqslant0$，在 $z=h(t)$ 时，$v_r=0$ （5.6.64a）

对于所有 $r$ 和 $z$，在 $t=0$ 时，$v_r=0$ （5.6.64b）

对于所有 $t$，在 $z=0$ 时，$\partial v_r/\partial z=0$ （5.6.64c）

对于所有 $t$，在 $r=R$ 时，$p=p_\mathrm{a}$ （5.6.64d）

在 $t=0$ 时，$h(t)=h_0$ （5.6.64e）

将式（5.6.63）代入式（5.6.62）中，然后对 $z$ 积分，使用条件（5.6.64a）和（5.6.64c），得到：

$$v_r(r,z,t)=\frac{h^{1+(1/n)}}{1+(1/n)}\left(-\frac{1}{K}\frac{\partial p}{\partial r}\right)^{1/n}\left[1-\left(\frac{z}{h}\right)^{1+(1/n)}\right] \tag{5.6.65}$$

将式（5.6.65）代入式（5.6.61），得到 $p(r,t)$ 的微分方程，使用条件

(5.6.64d)，对该微分方程再积分，得：

$$p(r,t)=p_{\mathrm{a}}+\frac{(-\dot{h})^{n}}{h^{2n+1}}\left(\frac{2n+1}{2n}\right)^{n}\frac{KR^{n+1}}{n+1}\left[1-\left(\frac{r}{R}\right)^{n+1}\right] \tag{5.6.66}$$

使用式（5.6.66），对圆盘整个表面积分，获得作用在上圆盘上的力 $F$：

$$F=\int_{0}^{R}[p(r,t)-p_{\mathrm{a}}]\cdot 2\pi r\cdot \mathrm{d}r=\frac{(-\dot{h})^{n}}{h^{2n+1}}\left(\frac{2n+1}{2n}\right)^{n}\frac{\pi KR^{n+3}}{n+3} \tag{5.6.67}$$

式（5.6.67）称为 **Scott 方程**[26]（1931）。该方程不包括作用在 $z$ 方向上的法向应力。

根据式（5.6.65），得到：

$$\dot{\gamma}_{rz}=-\frac{\partial v_{r}}{\partial z}=\left(-\frac{1}{K}\frac{\partial p}{\partial r}\right)^{1/n}z^{1/n} \tag{5.6.68}$$

根据式（5.6.66），得到：

$$\frac{\partial p}{\partial r}=-\frac{(-\dot{h})^{n}}{h^{2n+1}}\left(\frac{2n+1}{2n}\right)^{n}Kr^{n} \tag{5.6.69}$$

将式（5.6.69）代入式（5.6.68），获得剪切速率 $\dot{\gamma}_{rz}$ 的表达式：

$$\dot{\gamma}_{rz}=\frac{-\dot{h}}{h^{2+1/n}}\left(\frac{2n+1}{2n}\right)rz^{1/n} \tag{5.6.70}$$

由式（5.6.70）可知，在 $z=h$ 和 $r=R$ 处，即在圆盘壁面最外边的剪切速率最大。这个最大剪切速率是：

$$\dot{\gamma}_{rz}=\dot{\gamma}_{rz}(h,R)=\left(\frac{2n+1}{2n}\right)\left(\frac{R}{h}\right)\left(-\frac{\dot{h}}{h}\right) \tag{5.6.71}$$

联合式（5.6.63）、式（5.6.67）和式（5.6.70），获得剪切应力 $\tau_{zr}$ 的表达式：

$$\tau_{zr}=\frac{(-\dot{h})^{n}}{h^{2n+1}}\left(\frac{2n+1}{2n}\right)^{n}Kr^{n}z=\frac{F(n+3)}{\pi R^{n+3}}r^{n}z \tag{5.6.72}$$

在圆盘壁面最外边的剪切应力最大：

$$\tau_{zr}(h,R)=(n+3)\left(\frac{h}{R}\right)\left(\frac{F}{\pi R^{2}}\right) \tag{5.6.73}$$

当 $n=1$ 和 $K=\mu$ 时，式（5.6.65）至式（5.6.67）和式（5.6.70）至式（5.6.73）变为牛顿流体的相应结果。Scott 方程变成 **Stefan 方程**[27]（1874）。

在平行板间的压缩行为，有一些标准方法，例如可使用平行板塑性压缩计来表征原材料。对于像室温生胶或混炼胶一类的高黏性材料，用这些方法测量黏度十分方便。

## 5.6.4 在稳态简单剪切流动中的温度场

**例 5.6.4**

图 5.6.7 所示为在两个相距 $h$ 的平行板之间的流体流动。下板静止，上板以恒定速度 $v_1$ 运动。两个板的温度保持恒定且为 $T_0$。热传导率 $k$ 是常数。假设流动是稳态层流和黏度不依赖于温度。推导牛顿流体和幂律流体的温度场表达式。

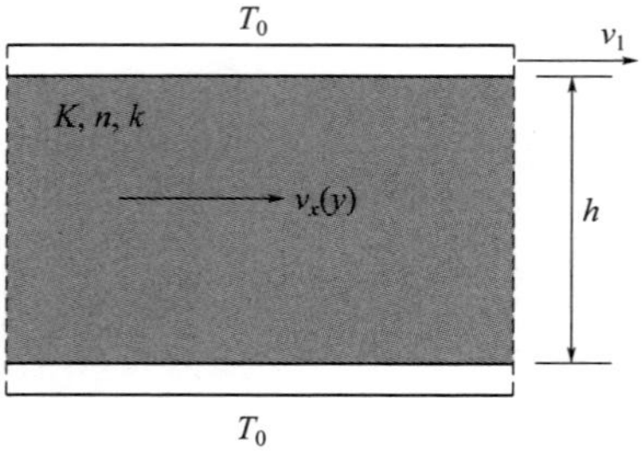


图 5.6.7 在平行板间的稳态剪切流动

**解：**

从 5.6.1 节可知图 5.6.7 的速度场是：

$$v_x(y)=\frac{v_1}{h}y, v_y=v_z=0 \tag{5.6.74}$$

并且不为零的唯一应力张量分量是 $\tau_{yx}$。于是，能量方程［式(4.2.30)］化简为：

$$0=k\frac{\mathrm{d}^2T}{\mathrm{d}y^2}+\tau_{yx}\frac{\mathrm{d}v_x}{\mathrm{d}y} \tag{5.6.75}$$

对于幂律流体［式（5.6.18）］，式（5.6.75）变为：

$$0=k\frac{\mathrm{d}^2T}{\mathrm{d}y^2}+K\left(\frac{v_1}{h}\right)^{n-1}\left(\frac{v_1}{h}\right)^2 \tag{5.6.76}$$

边界条件是：在 $y=0$ 或 $h$ 处，

$$T=T_0 \tag{5.6.77}$$

使用边界条件［式（5.6.77）］，积分式（5.6.76），得：

$$T-T_0=\frac{Kv_1^{n+1}}{2kh^{n-1}}\left[\frac{y}{h}-\left(\frac{y}{h}\right)^2\right] \tag{5.6.78}$$

最高温度出现在 $h/2$ 的中间平面。因此，

$$T_{max}-T_0=\frac{BrT_0}{8}=\frac{Kv_1^{n+1}}{8kh^{n-1}} \tag{5.6.79}$$

式中，Br 是 **Brinkman 数**，$Br=\eta v^2/(k\Delta T)$，它描述流体和容器之间的热流动（例如，螺杆和挤出机筒）。大的 Br 值（>1）表明重要的黏性生热。

对于 $K=\mu$ 和 $n=1$ 的牛顿流体，式（5.6.78）和式（5.6.79）分别变为：

$$T-T_0=\frac{\mu v_1^2}{2k}\left[\frac{y}{h}-\left(\frac{y}{h}\right)^2\right] \tag{5.6.80}$$

$$T_{max}-T_0=\frac{\mu v_1^2}{8k},y=\frac{h}{2} \tag{5.6.81}$$

## 参考文献


[1] Ostwald W. Kolloid-Z，1925，36：99-117.

[2] de Waele A. Oil and Color Chem. Assoc. Journal，1923，6：33-88.

[3] Hitoshi Nishizawa. Heat Controls and Rubber Flow Behavior in Screw of Extruder and Injection Machine and the Problems Occurring in these Processes. Journal of the Society of Rubber Industry，2015，43：136-143.

[4] Irgens F. Rheology and Non-Newtonian Fluids. Switzerland：Springer，2014.

[5] Cross M M. Rheology of Non-Newtonian Fluids：a New Flow Equation for Pseudoplastic Systems. J. Colloids Sci.，1965，20：417-437.

[6] Yasuda P，Armstrong R C，Cohen R E. Shear Flow Properties of Concentrated Solutions of Linear and Star Branched Polystyrenes. Rheol. Acta.，1981，20(2)：163-178.

[7] Carreau P J. Rheological Equations from Molecular Network Theories. Madison：University of Wisconsin，1968.

[8] Spriggs T W. A Four-Constant Model for Viscoelastic Fluids. Chem. Engr. Sci.，1965，20(11)：931- 940.

[9] Ellis S B. Lafayette College，PA.，1927. //Whorlow R W. Rheological Techniques，New York：Halsted Press，1980.

[10] Herschel W H，Bulkley R S. Model for Time Dependent Behavior of Fluids. Proc. ASTM，1926，26：621-629.

[11] White J L，Wang Y，Isayev A I，et al. Modelling of Shear Viscosity Behavior and Extrusion through Dies for Rubber Compounds. Rubber Chem. Technol.，1987，60(2)：337-360.

[12] Mark J E，et al. Science and Technology of Rubber. Third Edition. New York：Elsevier，2005.

[13] Macosko C. W. Rheology：principles，measurements，and applications. New York：Wiley-VCH，1994.

[14] Fox T G, Loshack L. Rheology. New York: Academic Press, 1956.

[15] Bueche F. Viscosity, Self-Diffusion, and Allied Effects in Solid Polymers. J. Chem. Phys., 1952, 20(12): 1959-1964.

[16] Ermam B, Mark J E, Roland C M. The Science and Technology of Rubber. Fourth Edition. Waltham: Elsevier, 2013.

[17] Campbell G A, Adams M E. A Modified Power Law Model for the Steady Shear Viscosity of Polystyrene Melts. Polym. Eng. Sci., 1990, 30(10): 587-595 .

[18] Guth E, Gold O. On the Hydrodynamical Theory of the Viscosity of Suspensions. Phys. Rev., 1938, 53: 322-325.

[19] Trouton F. On the Coefficient of Viscous Traction and its Relation to that of Viscosity. Proc. Royal Soc. Ind. Ser., 1906, A77(519): 426-440.

[20] Munstedt H. Dependence of the Elongational Behavior of Polystyrene Melts on Molecular Weight and Molecular Weight Distribution. J. Rheol., 1980, 24(6): 847-867.

[21] Tadmor Z, Gogos C G. Principles of Polymer Processing. Second Edition. New Jersey: Wiley-Interscience, 2006.

[22] 吴其晔，巫静安. 高分子材料流变学. 2 版. 北京：高等教育出版社，2014.

[23] Mullins L. J. Thixotropic Behavior of Carbon Black in Rubber. Rubber Chem. Technol., 1950, 23(4): 733-743.

[24] Montes S, White J L, Nakajima N. Rheological Behavior of Rubber Carbon Black Compounds in Various Shear Flow Histories. J. Non-Newtonian Fluid Mechanics, 1988, 28(2): 183-212.

[25] Leider P J, Bird R B. Squeezing Flow between Parallel Disks. Theoretical Analysis, Ind. Eng. Chem. Fundam, 1974, 13(4): 336-341.

[26] Scott J R. Theory and Application of the Parallel Plate Viscometer. Trans. Inst. Rubber Ind., 1931, 7: 169-186.

[27] Stefan J K. Versuche Über Die Sheinbare (Experiments on Apparent Adhesion). Akac. Wiss., Math. Natur., 1874, 69: 713-735.

# 第 6 章

# 聚合物熔体黏度测量技术

# 6.1 引言

在表征剪切或拉伸形变中非牛顿流体流动和验证它们的本构关系时，必须测量非牛顿黏度 $\eta(\dot{\gamma})$ 和拉伸黏度 $\eta_E(\dot{\varepsilon})$ 这两个**材料函数**（material function）。其他的材料函数还包括第一法向应力差 $N_1(\dot{\gamma})$ 和第二法向应力差 $N_2(\dot{\gamma})$。$\eta$、$N_1$、$N_2$ 和 $\eta_E$ 四个材料函数也叫作**测黏函数**（viscometric function）。在本章中仅介绍 $\eta$ 和 $\eta_E$ 的测量，在第 7 章中将讨论 $N_1$ 和 $N_2$ 的测量。

在标准测黏流动中，通常假设流体是各向同性、不可压缩和等温的。各向同性条件意味着应力状态必须有与形变速率状态一样的对称性。不可压缩性条件表明，偏应力 $\tau_{ij}$ 是由剪切流动引起的，因此仅是剪切速率和温度的函数。在这种情况下，当不考虑温度变化时，可以设 $\tau_{ij}=\tau_{ij}(\dot{\gamma})$。

流体各向同性假设的另一结果是测黏函数都是偶函数：$\eta(-\dot{\gamma})=\eta(\dot{\gamma})$、$N_1(-\dot{\gamma})=N_1(\dot{\gamma})$ 和 $N_2(-\dot{\gamma})=N_2(\dot{\gamma})$。偶函数的特性使得测黏函数的测量不受剪切方向的影响。下面的论证可以看到这个结果。图 6.1.1（a）显示由正剪切速率 $\dot{\gamma}$ 产生的应力，图 6.1.1（b）显示负剪切速率 $-\dot{\gamma}$ 产生的应力。各向同性意味着，在流体经受剪切速率 $-\dot{\gamma}$ 之前，如果围绕 $\boldsymbol{e}_2$ 方向把流体旋转 180°，在图 6.1.1（a）中的应力与在图 6.1.1（b）中的应力相同。因此，在这两个图中的法向应力必须相同，而剪切应力必须大小相等、方向相反。因而：

$$\begin{aligned}&\tau_{11}(-\dot{\gamma})=\tau_{11}(\dot{\gamma}),\ \tau_{22}(-\dot{\gamma})=\tau_{22}(\dot{\gamma}),\ \tau_{33}(-\dot{\gamma})=\tau_{33}(\dot{\gamma})\\&\tau_{12}(-\dot{\gamma})=-\tau_{12}(\dot{\gamma})\end{aligned}\tag{6.1.1}$$

在标准测黏流动中，仅有一个且变化的速度分量，而且形变速率不随时间变化。

对于聚合物熔体，尽管有很多种测量黏度的装置（见 C. W. Macosko, *Rheology: Principle, Measurements and Application*, Wiley-VCH, New York, 1994），但是，测量剪切黏度的最普通的装置是锥-板流变仪和毛细管流变仪，测量拉伸黏度的最简明和最早的装置是 Ballman 法拉伸流变仪。锥-板流变仪和毛细管流变仪，不仅应用于聚合物熔体，而且也可应用到其他聚合物液体系统，例如溶液和悬浮液。

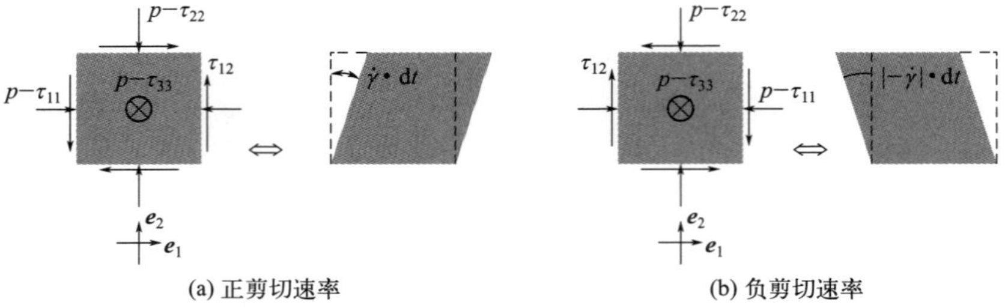


图 6.1.1 带有剪切速率和应力的流体微元

［引自 F. Irgens，*Rheology and Non-Newtonian Fluids*，Springer，Cham，Switzerland，p94（2014）］

# 6.2 锥-板流变仪

锥-板流变仪是测量测黏函数 $\eta(\dot{\gamma})$、$N_1(\dot{\gamma})$ 和 $N_2(\dot{\gamma})$ 最常用的流变仪。它是一种旋转流变仪，其概念产生于 20 世纪 40 年代[1]。在本节中，仅介绍使用锥-板型流变仪测量 $\eta(\dot{\gamma})$ 的原理，关于 $N_1(\dot{\gamma})$ 和 $N_2(\dot{\gamma})$ 的测量原理见第 7 章。

图 6.2.1 是锥-板流变仪示意图。它包括一个静止的圆水平板和一个旋转的圆锥。在圆锥表面和平板之间的角度 $\alpha_0$ 很小，通常低于 4°。要研究的流体被放在圆锥和平板之间的空间内。通常忽略虚线标记的表面之外的流体的影响。使用锥-板流变仪可以进行两种类型的试验：在恒定角速度下旋转圆锥和以正弦函数

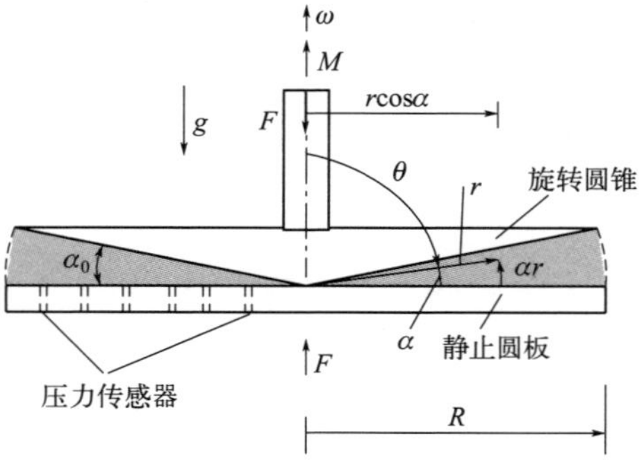


图 6.2.1 锥-板流变仪

方式“旋转”圆锥。圆锥的运动对在圆锥和平板之间的流体产生剪切应力，传递给平板的剪切应力会产生一个可被传感器测量的扭矩，该扭矩用于确定剪切应力。

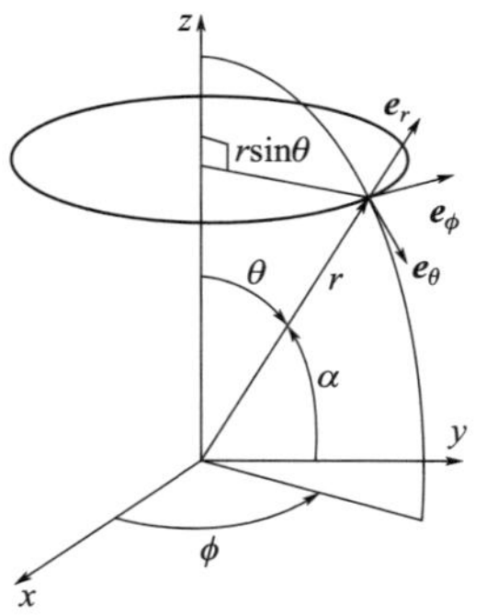


图 6.2.2 球坐标系

在以恒定角速度 $\omega$ 旋转圆锥的情况下，使用图 6.2.2 所示的球坐标 $(r, \theta, \phi)$，分析锥-板流变仪。在流体中的唯一速度分量是 $v_\phi$。因为角 $\alpha_0$ 很小，可以认为 $v_\phi$ 沿圆弧 $r\hat{\alpha}_0$ 从在平板处的零到在圆锥处的 $\omega r\cos\alpha_0 \approx \omega r$ 线性变化。使用角 $\alpha = \pi/2 - \theta$ 作为一个变量，于是设：

$$v_\phi(r, \alpha) = \frac{\omega r}{\alpha_0}\alpha,\ \ v_\theta = v_r = 0 \tag{6.2.1}$$

图 6.2.3 显示一个在半径为 $r$ 的球表面上和在两个邻近剪切表面之间的流体微元。流体微元经受剪切应力 $\tau = \tau_{\theta\phi}$。从图 6.2.3 可以计算剪切速率 $\dot{\gamma}$，$\dot{\gamma}$ 的近似值是：

$$\dot{\gamma} = \left(\frac{\partial v_\phi}{\partial \alpha}\mathrm{d}\alpha\,\mathrm{d}t\right)\frac{1}{r\,\mathrm{d}\alpha}\frac{1}{\mathrm{d}t} = \frac{\omega}{\alpha_0} = \text{常数} \tag{6.2.2}$$

也可以从球坐标系的形变速率张量 $\boldsymbol{D}$ 得到 $\dot{\gamma} = -\dot{\gamma}_{\theta\phi}$ 的精确表达式［式(3.2.42)］。当考虑到 $\alpha_0 \ll 1$ 时，有：

$$\dot{\gamma}_{\theta\phi} = \frac{1}{r\sin\theta}\frac{\partial v_\theta}{\partial \phi} + \frac{\sin\theta}{r}\frac{\partial}{\partial \theta}\left(\frac{v_\phi}{\sin\theta}\right) = \frac{\sin\theta}{r}\frac{1}{\sin\theta}\frac{\omega r}{\alpha_0}(-1) + \frac{\sin\theta}{r}\frac{\omega r}{\alpha_0}\alpha\ \frac{-\cos\theta}{\sin^2\theta} \approx -\frac{\omega}{\alpha_0} \tag{6.2.3}$$

式 (6.2.2) 或式 (6.2.3) 显示，在这个流动中流体各处的剪切速率是相同的。于是，流体各处的剪切应力 $\tau = \tau_{\theta\phi} = \eta(\dot{\gamma})\dot{\gamma}$ 也是相同的。因此，锥-板流变仪是均匀流变仪。

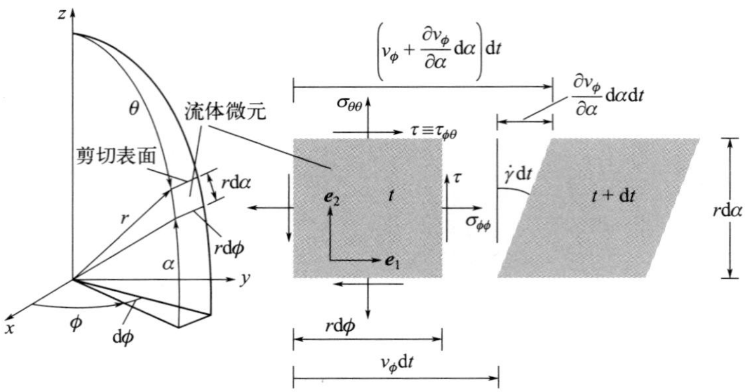


图 6.2.3 具有应力和剪切速率的流体微元

[引自 F. Irgens，*Rheology and Non-Newtonian Fluids*，Springer，Switzerland，p96（2014）]

扭矩 $M$ 等于在平板上的合力。单位面积的扭矩是 $\tau \cdot r$。平板的环形微元有半径 $r$ 和面积 $dA = 2\pi r \cdot dr$（图 6.2.4）。于是，环形微元产生的扭矩是 $(\tau \cdot r) \cdot (2\pi r \cdot dr)$。因此：

$$M = \int_0^R (\tau \cdot r) \cdot (2\pi r \cdot dr), \quad \tau = \frac{3M}{2\pi R^3} \tag{6.2.4}$$

从式（6.2.2）和式（6.2.4）的第二个表达式，得到黏度函数：

$$\eta(\dot{\gamma}) = \frac{3M\alpha_0}{2\pi R^3 \omega} \tag{6.2.5}$$

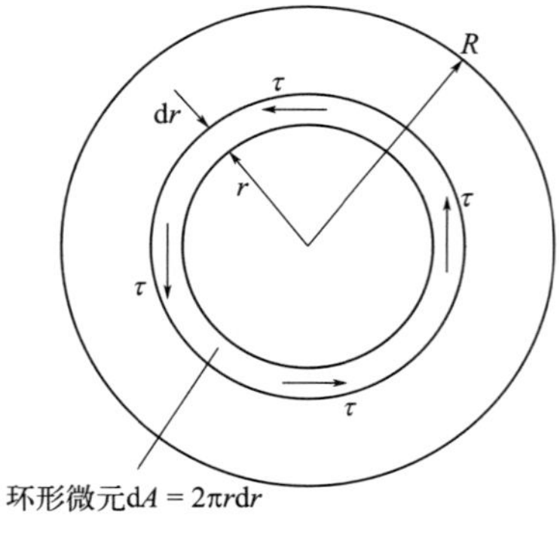


图 6.2.4 在平板环形微元上流体产生的剪切应力

[引自 F. Irgens，*Rheology and Non-Newtonian Fluids*，Springer，Switzerland，p97（2014）]

通常，在低剪切速率下使用锥-板流变仪测量聚合物熔体的稳态剪切黏度，因为在高剪切速率下，聚合物熔体的弹性效应可能在样品的内径和外径之间引起横向或循环流动，增加耗散能量，而且黏性生热引起试样的温度显著升高，这些都将引起明显的测量误差[2]。实际上，锥-板流变仪在低剪切速率下测量的黏度是零剪切速率黏度。低剪切速率区域的测量相当于线性黏弹性区域的测量（见7.2节）。

对于黏弹性流体（见第7章），动态性能和时间依赖性材料函数对于实际加工相当重要，因为当流体经历瞬态过程时，流动行为常常会直接与黏性和弹性参数有关。动态性能也能提供对黏弹性材料微观结构的更多了解。为了确定聚合物熔体的动态性能，最广泛使用的测黏流动是小振幅振荡剪切流动，通常以锥-板流变仪来模拟这种小应变的实验。

在动态实验中，锥-板流变仪对样品（例如聚合物熔体）施加小振幅正弦振荡剪切：

$$\gamma(\omega t)=\gamma_0\sin(\omega t) \tag{6.2.6}$$

式中，$\gamma_0$ 是剪切应变振幅；$\omega$ 是角频率（$\omega=2\pi f$，$f$ 是频率 Hz）。为了在数学上方便，使用 Euler 定律，把可变正弦应变写为复数指数函数：

$$\gamma^*(\omega t)=\frac{\gamma_0}{i}e^{i\omega t}=\gamma_0(\sin(\omega t)-i\cos(\omega t)) \tag{6.2.7}$$

在式（6.2.7）中，仅复数的实部有物理意义。微分式（6.2.6）和（6.2.7）获得剪切应变速率：

$$\dot{\gamma}=\gamma_0\omega\cos(\omega t)=\dot{\gamma}_0\cos(\omega t) \tag{6.2.8}$$

$$\dot{\gamma}^*=\gamma_0\omega e^{i\omega t}=i\omega\gamma^* \tag{6.2.9}$$

式中，$\dot{\gamma}_0=\gamma_0\omega$ 是剪切速率振幅。显然，剪切应变速率也是相同频率的正弦振荡，但是在相位上比剪切应变超前 90°。

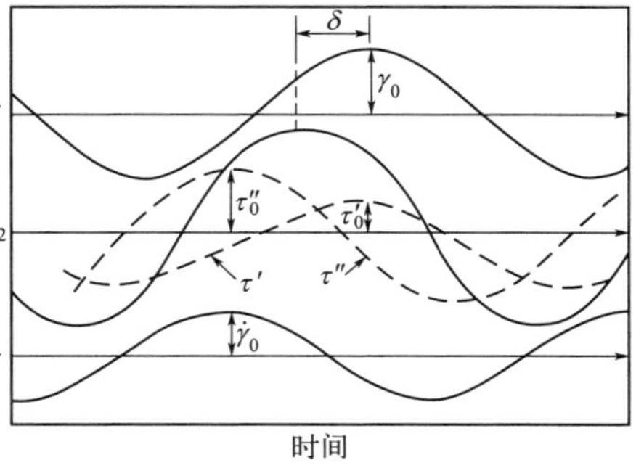


图 6.2.5　正弦振荡剪切应变

［引自 C. W. Macosko, *Rheology: Principles, Measurements and Application*, Wiley-VCH, New York, p122 (1994)］

因此，如果正弦振荡施加给聚合物熔体的应变和应变速率足够小，应力同样将以相同频率正弦振荡，但是相对于应变波，应力将超前偏移一个相位角 $\delta$（因为黏弹性材料的滞后性质），如图 6.2.5 所示。这在数学上表示如下：

$$\tau(\omega,t)=\tau_0\sin(\omega t+\delta)=\tau_0\sin(\omega t)\cos\delta+\tau_0\cos(\omega t)\sin\delta \quad (6.2.10)$$

$$\tau^*(\omega,t)=\frac{\tau_0}{i}\mathrm{e}^{i(\omega t+\delta)}=\tau_0[\sin(\omega t+\delta)-i\cos(\omega t+\delta)] \quad (6.2.11)$$

式中，$\delta$ 是相位移，有时称为**力学损耗角**（mechanical loss angle）。在式（6.2.11）中也仅复数的实部有物理意义。为了描述循环形变，定义下面的材料函数：

$$G^*(\omega)=G'(\omega)+iG''(\omega)=\frac{\tau^*}{\gamma^*}=\frac{\tau_0}{\gamma_0}\mathrm{e}^{i\delta}=\frac{\tau_0}{\gamma_0}(\cos\delta+i\sin\delta) \quad (6.2.12)$$

$$\eta^*(\omega)=\eta'(\omega)-i\eta''(\omega)=\frac{\tau^*}{\dot{\gamma}^*}=\frac{\tau_0}{i\omega\gamma_0}\mathrm{e}^{i\delta}=\frac{\tau_0}{\omega\gamma_0}(\sin\delta-i\cos\delta) \quad (6.2.13)$$

式中，$G^*$ 和 $\eta^*$ 分别是**复数剪切模量**（complex shear modulus）和**复数黏度**（complex viscosity），而 $G'$ 称为**动态剪切模量**（dynamic shear modulus），$\eta'$ 称为**动态黏度**（dynamic viscosity）。

从式（6.2.12）和（6.2.13），可以得到：

$$G'(\omega)=\frac{\tau_0}{\gamma_0}\cos\delta=|G^*|\cos\delta,G''(\omega)=\frac{\tau_0}{\gamma_0}\sin\delta=|G^*|\sin\delta \quad (6.2.14)$$

$$|G^*|=\sqrt{(G')^2+(G'')^2} \quad (6.2.15)$$

$$\tan\delta=G''/G' \quad (6.2.16)$$

$$\eta'(\omega)=\frac{\tau_0}{\omega\gamma_0}\sin\delta=|\eta^*|\sin\delta,\eta''(\omega)=\frac{\tau_0}{\omega\gamma_0}\cos\delta=|\eta^*|\cos\delta \quad (6.2.17)$$

$$|\eta^*|=\sqrt{(\eta')^2+(\eta'')^2} \quad (6.2.18)$$

式中，$|G^*|=\tau_0/\gamma_0$；$|\eta^*|=\tau_0/\omega\gamma_0=\tau_0/\dot{\gamma}_0$；$\tan\delta$ 叫作**损耗角正切**（loss tangent）。

联合式（6.2.14）和（6.2.17），产生：

$$\eta'=\frac{G''}{\omega},\eta''=\frac{G'}{\omega},|\eta^*|=\frac{\sqrt{(G')^2+(G'')^2}}{\omega} \quad (6.2.19)$$

$G'$、$G''$、$G^*$ 和 $\eta'$、$\eta''$、$\eta^*$ 是两套线性黏弹性材料函数。对于处理聚合物液体的情况，使用 $\eta'$、$\eta''$和 $\eta^*$ 是方便的。

通过将应力波分解为同样频率的两个波，可以分析这样的数据：一个与应变波［$\sin(\omega t)$］同相位的波，一个与应变波相位差 90°的波［$\cos(\omega t)$］。于是，式

(6.2.10) 变为：

$$\begin{aligned}\tau &= \tau'_0\sin(\omega t)+\tau''_0\cos(\omega t)\\ &=\gamma_0 G'(\omega)\sin(\omega t)+\gamma_0 G''(\omega)\cos(\omega t)\\ &=\dot{\gamma}_0\eta''(\omega)\sin(\omega t)+\dot{\gamma}_0\eta'(\omega)\cos(\omega t)\end{aligned}\tag{6.2.20}$$

式中，$\tau'_0=\tau_0\cos\delta$；$\tau''_0=\tau_0\sin\delta$。式 (6.2.20) 右侧的第一项是弹性应力，因为弹性材料仅通过形变对应力响应，通常用 $G'$ 描述。第二项是黏性应力，因为黏性流体通过流动（剪切速率）对应力响应，通常用 $\eta'$ 描述（因为 $\eta'$ 与能量耗散相联系）。这说明聚合物熔体对小循环形变的响应是黏弹性响应。容易证明在一个周期内，单位时间单位体积的平均耗散机械能：

$$\begin{aligned}\mathrm{Re}\tau^* \cdot \mathrm{Re}\dot{\gamma}^* &= \frac{1}{t}\int_0^t \boldsymbol{\tau}:\boldsymbol{D}\,\mathrm{d}t=\frac{\omega}{2\pi}\int_0^{2\pi/\omega}\tau\dot{\gamma}\,\mathrm{d}t=\frac{\omega}{2\pi}\int_0^{2\pi/\omega}\eta'\dot{\gamma}^2\,\mathrm{d}t\\ &=\frac{\omega}{2\pi}\int_0^{2\pi/\omega}\eta'[\gamma_0\omega\cos(\omega t)]^2\,\mathrm{d}t=\frac{1}{2}\eta'(\omega\gamma_0)^2\end{aligned}\tag{6.2.21}$$

在小振幅正弦振荡剪切流动中，由于足够小的应变和应变速率几乎不影响聚合物熔体的平衡分子构象（无规线团构象），测量的任何动态性能不仅反映大分子一部分的贡献，而且也反映整个大分子的贡献。因此，$\eta'$、$\eta''$ 和 $\eta^*$ 的频率（和温度）依赖性表示特定的聚合物熔体的大分子结构。聚合物科学家和工程师广泛使用聚合物动态流变性能表征大分子结构。然而，当剪切应变振幅 $\gamma_0$ 超过线性黏弹性应变极限（与大分子结构和使用的温度相关）时，聚合物熔体的黏弹性响应是非线性的，$\eta'$、$\eta''$ 和 $\eta^*$ 变成施加应变的函数（参见 7.2 节）。换句话说，尽管施加的应变是循环的，但是大的应变振幅将使大分子聚合物熔体构象大幅改变其原本的卷曲和缠结的平衡结构。图 6.2.6 是聚合物熔体在给定温度下正弦实验的典型结果。图 6.2.7 是在 200℃时聚丙烯均聚物的 $G'$ 和 $G''$ 实验数据（PP 的熔点 $T_m=165$℃）。$\eta'$ 和 $\eta^*$ 显示剪切变稀行为，$G'$、$G''$ 和 $G^*$ 随振荡频率增加而增大。注意到，在高频率时，$G'>G''$，说明熔融聚合物主要显示弹性；在较低频率下，$G''>G'$，显示更多的黏性行为。

下面讨论动态和稳态流变性能之间的关系。对于聚合物熔体，实验表明动态黏度 $\eta'(\omega)$-$\omega$ 曲线与稳态表观黏度 $\eta(\dot{\gamma})$ -$\dot{\gamma}$ 曲线形状相似。在剪切流动中，$\eta'(\omega)$ 是速率依赖性和剪切变稀的，在低频率下有如下关系：

$$\lim_{\omega\to 0}\eta'(\omega)=\lim_{\dot{\gamma}\to 0}\eta(\dot{\gamma})=\eta_0\tag{6.2.22}$$

因为小振幅低频率周期形变可以认为是近似稳态慢速流动，在 $\omega\to 0$ 和 $\dot{\gamma}\to 0$ 的极限情况下，必定产生零剪切速率黏度。因此，在低频率下，$\eta'(\omega)$ 可以作为零

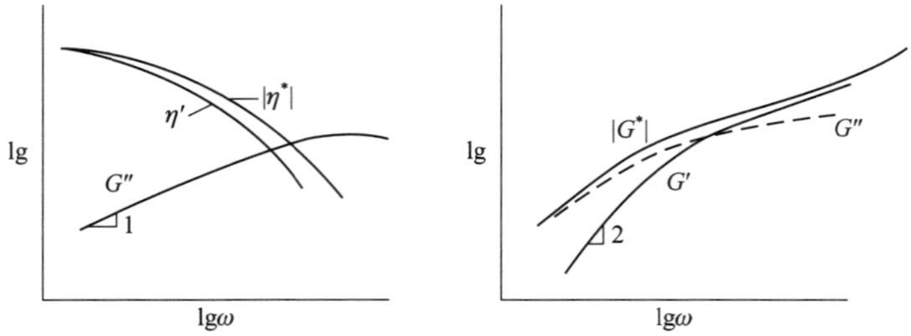


图 6.2.6　聚合物熔体正弦试验的典型结果

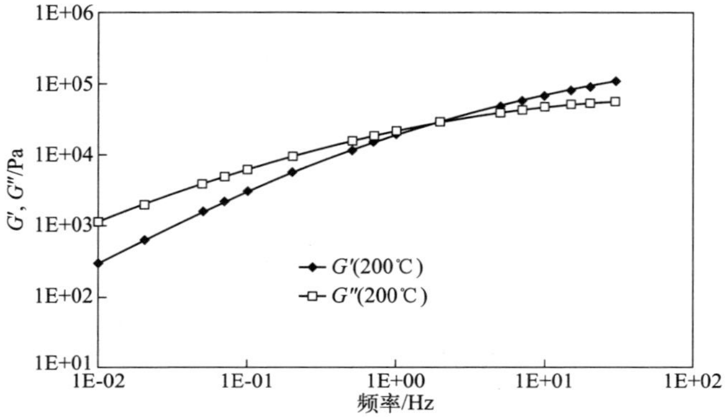


图 6.2.7　在 200℃时作为振荡频率函数的聚丙烯均聚物的 $G'$ 和 $G''$

剪切黏度的一种补充测量方法。

在流变学中，有时会使用一个叫作 **Cox-Mertz 规则**[3] 的经验函数（对于柔性链聚合物，在给定频率下的复数黏度值等于在相同剪切速率下的稳态剪切黏度）即：

$$\text{在 } \dot{\gamma}=\omega \text{ 时，} \eta(\dot{\gamma})=|\eta^*(\omega)| \tag{6.2.23}$$

这个规则表明，对于柔性链聚合物，稳态黏度 $\eta(\dot{\gamma})$ 的剪切速率依赖性等于线性黏弹性黏度 $\eta^*(\omega)$ 的频率依赖性。Cox-Mertz 规则的经验关系经常在高剪切速率下相当好地成立。

# 6.3 毛细管流变仪

在 1923 年，毛细管流变仪开始用于橡胶黏度测量[4]，其是测量流体黏度最古老和最广泛应用的实验工具（图 6.3.1），几乎可以用于各类复杂液体。毛细管流变仪可用于测量聚合物加工设备典型操作条件下的剪切速率和熔体黏度之间的关系。

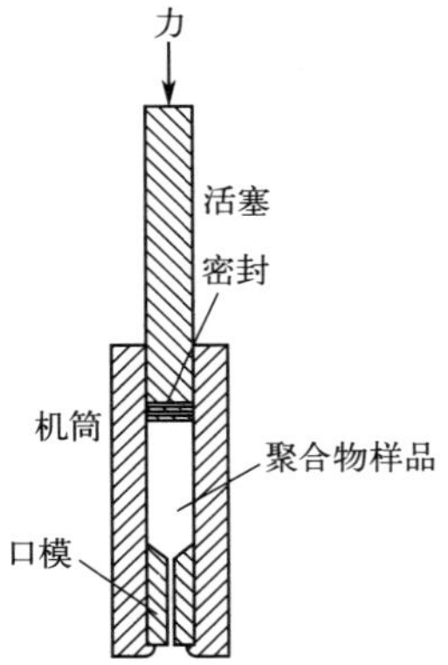


图 6.3.1　毛细管流变仪示意图

毛细管流变仪通过使聚合物熔体在长而小直径的毛细管内的流动，来评估其黏度。在典型的操作方式中，将固态聚合物加入柱状机筒内，固态聚合物被熔融，柱塞强迫聚合物熔体通过毛细管。由于剪切速率分布不均匀，毛细管流变仪是非均匀流变仪［见式（5.6.49）］。其基本原理是将通过毛细管的挤出压力降与在毛细管壁处的剪切应力联系起来［见式（5.6.38）和式（6.3.1）］，将通过毛细管的挤出流率与在毛细管壁处的剪切速率联系起来［见式（5.6.52）和式（6.3.2）］。

$$\tau_w = \frac{\Delta P_c R}{2L} \tag{6.3.1}$$

$$\dot{\gamma}_a = \frac{4Q}{\pi R^3} \tag{6.3.2}$$

式中，$R$ 和 $L$ 分别是毛细管的半径和长度，$\tau_w$ 是在毛细管壁处的剪切应力，$\Delta P_c$ 是在毛细管中的压力降，$\dot{\gamma}_a$ 是在毛细管壁处的表观剪切速率（按照牛顿流动定义的剪切速率），$Q$ 是通过毛细管的体积流率。式（6.3.2）仅适合牛顿流动。

然而，为了获得真实的黏度，必须将两个修正方法应用到用毛细管流变仪测得的数据。第一个修正是 **Bagley 修正**[5]（Bagley correction，1957），它考虑了熔融聚合物进入毛细管的入口压力降，因为压力传感器测量的压力包含入口压力降（图 6.3.2），而入口压力降与在毛细管入口处的熔体弹性形变有关。第二个修正是 **Rabinowitsch 修正**[6]（Rabinowitsch correction，1929），它考虑了聚合物假塑性对速度分布的影响，即修正按照牛顿流动定义的表观剪切速率 $\dot{\gamma}_a$（$\dot{\gamma}_a=4Q/\pi R^3$）。

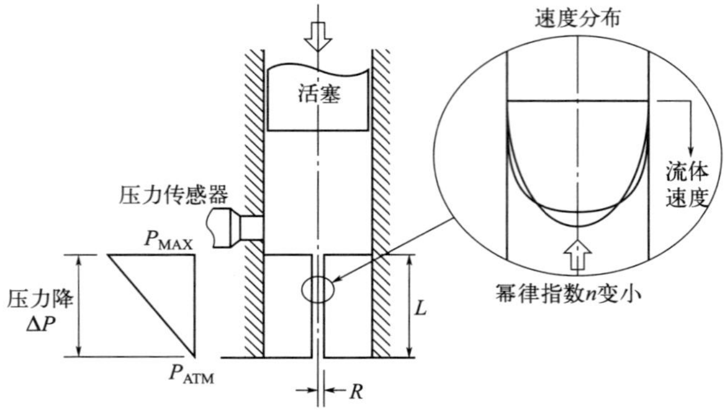


图 6.3.2 显示在毛细管中速度分布的毛细管流变仪构型
［引自 P. K. Freakley，*Rubber Processing and Production Organization*，Plenum Press，New York and London，p28（1985）］

首先讨论 Bagley 修正。由于测量获得的通过毛细管的总压力降 $\Delta P_T$ 是在毛细管内的压力降 $\Delta P_c$ 和在毛细管入口处的压力降 $\Delta P_e$ 的和：

$$\Delta P_T=\Delta P_c+\Delta P_e \tag{6.3.3}$$

因此，在毛细管内的压力降 $\Delta P_c$ 是：

$$\Delta P_c=\Delta P_T-\Delta P_e \tag{6.3.4}$$

正如 Mooney 和 Black 所述[7]，相对于 $\Delta P_c$，$\Delta P_e$ 可能是大的。获得 $\Delta P_e$ 的方法是：对于一定的毛细管半径 $R$，使用一系列不同 $L/R$ 的毛细管，在恒定剪切速率下（保持 $Q$ 不变），测量压力变化，绘制 $\Delta P_T$-$L/R$ 的线性回归图。如图 6.3.3 所示，当外推 $L/R=0$ 时，得到截距 $\Delta P_e$。最终，根据测得的总压力降 $\Delta P_T$ 和式（6.3.4），可以得到在毛细管内的压力降 $\Delta P_c$。

因为

$$\Delta P_T=\Delta P_e+2\tau_w\left(\frac{L}{R}\right) \tag{6.3.5}$$

从 $\Delta P_T$-$L/R$ 图的斜率也可以确定 $\tau_w$。

使用修正的压力变化，从式（6.3.5），得到在毛细管壁处的剪切应力 $\tau_w$ 为：

$$\tau_w=\frac{\Delta P_c R}{2L}=\frac{(\Delta P_T-\Delta P_e)R}{2L} \tag{6.3.6}$$

对于 Rabinowitsch 修正，利用幂律模型 $\tau=K\dot{\gamma}^n$ 修正剪切速率 $\dot{\gamma}_a$。根据式（5.6.53），可以得到修正后的毛细管壁处的剪切速率：

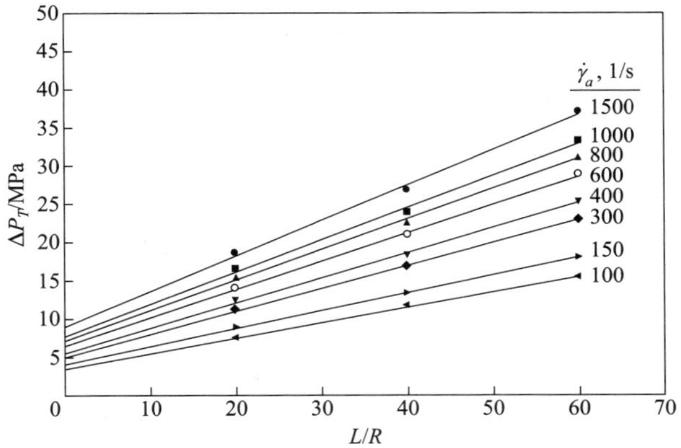


图 6.3.3　在 190℃用毛细管流变仪测量 HDPE 的 Bagley 修正图
［引自 G. A. Campbell and M. A. Spalding, *Analyzing and Troubleshooting Single-Screw Ectruders*, Hanser, Munich, p82 (2013)］

$$\dot{\gamma}_w = \dot{\gamma}_a \left(\frac{3n+1}{4n}\right) \tag{6.3.7}$$

式中，$\dot{\gamma}_a$ 等于式（5.6.52）的 $\dot{\gamma}_{wN}$。根据 $\eta(\dot{\gamma}_w) = \tau_w / \dot{\gamma}_w$、式（6.3.6）和式（6.3.7），从毛细管数据可以计算得到幂律黏度 $\eta(\dot{\gamma}_w)$。

因为 $\tau_w = K'\dot{\gamma}_a^n = K\dot{\gamma}_w^n$，$K$ 与 $K'$之间的关系是：

$$K = K'\left(\frac{\dot{\gamma}_a}{\dot{\gamma}_w}\right)^n = K'\left(\frac{4n}{3n+1}\right)^n \tag{6.3.8}$$

从 $\tau_w = K'\dot{\gamma}_a^n$，得到：

$$\ln\tau_w = \ln K' + n\ln\dot{\gamma}_a \tag{6.3.9}$$

因此，在进行 Bagley 和 Rabinowitsch 修正后，使用式（6.3.8）和式（6.3.9），从试验数据的回归分析，可以获得稠度 $K$ 和幂律指数 $n$。

因为 Bagley 修正需要大量的实验，常见的做法是，当在毛细管流变仪中使用大 $L/R$ 的毛细管时（$L/R \geqslant 40$），可不进行 Bagley 修正。但在某些情况下，这个方法可能没有预期的那么准确[8]。

一种经改进的毛细管流变仪可以用于确定热塑性塑料的**熔体流动指数**（melt flow index，MFI）。MFI 是在给定砝码重量（如 2.16kg）和温度下，在规定时间内流过特定尺寸毛细管（如直径为 $D=2.0955$mm 和 $L=8.001$mm）的聚合物的量（g/10min）。MFI 仅代表在黏度曲线上的一个点，尽管它不是评估黏度的严格指标，但却被广泛用作热塑性聚合物加工工业的指标和质量控制等环节中。

目前，已经有了从单独 MFI 测量来确定完整黏度曲线的方法[9-11]。

**例 6.3.1**

为了估计一种 HDPE 材料的工艺行为，将材料试样提供给工艺研发实验室，用以测定剪切速率和温度依赖性的聚合物黏度函数。毛细管流变仪的有关参数是：

活塞直径：$D_p=9.525\text{mm}$

活塞速度：$V_p=13.56\text{mm/min}$

毛细管直径：$D_c=2.54\text{mm}$

毛细管长度：$L_c=25.4\text{mm}$、$50.8\text{mm}$、$76.2\text{mm}$ 和 $101.6\text{mm}$

流变仪温度：$T=270℃$

**解：**

活塞运动产生的体积流率是：

$$Q=\frac{13.56}{60}\pi\left(\frac{9.525}{2}\right)^2=16.1\text{mm}^3/\text{s}$$

根据式（6.3.2），计算在毛细管壁处的表观剪切速率：

$$\dot{\gamma}_a=\frac{4Q}{\pi R_c^3}=\frac{4\times16.1}{3.1416\times(1.27)^3}=10\text{s}^{-1}$$

在表观剪切速率 $\dot{\gamma}_a$ 下，测量每一个长度的毛细管的压力变化（表 6.3.1）。使用回归分析获得压力变化-$L_c/R_c$ 线性函数图。这个函数的斜率是 0.376MPa，截距是 1.5MPa。从斜率和截距，得到回归的压力变化：

$$(\Delta P)_{\text{回归}}=0.376\times(L_c/R_c)+1.5$$

对入口效应修正的压力变化是：

$$\Delta P_c=(\Delta P)_{\text{回归}}-1.5$$

根据式（6.3.6），使用修正的压力变化，计算在毛细管壁处的剪切应力：

$$\tau_w=\frac{\Delta P_c}{2}\times\frac{1}{L_c/R_c}=1.881\times10^5\text{Pa}$$

**表 6.3.1　毛细管流变仪计算汇总**

| 毛细管长度/mm | 压力变化/MPa | 回归压力变化/MPa | 修正压力变化/MPa | 壁剪切应力/Pa | $L/R$ |
|---|---|---|---|---|---|
| 25.4 | 9.023 | 9.023 | 7.523 | $1.881\times10^5$ | 20 |
| 50.8 | 16.546 | 16.546 | 15.046 | $1.881\times10^5$ | 40 |

续表

| 毛细管长度/mm | 压力变化/MPa | 回归压力变化/MPa | 修正压力变化/MPa | 壁剪切应力/Pa | $L/R$ |
|---|---|---|---|---|---|
| 76.2 | 24.069 | 24.069 | 22.569 | $1.881\times10^5$ | 60 |
| 101.6 | 31.592 | 31.592 | 30.092 | $1.881\times10^5$ | 80 |

［引自 G. A. Campbell and M. A. Spalding, *Analyzing and Troubleshooting Single-Screw Ectruders*, Hanser, Munich, p86 (2013)］

为了修正剪切速率，必须得到在几个表观剪切速率和剪切应力下的数据（图 6.3.4）。

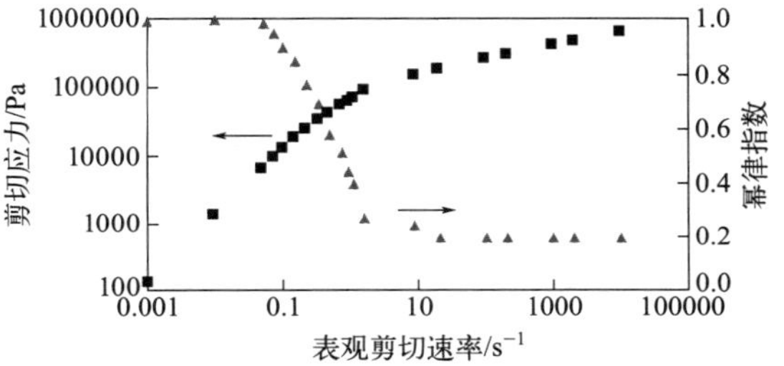


图 6.3.4　在 190℃用毛细管流变仪测量 HDPE 的 Bagley 修正图
［引自 G. A. Campbell and M. A. Spalding,
*Analyzing and Troubleshooting Single-Screw Ectruders*, Hanser, Munich, p87 (2013)］

由式（6.3.9），使用在图 6.3.4 中 $50s^{-1}$ 和 $5s^{-1}$ 表观剪切速率的数据点，计算在 $10s^{-1}$ 表观剪切速率时 $n$ 的局部值：

$$n=\frac{\mathrm{d}\ln\tau_w}{\mathrm{d}\ln\dot{\gamma}_a}=\frac{\ln(2.595\times10^5)-\ln(1.458\times10^5)}{\ln50-\ln5}=0.199$$

于是，修正的壁处剪切速率为：

$$\dot{\gamma}_w=\dot{\gamma}_a\left(\frac{3n+1}{4n}\right)=10\times\left(\frac{3\times0.199+1}{4\times0.199}\right)=20.1s^{-1}$$

显然，对于这种情况，修正的壁处剪切速率大约是壁处表观剪切速率的 2 倍。由 $\tau_w$ 和 $\dot{\gamma}_w$ 值，计算得到的毛细管壁处的剪切黏度 $\eta$ 是 9358Pa・s。用同样的方法，在温度不变的情况下可以计算其他体积流率（或活塞速度）时的 $\tau_w$、$n$、 $\dot{\gamma}_w$ 和 $\eta$。表 6.3.2 提供了在 270℃时的典型数据。

**表 6.3.2　在 270℃时的流变数据**

| 剪切速率 $\dot{\gamma}_w$/$s^{-1}$ | 幂律指数/$n$ | 剪切应力/Pa | 黏度/(Pa・s) |
|---|---|---|---|
| 0.001 | 0.99 | 127.1 | 126800 |
| 0.01 | 0.997 | 1269 | 126800 |

续表

| 剪切速率$\dot{\gamma}_w$/$s^{-1}$ | 幂律指数/$n$ | 剪切应力/Pa | 黏度/(Pa·s) |
|---|---|---|---|
| 0.05 | 0.986 | 6289 | 125400 |
| 0.076 | 0.947 | 9380 | 123300 |
| 0.103 | 0.899 | 12420 | 120800 |
| 0.157 | 0.851 | 18010 | 115000 |
| 0.216 | 0.762 | 23480 | 108900 |
| 0.334 | 0.688 | 32580 | 97520 |
| 0.474 | 0.575 | 41590 | 87730 |
| 0.743 | 0.513 | 53920 | 72610 |
| 0.922 | 0.441 | 61570 | 66790 |
| 1.11 | 0.396 | 68310 | 61830 |
| 1.67 | 0.272 | 89860 | 53850 |
| 8.952 | 0.24 | 145800 | 16290 |
| 20.08 | 0.199 | 188100 | 9365 |
| 100.8 | 0.197 | 259500 | 2574 |
| 201.8 | 0.197 | 297700 | 1475 |
| 1009 | 0.197 | 408900 | 405 |
| 2018 | 0.197 | 468800 | 232 |
| 10000 | 0.197 | 643900 | 63.8 |

[引自 G. A. Campbell and M. A. Spalding, *Analyzing and Troubleshooting Single-Screw Ectruders*, Hanser, Munich, p87 (2013)]

对于某一指定温度，要获得这样数据，至少需要80组数据。因为涉及时间，在每一温度下，通常需要记录大约10～15个剪切速率数据点。图6.3.5提供了在270℃时作为剪切速率函数的黏度图。对于剪切速率低于5$s^{-1}$的黏度测量，最好使用锥板流变仪测量，因为在活塞和机筒壁之间的摩擦将可能在活塞上引起

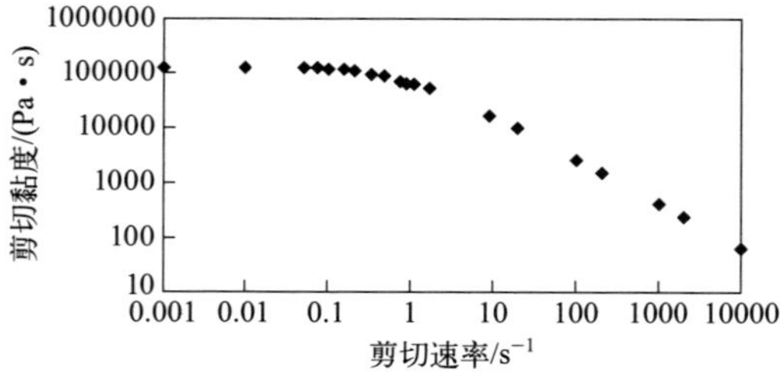


图6.3.5 当前例子的剪切黏度数据

[引自 G. A. Campbell and M. A. Spalding, *Analyzing and Troubleshooting Single-Screw Ectruders*, Hanser, Munich, p88 (2013)]

与流动应力同样大小的力。

图 6.3.5 和表 6.3.2 的黏度数据显示，在 270℃ 时的零剪切黏度 $\eta_0$ 是 $1.268\times10^5$ Pa·s。

对于幂律拟合，在表 6.3.2 中的最后六行用于回归拟合，并将拟合线向后外推到较低剪切速率。回归拟合如下：

$$\ln(\eta_{幂律})=\ln(K)+(n-1)\ln(|\dot{\gamma}_R|)$$

从上面线性回归拟合，可得：

$$斜率_{幂律}=-0.802=(n-1)$$

$$截距_{幂律}=11.55=\ln(K)$$

$$\eta_{幂律}=e^{11.55}|\dot{\gamma}|^{-0.802}$$

图 6.3.6 显示幂律黏度和零剪切黏度的拟合。

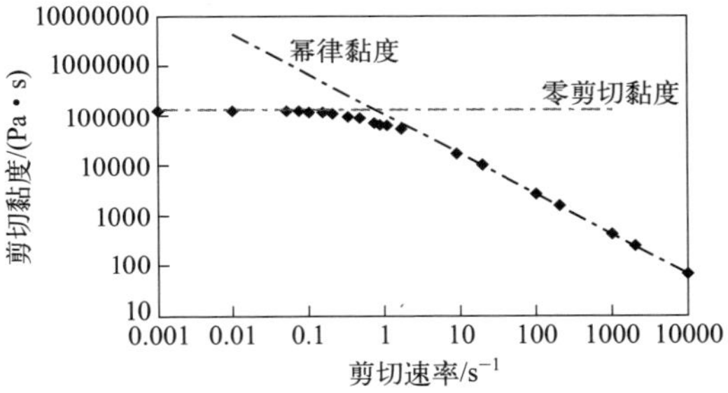


图 6.3.6 在 270℃时幂律黏度和零剪切黏度拟合
[引自 G. A. Campbell and M. A. Spalding, *Analyzing and Troubleshooting Single-Screw Ectruders*, Hanser, Munich, p89 (2013)]

根据式(5.3.3)计算聚合物熔体黏度的温度依赖性。表 6.3.3 提供了两个温度下的黏度。

**表 6.3.3 在两个温度下黏度数据的举例**

| 剪切速率/s$^{-1}$ | 温度 | | 黏度/(Pa·s) |
|---|---|---|---|
| | ℃ | K | |
| 0.01 | 230 | 503 | $1.74\times10^6$ |
| 0.01 | 270 | 543 | $1.26\times10^5$ |
| 20 | 230 | 503 | $2.40\times10^4$ |
| 20 | 270 | 543 | $9.36\times10^3$ |

[引自 G. A. Campbell and M. A. Spalding, *Analyzing andTroubleshooting Single-Screw Ectruders*, Hanser, Munich, p89 (2013) ]

在这个例子中，使用的温度黏度函数基于在参考温度 $T_R$(K) 下的 $\eta_R$：

$$\eta(T)=\eta_R e^{\frac{\Delta E}{R}\left(\frac{1}{T}-\frac{1}{T_R}\right)}$$

$$\frac{\Delta E}{R}\left(\frac{1}{T}-\frac{1}{T_R}\right)=\ln\eta(T)-\ln\eta_R(T_R)$$

使用表 6.3.3 中的数据，计算在 $0.01s^{-1}$ 剪切速率下的极限零剪切速率黏度（牛顿）的温度依赖性：

$$\frac{\Delta E}{R}=\frac{\ln(1.26\times10^5)-\ln(1.74\times10^6)}{\frac{1}{543}-\frac{1}{503}}=1.794\times10^4\text{K}$$

$$\eta_0(T)=1.74\times10^6 e^{1.794\times10^4\left(\frac{1}{T}-\frac{1}{503}\right)}$$

对于在 $20s^{-1}$ 剪切速率时的幂律区域，使用同样方法，计算幂律黏度函数的温度依赖性：

$$\frac{\Delta E_{幂律}}{R_g}=\frac{\ln(9.36\times10^3)-\ln(2.40\times10^4)}{\frac{1}{543}-\frac{1}{503}}=6.44\times10^3\text{K}$$

$$\eta_{幂律}(T)=2.40\times10^4 e^{6.44\times10^3\left(\frac{1}{T}-\frac{1}{503}\right)}$$

这些黏度方程可以预测在幂律区中黏度的剪切速率和温度依赖性，并通过试验数据检验它们的可靠性和误差。上述情况的误差≤2%。误差主要来自拟合直线的截距 $\Delta P_e$。然而，最大 2%的误差通常是可接受的。

## 6.4 拉伸流变仪

测量拉伸黏度 $\eta_E(\dot{\varepsilon})$ 比测量剪切黏度 $\eta(\dot{\gamma})$ 要困难得多，这是因为在测量中难以获得稳定拉伸状态，也不易产生纯拉伸形变。不过，目前已经发展了许多测量聚合物熔体拉伸黏度的方法，其中以单轴拉伸方式测量较常见。在单轴拉伸黏度测量中主要有两个拉伸流场：试样拉伸[12~14] 和在收敛流道中压力驱动的流动[15]。在本节中，仅介绍通过拉伸高黏度液体条（Ballman 法[12]）或聚合物挤出物（纤维纺丝法[13]），获得恒定的拉伸速率，测量单轴拉伸黏度的原理。

图 6.4.1 示意用力 $F=F(t)$ 在 $x_1$ 方向单轴拉伸一个流体圆柱样品。样品长度 $L$ 随时间而增加，而样品横截面积 $A$ 随时间而减小。轴向应力是：

$$T_{11}=\tau_{11}-p=\frac{F(t)}{A(t)}-p_a \tag{6.4.1}$$

$p_a$ 是大气压。如果忽略体积力和惯性力，一般运动式（4.2.9）可化简为：

$$0=-\frac{\partial p}{\partial x_i}+\frac{\partial \tau_{ii}}{\partial x_i}, i=1,2,3 \tag{6.4.2}$$

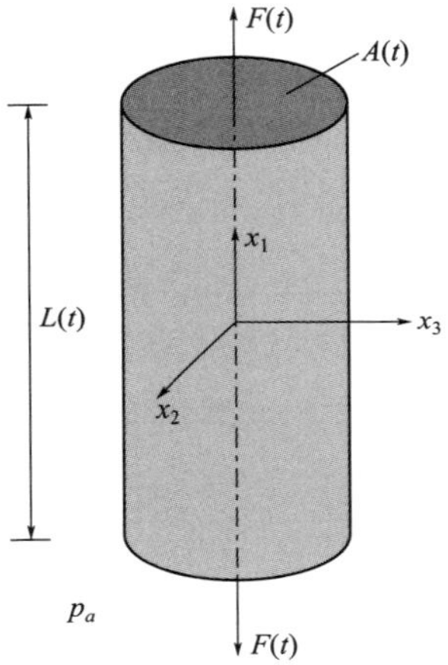


图 6.4.1 用力 $F(t)$ 在 $x_1$ 方向拉伸的圆柱样品

式（6.4.2）表明，应力 $T_{ii}=\tau_{ii}-p$ 不依赖于坐标 $x_i$，即在每一坐标 $x_i$ 方向上法向应力是恒定的。在样品的圆柱表面上，大气压 $p_a$ 代表应力矢量。这意味着，在样品中的任意位置有：

$$T_{22}=T_{33}=-p_a \tag{6.4.3}$$

于是：

$$\tau_{22}-p=\tau_{33}-p=-p_a \tag{6.4.4}$$

从式（6.4.1）和式（6.4.4），得：

$$\tau_{11}-\tau_{22}=\frac{F(t)}{A(t)} \tag{6.4.5}$$

在轴向方向上如何获得恒定拉伸速率 $\dot{\varepsilon}$？下面给出这个问题的答案。设在时间 $t_0$ 样品的长度和横截面积分别是 $L_0$ 和 $A_0$。因此，由式（4.1.9）可得到：

$$\dot{\varepsilon}=\frac{\dot{L}}{L}=\frac{\mathrm{d}L}{\mathrm{d}t}\left(\frac{1}{L}\right)=\text{常数}$$

$$\int_{L_0}^{L}\frac{dL}{L}=\dot{\varepsilon}\int_0^t dt$$

$$\ln\left(\frac{L}{L_0}\right)=\dot{\varepsilon}t$$

$$L(t)=L_0 e^{(\dot{\varepsilon}t)} \tag{6.4.6}$$

式（6.4.6）表明，为了获得恒定的拉伸速率 $\dot{\varepsilon}$，样品长度 $L(t)$ 必须随时间呈指数增加。通常把量 $\ln(L/L_0)$ 称为 **Hencky 形变**，即 $\varepsilon^H=\ln(L/L_0)$。定义 Hencky 形变的意义在于：对于**静态**大形变，形变度量不依赖于运算顺序（或形变历史）。通过图 6.4.2 的模型[16] 可以说明这一问题。

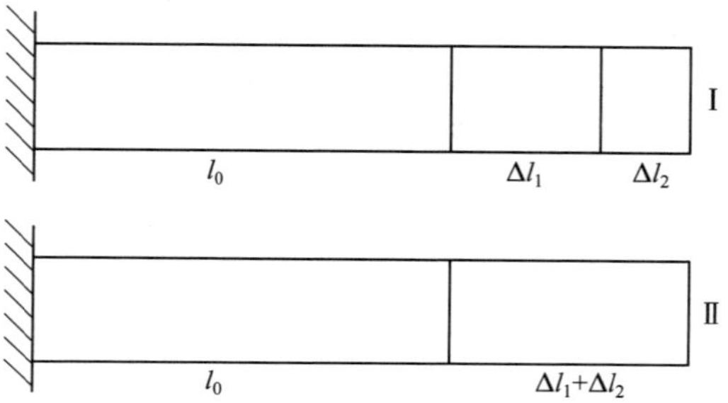


图 6.4.2　单轴拉伸大形变的两个方法
［引自 A. Ya. Malkin，*Rheology Fundamentals*，ChemTec Publishing，Toronto-Scarborough，Canada，p41（1994）］

在第一种情况下，分两步增加长度。第一和二步的工程形变分别是 $\varepsilon_1^*=\Delta l_1/l_0$ 和 $\varepsilon_2^*=\Delta l_2/l_1$，总的形变是 $\varepsilon_{\mathrm{I}}^*=\varepsilon_1^*+\varepsilon_2^*=\Delta l_1/l_0+\Delta l_2/l_1=[l_0(\Delta l_1+\Delta l_2)+\Delta l_1{}^2]/l_0 l_1$。

在第二种情况下，长度的增加一步完成。$\varepsilon_{\mathrm{II}}^*=(\Delta l_1+\Delta l_2)/l_0=[l_0(\Delta l_1+\Delta l_2)+\Delta l_1{}^2+\Delta l_1\Delta l_2]/l_0 l_1$。

对于小形变（$\Delta l_1\ll l_0$，$\Delta l_2\ll l_0$），$\varepsilon_{\mathrm{I}}^*$ 和 $\varepsilon_{\mathrm{II}}^*$ 表达式中的二次项与线性项比较，是可以忽略的，因而两个形变度量相同。然而，对于大形变，$\varepsilon_{\mathrm{I}}^*\neq\varepsilon_{\mathrm{II}}^*$，其结果依赖于运算顺序或形变历史。这也显示出小形变和大形变的差别。如果引入 Hencky 形变，$\varepsilon_{\mathrm{I}}^H=\varepsilon_{\mathrm{II}}^H=\ln(l_1/l_0)+\ln[(l_1+\Delta l_2)/l_1]=\ln[(l_1+\Delta l_2)/l_0]$，结果不依赖运算顺序。

由于不可压缩流体的体积是恒定的，即 $L(t)A(t)=L_0A_0$，因此从式（6.4.6），可得样品横截面积的变化是：

$$A(t)=A_0 e^{(-\dot{\varepsilon}t)} \tag{6.4.7}$$

为了获得不依赖于时间的恒定轴向应力 $F/A$，即式（6.4.5）左边的 $\tau_{11}-\tau_{22}$ 与时间 $t$ 无关，必须将力 $F$ 随时间调节成为：

$$F(t)=F_0(\dot{\varepsilon})e^{(-\dot{\varepsilon}t)} \tag{6.4.8}$$

于是，由单轴拉伸黏度的定义式［式（5.4.7）］、式（6.4.5）、式（6.4.7）和式（6.4.8），可以计算拉伸黏度：

$$\eta_E(\dot{\varepsilon})=\frac{\tau_{11}-\tau_{22}}{\dot{\varepsilon}}=\frac{F_0(\dot{\varepsilon})}{\dot{\varepsilon}A_0} \tag{6.4.9}$$

## 参考文献


[1] Freeman S M, Weissenburg K. Some New Anisotropic Time Effects in Rheology. Nature, 1948, 161(4087): 324-325.

[2] Broyer E, Macosko C W. Comparison of Cone and Plate. Bicone and Parallel Plates Geometries for Melt Rheological Measurements. SPE ANTEC Tech. Papers, 1975, 21: 343-345.

[3] Cox W P, Merz E H. Correlation of Dynamic and Steady Flow Viscosities. J. Polym. Sci., 1958, 28(118): 619.

[4] Marzetti B. Plastimeter for Crude Rubber. India Rubber World, 1923, 68: 776.

[5] Bagley E B. End Corrections in the Capillary Flows of Polyethylene. J. Appl. Phys., 1957, 28(5): 624-627.

[6] Rabinowitsch B. The Viscosity and Elasticity of Sols. Z. Phys. Chem., 1929, 1: 26-145.

[7] Mooney M, Black S A. A Generalized Fluidity Power Law of Extrusion. J. Colloid Sci., 1952, 7(3): 204-217.

[8] Macosko C W. Rheology: Principle, Measurements and Application. New York: Wiley-VCH, 1994.

[9] Shenoy A V, Saini D R, Nadkarni V M. Polymer, 1983, 24: 722.

[10] Shenoy A V, Chattopaddhyay S, Nadkarni V M. From Melt Flow Index to Rheogram. Rheol Acta., 1983, 22: 90-101.

[11] Saini D R, Shenoy A V. Melt Rheology of Some Specialty Elastomers. J. Elastom. Plast., 1983, 17: 189.

[12] Ballman R L. Extensional Flow of Polystyrene Melt. Rheol. Acta., 1965, 4: 137-140.

[13] Cotton G, Thiele J L. Rubber Chem. Technol., 1978, 51: 749.

[14] Sampers J, Leblans P J R. An Experimental and Theoretical Study of the Effect of the Elongational History on the Dynamics of Isothermal Melt Spinning. J. Non-Newtonian Fluid Mech., 1988, 30(2-3): 325-342.

[15] Cogswell F N. Converging Flow and Stretching Flow: a compilation. J. Non-Newtonian Fluid Mech., 1978, 4(1-2): 23-28.

[16] Malkin A Y. Rheology Fundamentals. Toronto: ChemTec Publishing, 1994.

# 第 7 章

# 聚合物熔体黏弹性行为

# 7.1 聚合物熔体黏弹性特点

在 19 世纪中期，Clerk Maxwell 已经熟知黏弹性行为的基本概念[1]。黏弹性是黏性行为和弹性行为的叠加。对于聚合物熔体，黏弹性是黏性流动和可恢复形变的叠加。它们的黏性性质取决于聚合物链段彼此拖曳滑动的能力，而它们的弹性性质则可归因于伸长链段回弹的能力[2]。聚合物熔体黏弹性有三个主要特点：时间依赖性、同时发生能量储存与耗散和在剪切流动中产生法向应力。

## 7.1.1 时间依赖性

黏弹性响应的时间依赖性是因为在弹性响应中显示时间依赖性[3]。为了描述柔性链材料的时间依赖性效应，引入一个简单的无量纲数——**Deborah 数**（Deborah number）：

$$\mathrm{De}=\frac{\lambda}{t} \tag{7.1.1}$$

式中，$\lambda$ 为材料（或流体）的时间尺度，称为**松弛时间**（relaxation time），它是指在除去外力后，恢复无规线团状态（稳态结构）需要的时间。松弛时间是柔性链卷绕运动的特征。$t$ 为观察时间或流动系统的时间尺度，它是典型应变速率的倒数（$\dot{\gamma}^{-1}$）。在振荡流动中，$\dot{\gamma}^{-1}=(\gamma_0\omega)^{-1}$，$\gamma_0$ 是振荡应变幅度，$\omega$ 是振荡频率。因此，Deborah 数是材料松弛时间与典型应变速率的乘积，即 $\mathrm{De}=\lambda\dot{\gamma}$。

聚合物熔体的时间效应取决于 De 的值。定性地说，当 De≫1 时，材料有更多的弹性响应（类似固体行为）；当 De≪1 时，材料有更多的黏性响应（类似液体行为）；当 De 介于这两个极限之间时，材料的响应是黏弹性的。在 1964 年 Reiner 创造了 Deborah 数的术语。

另一个等价描述聚合物黏弹性的时间依赖性的方法是：认为这种材料有以前形变史的（弹性）**衰减记忆**（fading memory），即实验的时间越长，能够观察到的材料以前形变中的可恢复量（即弹性形变）越少。因此，松弛时间是描述聚合物有加工历史记忆的时间尺度。在聚合物加工中，流变性质的时间依赖性响应对最终产品性能有重要影响。

### 7.1.2 同时发生能量储存与耗散

在聚合物熔体形变过程中，黏性行为引起部分能量的黏性耗散，弹性行为引起部分能量的弹性贮存。因此，基于能量概念，黏弹性可以定义为黏性耗散损失和弹性能量贮存性能的叠加。单位时间单位体积的能量黏性耗散等于 $\boldsymbol{\tau}:\nabla\boldsymbol{v}$ [见式 (4.2.27) ]。

### 7.1.3 在剪切流动中产生法向应力

4.1.3 节中讨论了在聚合物液体拉伸流动中存在通常不相等的法向应力。然而，如果聚合物熔体或其他聚合物液体（溶液或悬浮液）经受剪切流动，也会产生法向应力差。而牛顿液体在同样的情况下，虽然存在各向同性的法向应力（静水压力），但是法向应力差值等于零。下面以聚合物液体在简单剪切流动中的情形，说明存在法向应力差的原因（图 7.1.1）。可以认为（尽管有点争论），聚合物液体在剪切流动中产生法向应力差的原因是**大弹性形变**的恢复受到限制。当聚合物液体沿 $x_1$ 方向剪切流动时，大的剪切形变引起聚合物分子沿 $x_1$ 方向伸展取向，而伸展的分子链有恢复到平衡卷曲构象的趋势，这在 $x_1$ 方向产生拉应力（或张应力）$\tau_{11}$。然而，由于上、下平板是刚性的，并且它们之间的间距保持不变，卷曲趋势受到流道在 $x_2$ 方向的限制，因此，在 $x_2$ 方向产生压应力即法向应力 $\tau_{22}$。显然，$|\tau_{11}|>|\tau_{22}|$。而在 $x_3$ 方向没有对弹性形变恢复的限制，$\tau_{33}=0$。因此，聚合物液体在简单剪切流动中有非零值的法向应力差 $N_1=\tau_{11}-\tau_{22}$ 和 $N_2=\tau_{22}-\tau_{33}$。如果平行板间距增加且其他条件不变，这些法向应力会减小。

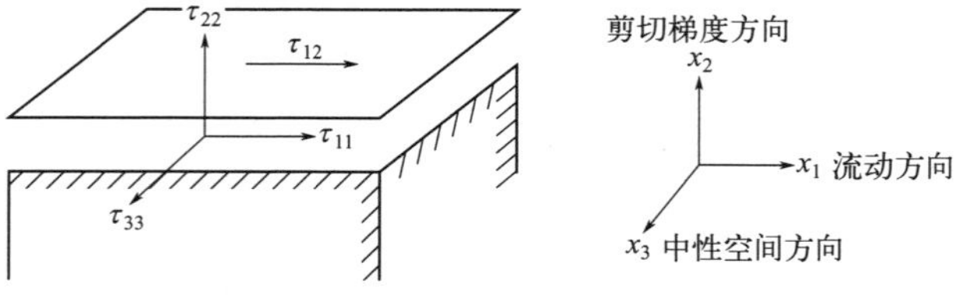


图 7.1.1 聚合物液体在简单剪切流动中的法向应力
[引自 C. W. Macosko，*Rheology*：*Principles*，*Measurements and Application*，Wiley-VCH，New York，p73（1994）]

对聚合物液体的大量测量结果表明：通常情况下，$N_1$ 为正值，$N_2$ 为负值，而且 $-N_2/N_1 \approx 0.1$，即 $N_2$ 的绝对值比 $N_1$ 小得多[2]。因此，测量 $N_2$ 更困难，$N_2$ 值经常受某种程度的不确定性影响。

在流变学的文献中，通常不使用 $N_1$ 和 $N_2$，而是使用它们的系数（类似于使用黏度，而不使用剪切应力），即**法向应力系数**（normal stress coefficient）：

$$\psi_1 = N_1/\dot{\gamma}^2 \tag{7.1.2a}$$

$$\psi_2 = N_2/\dot{\gamma}^2 \tag{7.1.2b}$$

法向应力效应是流体弹性的一个表述。换句话说，流体黏性引起剪切应力，流体弹性引起法向应力。最典型的两个法向应力效应是 Weissenberg 现象和挤出胀大现象（图 7.1.2）。当垂直于液体界面插入液体内的杆旋转时，与牛顿液体因离心力作用从旋转杆向容器壁的移动不同，黏弹性液体会沿杆向上爬，也称为**爬杆现象**（rod-climbing phenomenon）。在 1947 年，Weissenberg 最早把爬杆现象归因于法向应力差的存在[4]。挤出胀大现象是当黏弹性液体从毛细管出来时，在出口附近直径增加（在熔体聚合物挤出中经常出现这种现象）。在这里，只半定量简单分析 Weissenberg 现象。关于挤出胀大的讨论见 7.5.2 节。

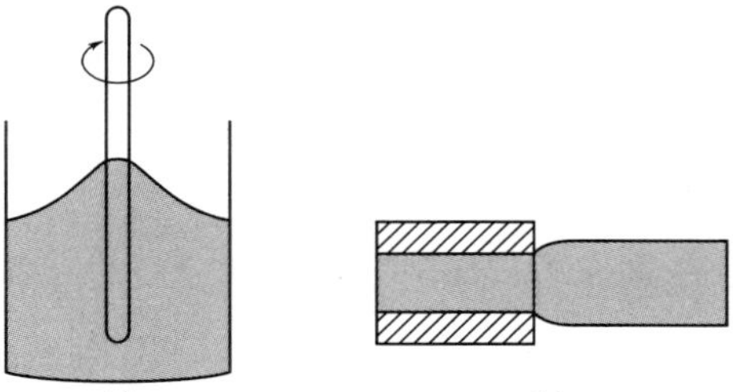


图 7.1.2　Weissenberg 效应（a）和挤出胀大（b）图示

如图 7.1.3 所示，当杆在黏弹性液体中以角速度 $\Omega$ 旋转时，引起环状流动，大分子链沿环向取向，由恢复到无规线团状态的趋势在圆周方向产生拉应力 $\tau_{11}$，环向拉应力勒紧（strangulate）液体，强迫液体克服离心力向内和克服重力向上运动。实际上，在这种情况下，随着半径减小，液体中的压力增大，将使液体表面上升超过原液体水平面的高度增加。下面通过推导在窄间隙同轴旋转圆筒中流动的径向压力差[5]，来说明法向应力差是爬杆现象的原因。

如图 7.1.4 所示，外圆筒静止，内圆筒角速度是 $\omega$，内、外圆筒半径分别是 $r_1$ 和 $r_2$，在间隙 $r_2-r_1$ 中的流动是不可压缩黏弹性液体的等温稳态流动。在柱坐标系 $(r,\theta,z)$ 中，在窄间隙内速度场是 $\boldsymbol{v}=\boldsymbol{v}(0,v_\theta,0)$，非零的应力分量是

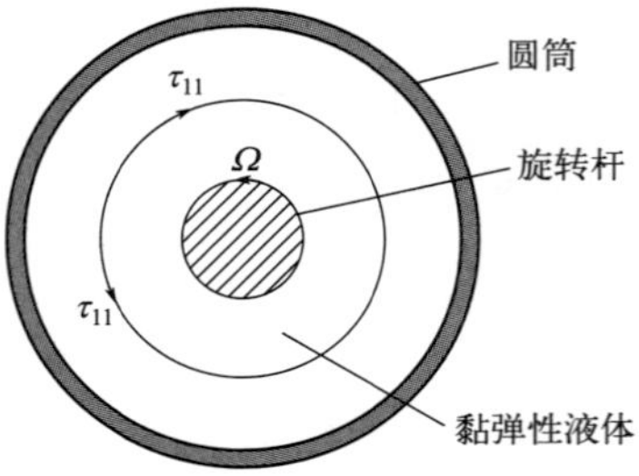


图 7.1.3　流动诱导的爬杆现象

$\tau_{r\theta}$、$\tau_{rr}$、$\tau_{\theta\theta}$ 和 $\tau_{zz}$。法向应力差的定义是 $N_1=\tau_{rr}-\tau_{\theta\theta}$ 和 $N_2=\tau_{\theta\theta}-\tau_{zz}$（这里定义的 $N_1$ 与 $N_1$ 的通常定义不同）。由于 $\tau_{\theta\theta}>|\tau_{rr}|$，$N_1<0$。

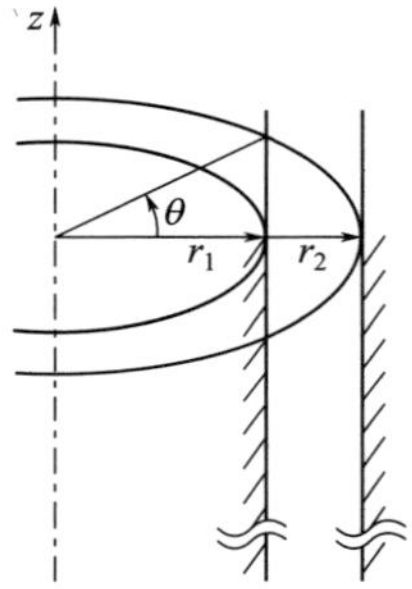


图 7.1.4　在窄间隙同轴旋转圆筒中的流动

为了简化分析，忽略重力项，在 $r$ 方向的动量分量化简为：

$$-\rho\frac{v_\theta^2}{r}=-\frac{\partial p}{\partial r}+\frac{1}{r}\frac{\partial}{\partial r}(r\tau_{rr})-\frac{\tau_{\theta\theta}}{r} \tag{7.1.3}$$

使用总应力张量分量 $T_{rr}$，重新布置式（7.1.3）如下：

$$-\frac{\partial T_{rr}}{\partial r}=-\frac{\partial(-p+\tau_{rr})}{\partial r}=\rho\frac{v_\theta^2}{r}+\frac{\tau_{rr}-\tau_{\theta\theta}}{r} \tag{7.1.4}$$

因为 $T_{rr}$ 仅是 $r$ 的函数，即无限长度圆筒的近似，为了获得 $T_{rr}$，对式（7.1.4）关于 $r$ 积分，得：

$$T_{rr}(r_1)-T_{rr}(r_2)=\int_{r_1}^{r_2}\left(\rho\frac{v_\theta^2}{r}+\frac{\tau_{rr}-\tau_{\theta\theta}}{r}\right)\mathrm{d}r \tag{7.1.5}$$

设 $k_r=r_1/r_2$，于是

$$T_{rr}(k_r r_2)-T_{rr}(r_2)=\int_{r_1}^{r_2}\left(\rho\frac{v_\theta^2}{r}+\frac{N_1}{r}\right)\mathrm{d}r \tag{7.1.6}$$

在小间隙的情况下，类似在平行板间的流动，剪切速率 $\dot{\gamma}=\dot{\gamma}_{r\theta}$。$\dot{\gamma}_{r\theta}$ 可以使用平均剪切速率 $\bar{\dot{\gamma}}_{r\theta}$，考虑到 $k_r\approx 1$，有：

$$\dot{\gamma}=\dot{\gamma}_{r\theta}=\bar{\dot{\gamma}}_{r\theta}=\frac{r_1\omega}{r_2-r_1}=\frac{\omega}{\dfrac{r_2}{r_1}-1}=\frac{\omega}{\dfrac{1}{k_r}-1}=\frac{k_r\omega}{1-k_r}\approx\frac{\omega}{1-k_r} \tag{7.1.7}$$

因此，可以认为 $\dot{\gamma}_{r\theta}$ 是常数。于是，$v_\theta$ 变为线性速度分布：

$$v_\theta\approx r_1\omega\,\frac{r_2-r}{r_2-r_1}=\frac{\omega}{1-k_r}k_r r_2\left(1-\frac{r}{r_2}\right) \tag{7.1.8}$$

将式（7.1.8）代入式（7.1.6），注意 $N_1=N_1(r)$，积分得：

$$T_{rr}(k_r r_2)-T_{rr}(r_2)=\rho\left(\frac{\omega}{1-k_r}\right)^2(k_r r_2)^2\left[\frac{1}{2}(1-k_r^2)-2(1-k_r)+\ln\left(\frac{1}{k_r}\right)\right]$$
$$+N_1\ln\left(\frac{1}{k_r}\right) \tag{7.1.9}$$

因此，

$$\Delta P=\phi(\omega)+N_1\ln\left(\frac{1}{k_r}\right) \tag{7.1.10}$$

式中，$\Delta P=T_{rr}(k_r r_2)-T_{rr}(r_2)$，它是在外圆筒壁和内圆筒壁间的实际压力差，包括法向应力分量。通过平膜式压力传感器可以测量这种压力差。$\phi(\omega)=\rho\left(\frac{\omega}{1-k_r}\right)^2(k_r r_2)^2\left[\frac{1}{2}(1-k_r^2)-2(1-k_r)+\ln\left(\frac{1}{k_r}\right)\right]$，它是已知函数，为惯性项。由于 $\ln(1/k_r)\approx 1-k_r$ 和 $1-k_r^2=(1+k_r)(1-k_r)\approx 2(1-k_r)$，因此，式（7.1.10）可以写为：

$$\Delta P\approx N_1\ln\left(\frac{1}{k_r}\right)\approx N_1(1-k_r) \tag{7.1.11}$$

由于 $k_r<1$ 和 $N_1$ 为负值，因此，$\Delta P<0$，然而，因为 $T_{rr}$ 本身是负值，$|P(r_2)|<|P(r_1)|$，即由于法向应力差 $N_1$，外筒壁液面高度低于内筒壁液面。

需要说明的是，如果通过测量或计算分别得到压差 $\Delta P$ 或函数 $\phi(\omega)$，结合式（7.1.9），窄间隙同轴旋转圆筒结构可以测量 $N_1$。

测量法向应力差 $N_1$ 和 $N_2$ 经常使用锥-板流变仪（图 6.2.1）。为了说明法向应力差的测量原理，仍然采用图 6.2.2 所示的球坐标 $(r,\theta,\phi)$。在 $r$ 方向的运动方程是：

$$\rho\left(\frac{\partial v_r}{\partial t}+v_r\,\frac{\partial v_r}{\partial r}+\frac{v_\theta}{r}\frac{\partial v_r}{\partial \theta}+\frac{v_\phi}{r\sin\theta}\frac{\partial v_r}{\partial \phi}-\frac{v_\theta^2+v_\phi^2}{r}\right)=$$

$$-\frac{\partial p}{\partial r}+\frac{1}{r^2}\frac{\partial}{\partial r}(r^2\tau_{rr})+\frac{1}{r\sin\theta}\frac{\partial(\sin\theta\tau_{\theta r})}{\partial\theta}+\frac{1}{r\sin\theta}\frac{\partial\tau_{\phi r}}{\partial\phi}-\frac{\tau_{\theta\theta}+\tau_{\phi\phi}}{r}+\rho g_r$$

(7.1.12)

假设速度很小，于是可以忽略向心加速度。而且，因为角 $\alpha_0 \ll 1$，忽略重力 $\boldsymbol{g}$ 引起的压力场。正如在 6.2 节中所述的，偏应力是恒定的。因此，根据式(7.1.12)，可获得简化的方程：

$$0=-\frac{\partial p}{\partial r}+\frac{1}{r}(2\tau_{rr}-\tau_{\theta\theta}-\tau_{\phi\phi}) \tag{7.1.13}$$

因为偏应力 $\tau_{rr}$ 是恒定的，且 $T_{rr}=-(p-\tau_{rr})$，可以把 $T_{rr}=-(p-\tau_{rr})$ 写为：

$$\frac{\partial p}{\partial r}=\frac{\partial}{\partial r}(p-\tau_{rr})=-\frac{\partial T_{rr}}{\partial r} \tag{7.1.14}$$

从法向应力系数定义式（7.1.2），有

$$T_{\phi\phi}-T_{\theta\theta}=\tau_{\phi\phi}-\tau_{\theta\theta}=\psi_1(\dot{\gamma})\dot{\gamma}^2 \tag{7.1.15a}$$

$$T_{\theta\theta}-T_{rr}=\tau_{\theta\theta}-\tau_{rr}=\psi_2(\dot{\gamma})\dot{\gamma}^2 \tag{7.1.15b}$$

从式（7.1.15），得到：

$$2\tau_{rr}-\tau_{\theta\theta}-\tau_{\phi\phi}=-(\psi_1+2\psi_2)\dot{\gamma}^2 \tag{7.1.16}$$

于是，可以把式（7.1.13）重新写成：

$$\frac{\partial T_{rr}}{\partial r}=\frac{1}{r}(\psi_1+2\psi_2)\dot{\gamma}^2 \tag{7.1.17}$$

应力的边界条件是：

在 $r=R$ 处，$T_{rr}(R)=-p_a$ (7.1.18)

这里，$p_a$ 是大气压。在平板上（$\alpha=0$）沿 $r$ 方向积分式（7.1.17），并使用边界条件（7.1.18），得到：

$$\int_r^R\frac{\partial T_{rr}}{\partial r}\mathrm{d}r=T_{rr}(R)-T_{rr}(r)=(\psi_1+2\psi_2)\dot{\gamma}^2(\ln R-\ln r)$$

$$T_{rr}(r)=(\psi_1+2\psi_2)\dot{\gamma}^2\ln\frac{r}{R}-p_a \tag{7.1.19}$$

在流体侧作用在平板上的压力是 $|T_{\theta\theta}(r)|=-T_{\theta\theta}(r)$，在大气侧作用在平板上的压力是 $p_a$。作用在平板上的力 $F$ 必须平衡这些压力的合力。这些压力对作用在面积 $\mathrm{d}A=2\pi r\cdot\mathrm{d}r$ 的环形微元（见图 6.2.4）上的力的贡献是 $\mathrm{d}F=[-T_{\theta\theta}(r)-p_a]\mathrm{d}A$。式（7.1.15b）和式（7.1.19）给出：

在 $\alpha=0$ 处，$-T_{\theta\theta}(r)-p_a=-\psi_2\dot{\gamma}^2-T_{rr}(r)-p_a$

在 $\alpha=0$ 处，$-T_{\theta\theta}(r)-p_a=-\psi_2\dot{\gamma}^2-(\psi_1+2\psi_2)\dot{\gamma}^2\ln\frac{r}{R}$ (7.1.20)

因此：

$$\begin{aligned}F&=\int_0^R[-T_{\theta\theta}(r)-p_a]2\pi r\,dr\\&=-2\pi\int_0^R\left[\psi_2\dot{\gamma}^2+(\psi_1+2\psi_2)\dot{\gamma}^2\ln\frac{r}{R}\right]r\,dr\\&=-\psi_2\dot{\gamma}^2\pi R^2+(\psi_1+2\psi_2)\dot{\gamma}^2\frac{\pi R^2}{2}\\&=\psi_1\dot{\gamma}^2\frac{\pi R^2}{2}\end{aligned}\tag{7.1.21}$$

从式（7.1.21），得到第一法向应力系数表达式：

$$\psi_1(\dot{\gamma})=\frac{2F}{\pi R^2}\frac{1}{\dot{\gamma}^2}\tag{7.1.22}$$

$$\dot{\gamma}=\frac{\omega}{\alpha_0}$$

通过安装在平板内狭窄通道（图 6.2.1）处的压力传感器来获得压力 $F$。

接下来，将推导第二法向应力系数表达式。因为第二法向应力差［式(7.1.15b)］不依赖于 $r$，使用式（7.1.17）可以获得：

在 $\alpha=0$ 处，$\frac{dT_{\theta\theta}}{dr}=\frac{1}{r}(\psi_1+2\psi_2)\dot{\gamma}^2$

应用求导链式法则：

$$\frac{dT_{\theta\theta}}{dr}=\frac{dT_{\theta\theta}}{d(\ln r)}\frac{d(\ln r)}{dr}=\frac{dT_{\theta\theta}}{d(\ln r)}\frac{1}{r}$$

可以重新写为：

在 $\alpha=0$ 处，$\frac{dT_{\theta\theta}}{d(\ln r)}=(\psi_1+2\psi_2)\dot{\gamma}^2$ (7.1.23)

从式（7.1.23），获得计算第二法向应力系数的公式：

$$\psi_2(\dot{\gamma})=\frac{1}{2\dot{\gamma}^2}\frac{dT_{\theta\theta}}{d(\ln r)}-\frac{1}{2}\psi_1,\ \dot{\gamma}=\frac{\omega}{\alpha_0}\tag{7.1.24}$$

使用作为半径 $r$ 函数的 $T_{\theta\theta}$ 作用在平板上的压力测量数据，求得 $dT_{\theta\theta}/d(\ln r)$，进而计算 $\psi_2(\dot{\gamma})$。

如果在使用锥-板流变仪的试验中不测量 $F$，也可以通过压力测量来计算 $F$。

确定两个法向应力系数的另外一个方法如下。从式（7.1.15b）和边界条件

(7.1.18) 得到：

$$在\ r=R\ 处，\psi_2(\dot{\gamma})=\frac{1}{\dot{\gamma}^2}(T_{\theta\theta}+p_a) \tag{7.1.25}$$

从在平板上的压力测量，确定括号内的项。从式（7.1.25）求得 $\psi_2$（$\dot{\gamma}$），使用式（7.1.24）获得 $\psi_1(\dot{\gamma})$。

试验表明 $\psi_1$ 是正值，$\psi_2$ 为负值且小一个数量级（即 $-\psi_2/\psi_1\approx 0.1$）。与 $\eta$ 一样，$\psi_1$ 也有剪切变稀行为。$\psi_1$ 在低 $\dot{\gamma}$ 下趋近于恒定值 $\psi_{10}$，但是在高 $\dot{\gamma}$ 下，$\psi_1$ 随 $\dot{\gamma}$ 增加而快速下降，见图 7.1.5。大量试验也显示，在低剪切速率下法向应力比剪切应力小得多，即 $N_1/\sigma_{12}\ll 1$。随着剪切速率增加，法向应力非常快地增大（正比于剪切速率的平方）。在高的剪切速率下，法向应力会变得比剪切应力大。因此，在这种情况下，对于分析聚合物熔体的流动，法向应力是关键的。

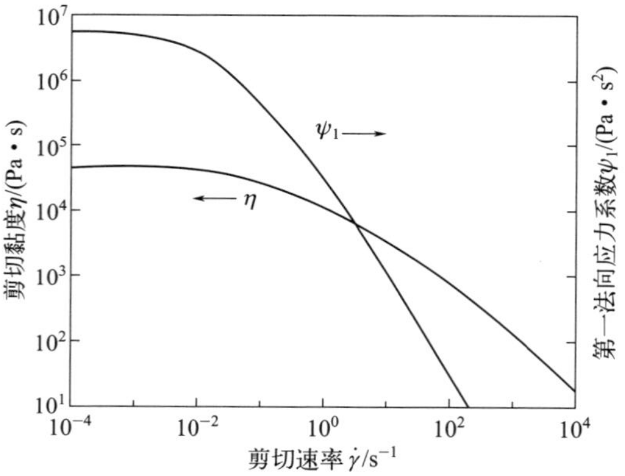


图 7.1.5　在稳态剪切流动下支化 LDPE 熔体（熔体 I）$\eta$ 和 $\psi_1$ 对 $\dot{\gamma}$ 的依赖性

图 7.1.6 显示了聚合物熔体稳态剪切流动的 $\eta(\dot{\gamma})$ 和 $N_1(\dot{\gamma})$ 性能与小振幅正弦振荡动态剪切（见 6.2 节）的 $G'(\omega)$ 和 $\eta'(\omega)$ 性能的对比。随着剪切速率或角频率增加，$\eta(\dot{\gamma})$ 和 $\eta'(\omega)$ 呈现相似的下降趋势，而 $N_1(\dot{\gamma})$ 和 $G'(\omega)$ 则呈现相似的上升趋势。

法向应力的产生与黏弹性流体的弹性密切相关。**应力比**（stress ratio）$\varepsilon_s$ 是经常引用的弹性测量。应力比 $\varepsilon_s$ 的定义是：

$$\varepsilon_s=\frac{\tau_{11}-\tau_{22}}{\tau_{12}} \tag{7.1.26}$$

在许多聚合物流体中，$\varepsilon_s$ 是 $\dot{\gamma}$ 的单调递增函数，而在牛顿流体中 $\varepsilon_s$ 总是为零。

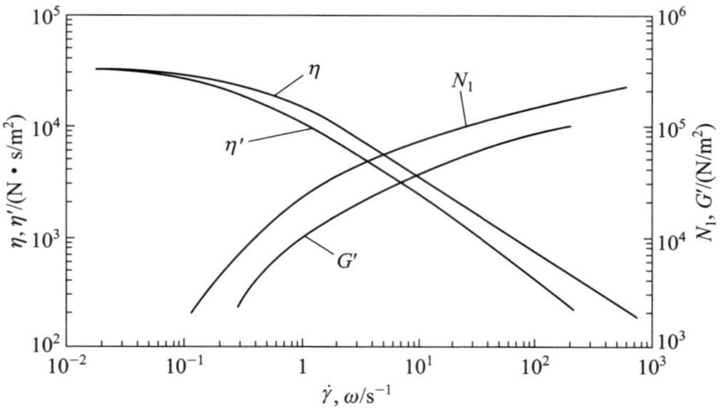


图 7.1.6　在 200℃下聚苯乙烯熔体的 $\eta(\dot{\gamma})$、$N_1(\dot{\gamma})$、$\eta'(\omega)$ 和 $G'(\omega)$ 性能
［引自 G. BÖHME，*Non-Newtonian Fluid Mechanics*，
Elsevier，Netherlands，p175（1987）］

对聚合物熔体和溶液，在阶跃剪切应变后，在剪切应力和第一法向应力差之间遵循 **Lodge-Meissner 方程**[6]：

$$N_1 = \tau_{12}\gamma \tag{7.1.27}$$

$\gamma$ 是阶跃剪切应变。已经反复观察到式（7.1.27）成立，并且认为它非常普遍。也可以从理论上推导出式（7.1.27）。注意式（7.1.26）和式（7.1.27）应用场合的不同。

需要说明的是，黏弹性仅指不变材料的性能；如果随时间响应的变化是由于材料本身的变化（例如，混凝土变干或在受剪切聚合物中的断链），就不是黏弹性[7]。

# 7.2 线性黏弹性本构方程

尽管高分子量的聚合物熔体和溶液在结构上是复杂流体（因为它们的大分子可以呈现许多构象），但是，为了发展聚合物熔体和溶液的本构方程，必须在物理上对这些流体进行限制。这些限制包括：①流体有记忆性，在现在时刻作用在任意流体粒子上的偏应力，依赖于它过去的全部形变历史（全部过去时刻并包括现在时刻的形变），然而未来的形变不影响当前的状态。②空间有限远距离的粒子运动对所选择的流体粒子的应力状态没有影响。具有这些性能的流体在流变学上统称为**简单流体**（simple fluid）。由于形变的恰当度量是 Cauchy-Green 形变张量 $\boldsymbol{C}(t')$（它是客观性张量，见 7.3.1 节），因此，在数学或连续介质力学上，简单流体可以表示为[8]：

$$\boldsymbol{\tau}=\boldsymbol{F}_{t'=-\infty}^{t'=t}[\boldsymbol{C}(t')] \quad 或 \quad \tau_{ij}=F_{t'=-\infty}^{t'=t}[C_{ij}(t')] \qquad (7.2.1)$$

式中，$\boldsymbol{F}$ 是**泛函**（functional，指当明确规定一组函数时，给出另一组函数的规则）；$\boldsymbol{\tau}$ 是偏应力张量；$-\infty<t'\leqslant t$。

式（7.2.1）是记忆流体的一般应力-形变关系，表示应力是形变历史的函数，意味着在现在时刻 $t$，一个粒子上的 $\boldsymbol{\tau}$ 依赖于相对现在时刻 $t$ 位形而测量的局部形变 $\boldsymbol{C}(t')$ 的整个过去历史。关于描述遗传系统（它们的现在状态依赖于其过去状态）的泛函分析，可以参考 Volterra 的著作[57]。尽管式（7.2.1）对于多种多样的非牛顿流体特性有足够的概括性，但是除了推断 $\boldsymbol{\tau}$ 的某些对称性（由于 $\boldsymbol{C}$ 的对称性）、显示各向同性流体（见 7.3.1 节）和用于最简单的流场外，用它来解决复杂流动问题将非常困难（即无法具体地预测其他任何事情）。由于在实际工作中，通常需要使用简单本构方程来预测复杂的流动问题，因此引入近似本构方程是必要的。许多近似本构方程可以通过式（7.2.1）的展开式得到（见 7.4 节）。引入在过去时刻与现在时刻之间的时间间隔，即“持续时间”（elapsed time）$s=t-t'$，式（7.2.1）可以写为：

$$\boldsymbol{\tau}=\boldsymbol{F}_{s=0}^{\infty}[\boldsymbol{C}(s)] \qquad (7.2.2)$$

式中，$0\leqslant s<\infty$。对于一直处于静止状态的流体，$\boldsymbol{C}(s)=\boldsymbol{I}$，泛函 $\boldsymbol{F}$ 必须满足：

$$\boldsymbol{F}_{s=0}^{\infty}(\boldsymbol{I})=\boldsymbol{0} \qquad (7.2.3)$$

式中，$\boldsymbol{I}$ 为单位张量。

如果流体微元在现在时刻的应力不仅依赖形变历史，也依赖温度历史，这样的流体叫作**简单热力学流体**（simple thermomechanical fluid）。在本书中，仅讨论应力对形变历史的依赖性。

历史上，有许多研究者尝试把弹性效应纳入宏观本构方程，以预测黏弹性流体的独特现象。用来构建黏弹性本构方程的方法大体上有三类：①基于弹簧元件和黏壶元件组合的力学模型模拟，结合连续介质力学概念来构建本构方程。②从真正连续介质力学的一般概念来推导本构方程。③考虑聚合物流体分子结构，从分子动力学并结合连续介质概念，来发展本构方程，这一方法是建立聚合物浓厚体系（浓溶液和熔体）本构方程的一个较有前景的方法。尽管基于分子模型的本构方程已经取得了很大进展，但该方法涉及实际聚合物分子结构、形态、运动和相互作用等的复杂知识，超出了本书范围。本书主要介绍前两类的本构模型。

黏弹性本构方程在形式上通常有微分式和积分式。微分式方程容易实施离散化程序，通常在数值模拟黏弹性流体的流动时使用。积分式方程的优点是，只要知道形变过程，应力可由积分得到。然而，对于复杂的流动行为，形变经历通常是非常复杂的，导致通过积分式本构方程求解应力存在很大困难。

为了更好理解黏弹性本构方程，首先讨论线性黏弹性的概念和本构方程。

**线性黏弹性**（linear viscoelasticity）是在聚合物液体和固体中观察到的最简单的黏弹性行为。当形变很小或在大形变的初始阶段时，可观察到这个行为。图 7.2.1 显示聚二甲基硅氧烷样品的应力松弛行为。在某一温度下，当对一定分子量的聚合物样品施加一个阶跃增加的恒定应变 $\gamma_0$ 时，随着时间推移，应力以一定速率衰减（或松弛）。对于聚合物液体，应力能够衰减至零。这种现象称为**应力松弛**（stress relaxation）。牛顿流体一旦发生形变，就会产生应力松弛。应力松弛是由聚合物大分子链的重排引起的。当保持应变时，分子链首先伸展使普弹形变的内应力释放，进一步，分子链解缠结和相互滑移使高弹形变的内应力释放。如果在短的时间内解除应变，样品将恢复到它的初始形状；若为长时间的松弛过程，将引起样品的永久形变。在剪切应力松弛中，**松弛模量**（relaxation modulus）的定义是：

$$G(t,\gamma)=\frac{\tau(t,\gamma)}{\gamma_0} \tag{7.2.4}$$

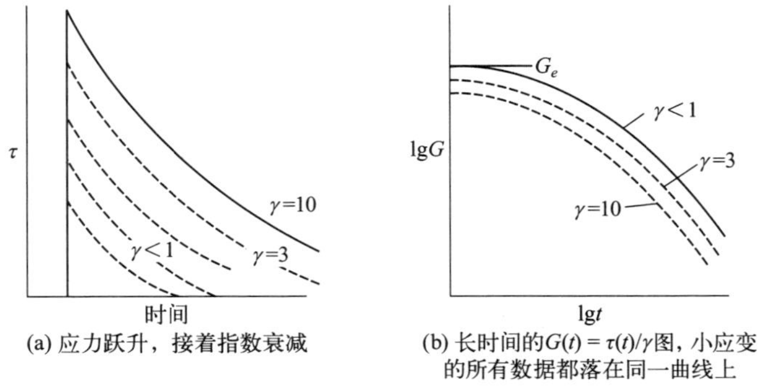


图 7.2.1　施加阶跃剪切应变的聚二甲基硅氧烷样品的应力松弛数据

［引自 C. W. Macosko，*Rheology*：*Principles*，*Measurements and Application*，Wiley-VCH，New York，p110（1994）］

由图 7.2.1 可见，所有小应变（典型值 $\gamma<\gamma_c\cong0.5$）的数据落在同一曲线上，并且在短时间内，松弛模量接近一个恒定值（平台模量 $G_e$）。这说明，对于

小应变，松弛模量不依赖于应变，仅与时间有关。这种应力松弛对应变的线性依赖性，即为线性黏弹性。在线性黏弹性的条件下，应力和应变之间有线性关系：

$$\tau(t)=G(t)\gamma_0 \tag{7.2.5}$$

对于实际流体，$G(t)$通常随时间增加而单调减少（图 7.2.1）。

从图 7.2.1 还可发现，对于大应变（$\gamma>\gamma_c$），松弛模量 $G(t,\gamma)$依赖于应变和时间。这称为**非线性黏弹性**（nonlinear viscoelasticity）行为。

对于线性黏弹性，当施加恒定载荷时，在胡克固体和黏弹性固体之间的形变行为存在典型差别。对于胡克固体（如金属），在施加恒定载荷的条件下，材料产生的形变几乎是瞬时完成的，并且在之后的时间里，只要载荷保持不变，形变也将保持恒定。而对于聚合物固体材料，同样的载荷将首先产生初始形变，接着产生慢而连续的形变，直到达到一定值。这种现象称为蠕变。蠕变主要来自两种形变：首先，缠结分子链引起高弹形变；进一步，分子链解缠结和相互滑移引起塑性形变。如果形变足够小，除去形变后，聚合物样品将缓慢恢复到它的初始形状，因为构成聚合物本体的长链分子缓慢恢复到无规卷曲构象。蠕变是**推迟过程**（retardation process）的一个示例，即材料对载荷的最终响应被推迟。蠕变实验比应力松弛测量更容易进行。

在黏弹性液体情况下的最基本的理论源于所谓 Maxwell 元件[9]（1867），如图 7.2.2 所示。这个物理模型是一个弹簧元件（spring element）和一个黏壶元件（dash pot element）的串联排列。弹簧元件代表纯弹性响应，黏壶元件代表纯黏性响应。实际上，Maxwell 元件是把一个弹性响应简单添加到一个黏性液体中（而在 Voigt 元件模型中，是黏性响应被添加到弹性固体中）。从在图 7.2.2 中的力学组件看到，Maxwell 元件没有唯一的参考长度，当施加应力 $\tau$ 时，它可能无限大地形变（不可恢复），因此，它能用于剪切环境中液体的模型化。特别地，Maxwell 元件非常适合解释应力松弛。首先，当这组合元件受到一个初始应变时，它的应力响应主要与弹簧元件相关，产生一个初始应力。然而，随着时间推移，当黏壶活塞运动时，以黏性耗散为代价，弹簧的初始应变逐渐减少。这个过程持续到弹簧不再有任何初始应变，应力完全松弛掉。

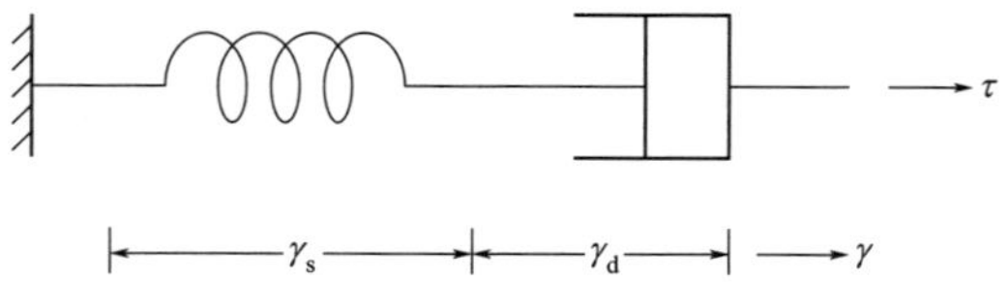


图 7.2.2 Maxwell 流体元件的物理表示

通过 Maxwell 元件的想法获得黏弹性的 Maxwell 模型。下面的方程定量地表示了 Maxwell 元件的应力-应变行为：

$$\dot{\gamma}_s=\frac{d\tau}{dt}\frac{1}{G} \tag{7.2.6a}$$

$$\dot{\gamma}_d=\frac{\tau}{\eta} \tag{7.2.6b}$$

$$\dot{\gamma}=\dot{\gamma}_s+\dot{\gamma}_d \tag{7.2.6c}$$

$$\tau+\lambda\frac{d\tau}{dt}=\eta\dot{\gamma} \tag{7.2.6d}$$

式中，$\dot{\gamma}_s$、$\dot{\gamma}_d$ 和 $\dot{\gamma}$ 分别是弹簧、黏壶和 Maxwell 元件的应变速率；$G$ 和 $\eta$ 分别是弹簧的模量和黏壶的黏度；$\lambda=\eta/G$ 叫作松弛时间。松弛时间是在聚合物样品中应力衰减速率的度量。式（7.2.6d）是黏弹性液体的单一松弛时间的微分式 Maxwell 方程。这个方程是一阶常微分方程，因为 $\tau$ 仅是时间的函数。对于小应变，式（7.2.6）给出以分量线性响应表示的 Maxwell 组合元件的应力-应变行为。从式（7.2.6d）以及弹簧和黏壶的表现看出，对于慢的运动，黏壶或牛顿行为占支配地位（因为 $d\tau/dt\approx0$）；对于快速变化的应力，导数项占支配地位，因此，在短时间内模型接近弹性行为。

由应力松弛的初始条件（$t=0$，$\dot{\gamma}=0$），获得式（7.2.6d）的齐次方程 $\tau+\lambda\frac{d\tau}{dt}=0$。这个齐次方程的特殊解是 $\tau(t)=\tau_0e^{-t/\lambda}$。因此，松弛模量 $G(t)$ 是：

$$G(t)=G_0e^{-t/\lambda} \tag{7.2.7}$$

因为在聚合物中有大量不同长度的聚合物分子，为了获得更好近似真实聚合物黏弹性行为的描述，并联组合几个 Maxwell 元件是必要的。在固定小应变 $\gamma$ 下，Maxwell 元件并联组合将产生一个时间依赖性的应力，这个应力是所有元件的应力和：

$$\tau(t)=\sum\tau_i=\gamma\sum G_ie^{-t/\lambda_i} \tag{7.2.8}$$

式中，$\tau_i$、$G_i$ 和 $\lambda_i$ 分别是第 $i$ 个 Maxwell 元件的应力、模量和松弛时间。于是，Maxwell 元件并联组合的模量 $G(t)$ 是：

$$G(t)=\frac{\tau(t)}{\gamma}=\sum G_ie^{-t/\lambda_i} \tag{7.2.9}$$

式（7.2.8）和式（7.2.9）表明，聚合物模量是所有单个元件模量 $G_i$ 贡献的结果，应力依赖于每一元件的松弛时间 $\lambda_i$。

如果松弛时间不是离散的，而是连续的，式（7.2.9）变为：

$$G(t)=\int_0^{\infty} G(\lambda)\mathrm{e}^{-t/\lambda}\mathrm{d}\lambda=\int_{-\infty}^{\infty} H(\lambda)\mathrm{e}^{-t/\lambda}\mathrm{d}\ln\lambda \tag{7.2.10}$$

式中，$H(\lambda)=\lambda G(\lambda)$ 是**松弛时间分布**（relaxation time distribution）。

如果考虑现在时刻 $t$ 的应力依赖于所有过去时刻 $t'(-\infty<t'\leqslant t)$ 的应变状态历史[10]，需要使用积分式本构方程。在小应变的情况下，为获得黏弹性材料的积分式本构方程，一般直接使用 Boltzmann 叠加原理[11]（1874）：对于在过去时刻 $t'_1$、$t'_2$、$t'_3$、…施加的一系列顺序应变 $\delta\gamma_1$、$\delta\gamma_2$、$\delta\gamma_3$、…，它们对现在时刻 $t$ 黏弹性材料的应力的贡献是相互独立的，总的应力是各个应变单独作用的线性加和。于是，在线性黏弹性行为下，由一系列过去时刻顺序应变引起的现在时刻的应力 $\tau$ 是：

$$\begin{aligned}\tau&=G(t-t'_1)\delta\gamma_1+G(t-t'_2)\delta\gamma_2+G(t-t'_3)\delta\gamma_3+\cdots\\&=\int_{-\infty}^{t} G(t-t')\mathrm{d}\gamma(t')\\&=\int_{-\infty}^{t} G(t-t')\frac{\mathrm{d}\gamma(t')}{\mathrm{d}t'}\mathrm{d}t'\\&=\int_{-\infty}^{t} G(t-t')\dot{\gamma}(t')\mathrm{d}t'\end{aligned} \tag{7.2.11}$$

在式（7.2.11）中，使用了关系式：$\mathrm{d}\tau=G\mathrm{d}\gamma=G(\mathrm{d}\gamma/\mathrm{d}t)\mathrm{d}t=G\dot{\gamma}\mathrm{d}t$（即应变变化引起的一个小的应力变化）。单一函数 $G(t-t')$ 是积分的**核**（kernel）。显然，它估计了在过去时刻 $t'$ 的应变对现在时刻 $t$ 的应力的影响。试验已经证明 $G\geqslant 0$。式（7.2.11）是用松弛模量函数表示的线性黏弹性流体的一维积分式本构方程。它可用于处理聚合物熔体的线性黏弹性响应。这一方程也是小形变流动的 **Goddard-Miller（G-M）方程**[12]。

在稳态剪切流动的特殊情况下，式（7.2.11）中的剪切速率是常数 $\dot{\gamma}$，即 $\tau=\eta_0\dot{\gamma}$。对 $G(t-t')$ 的积分与流体的零剪切速率黏度一致：

$$\int_{-\infty}^{t} G(t-t')\mathrm{d}t'=\int_0^{\infty} G(s)\mathrm{d}s=\eta_0 \tag{7.2.12}$$

式中，$s=t-t'$；$-\infty<t'\leqslant t$。

对于式（7.2.11），选择不同的松弛模量函数将导致不同形式的线性积分方程。如果选择指数衰减的松弛模量函数即式（7.2.7），式（7.2.11）变为单一松弛时间的积分式 Maxwell 方程：

$$\tau=\int_{-\infty}^{t} G_0\mathrm{e}^{-(t-t')/\lambda}\dot{\gamma}(t')\mathrm{d}t' \tag{7.2.13}$$

通过计算式（7.2.13）的时间导数，可知式（7.2.6d）和式（7.2.13）是等价的：

$$\frac{d\tau}{dt}=\int_{-\infty}^{t}-\frac{G_0}{\lambda}e^{-(t-t')/\lambda}\dot{\gamma}(t')dt'+G_0\dot{\gamma}(t) \tag{7.2.14}$$

式（7.2.14）两边乘以 $\lambda$，联合式（7.2.13），积分消失，得到：

$$\tau+\lambda\frac{d\tau}{dt}=\lambda G_0\dot{\gamma}=\eta\dot{\gamma} \tag{7.2.15}$$

因为 $\eta=\lambda G_0$。

如果用一系列的松弛时间 $\lambda_k$ 和加权常数 $G_k$ 来改进单一松弛时间的 Maxwell 模型，$G(t)$ 和 $\tau$ 变为：

$$G(t)=\sum_{k=1}^{N}G_k e^{-(t-t')/\lambda_k} \tag{7.2.16}$$

$$\tau=\int_{-\infty}^{t}\sum_{k=1}^{N}G_k e^{-(t-t')/\lambda_k}\dot{\gamma}(t')dt' \tag{7.2.17}$$

考虑 $G_0=\eta/\lambda$ 和使用持续时间 $s$，式（7.2.13）重新写为：

$$\tau=\int_{0}^{\infty}\frac{\eta}{\lambda}e^{-s/\lambda}\dot{\gamma}(t-s)ds \tag{7.2.18}$$

作为一个例子，现在使用式（7.2.18），模型化周期性应变的响应。如果施加的应变是小振幅正弦振荡剪切应变 $\gamma(t')=\gamma_0\sin(\omega t')$，设 $s=t-t'$，有：

$$\begin{aligned}\dot{\gamma}(t')&=\omega\gamma_0\cos(\omega t')=\omega\gamma_0\cos[\omega(t-s)]\\&=\omega\gamma_0(\cos\omega t\cos\omega s+\sin\omega t\sin\omega s)=\dot{\gamma}(t-s)\end{aligned} \tag{7.2.19}$$

将式（7.2.19）代入式（7.2.18），得：

$$\begin{aligned}\tau&=\int_{0}^{\infty}\frac{\eta}{\lambda}e^{-s/\lambda}\omega\gamma_0(\cos\omega t\cos\omega s+\sin\omega t\sin\omega s)ds\\&=\frac{\eta}{\lambda}\left[\left(\int_{0}^{\infty}e^{-s/\lambda}\cos\omega s\,ds\right)\omega\gamma_0\cos\omega t+\left(\int_{0}^{\infty}e^{-s/\lambda}\sin\omega s\,ds\right)\omega\gamma_0\sin\omega t\right]\\&=\frac{\eta}{1+(\lambda\omega)^2}\omega\gamma_0\cos\omega t+\frac{\eta\lambda\omega}{1+(\lambda\omega)^2}\omega\gamma_0\sin\omega t\\&=\eta'(\omega)\omega\gamma_0\cos\omega t+\eta''(\omega)\omega\gamma_0\sin\omega t\\&=\omega\gamma_0[\eta'(\omega)\cos\omega t+\eta''(\omega)\sin\omega t]\end{aligned} \tag{7.2.20}$$

式中，

$$\eta'(\omega)=\frac{\eta}{1+(\lambda\omega)^2},\eta''(\omega)=\frac{\eta\lambda\omega}{1+(\lambda\omega)^2} \tag{7.2.21}$$

根据式（6.2.17）和式（6.2.18），式（7.2.20）变为：

$$\tau=\omega\gamma_0|\eta^*|(\sin\omega t\cos\delta+\cos\omega t\sin\delta)=\omega\gamma_0|\eta^*|\sin(\omega t+\delta)$$

$$=\frac{\eta\omega\gamma_0}{[1+(\lambda\omega)^2]^{1/2}}\sin(\omega t+\delta) \tag{7.2.22}$$

式（7.2.22）用到了如下关系：

$$\tan\delta=\frac{G''}{G'}=\frac{\eta'}{\eta''}=\frac{1}{\lambda\omega} \tag{7.2.23}$$

式（7.2.22）表明，应力正比于黏度 $\eta$，并超前应变一个角度 $\delta=\cot^{-1}\lambda\omega$。

在小的阶跃形变 $\gamma$ 的情况下，根据式（7.2.5），有：

$$\mathrm{d}\tau(t)=\gamma\mathrm{d}G(t) \tag{7.2.24}$$

因此，可以定义一个作为 $G(t)$ 的时间导数的新函数 $M(t)$，称为**记忆函数**（memory function）：

$$M(t)=-\frac{\mathrm{d}G(t)}{\mathrm{d}t} \tag{7.2.25}$$

因为松弛模量 $G(t)$ 随时间而降低，导数将是负的，添加负号以使 $M(t)$ 为正函数。因此，式（7.2.24）变为：

$$\mathrm{d}\tau(t)=-M(t)\gamma\mathrm{d}t \tag{7.2.26}$$

于是，

$$\int_0^t \mathrm{d}\tau=\tau=\int_{-\infty}^t M(t-t')\gamma(t')\mathrm{d}t' \tag{7.2.27}$$

式中，$M(t-t')=+\mathrm{d}G(t-t')/\mathrm{d}t'$。式（7.2.27）是用记忆函数表示的线性黏弹性流体的一维本构方程。记忆函数 $M$ 仅依赖于持续时间 $t-t'$，表示在时间 $t'$ 产生的应力在时间 $t$ 的存活概率。换句话说，形变在过去发生得越早，形变对当前应力的影响越小。这称为衰减记忆。

使用 $s=t-t'$，式（7.2.27）变为：

$$\tau=\int_0^{\infty} M(s)\gamma(t-s)\mathrm{d}s \tag{7.2.28}$$

在小的阶跃应变 $\gamma$ 的情况下（在 $t'=t-s$ 时施加 $\gamma$），式（7.2.28）变为：

$$G(s)=\frac{\tau}{\gamma}=\int_0^{\infty} M(s)\mathrm{d}s \tag{7.2.29}$$

在稳态剪切流动下，在式（7.2.28）中的 $\gamma=\dot{\gamma}s$，零剪切速率黏度可用记忆函数表示为：

$$\eta_0=\int_0^{\infty} sM(s)\mathrm{d}s \tag{7.2.30}$$

如果用记忆函数表示积分式 Maxwell 方程，式（7.2.13）和式（7.2.17）变为：

$$\tau=\int_{-\infty}^{t}\frac{G}{\lambda}\mathrm{e}^{-(t-t')/\lambda}\dot{\gamma}(t')\mathrm{d}t'=\int_{-\infty}^{t}\frac{\eta}{\lambda^2}\mathrm{e}^{-(t-t')/\lambda}\dot{\gamma}(t')\mathrm{d}t' \tag{7.2.31}$$

$$\tau=\int_{-\infty}^{t}\sum_{k=1}^{N}\frac{G_k}{\lambda_k}\mathrm{e}^{-(t-t')/\lambda_k}\dot{\gamma}(t')\mathrm{d}t'=\int_{-\infty}^{t}\sum_{k=1}^{N}\frac{\eta_k}{\lambda_k^2}\mathrm{e}^{-(t-t')/\lambda_k}\dot{\gamma}(t')\mathrm{d}t' \tag{7.2.32}$$

对于小形变，使用剪切应力 $\tau$ 的偏应力张量 $\boldsymbol{\tau}$ 和剪切速率 $\dot{\gamma}$ 的形变速率张量 $\dot{\boldsymbol{\gamma}}$，可以把微分和积分形式的线性黏弹性本构方程从一维形式扩展到三维形式：

$$\boldsymbol{\tau}+\lambda\frac{\mathrm{d}\boldsymbol{\tau}}{\mathrm{d}t}=\eta\dot{\boldsymbol{\gamma}}\Longleftrightarrow\tau_{ij}+\lambda\dot{\tau}_{ij}=\eta\dot{\gamma}_{ij} \tag{7.2.33}$$

$$\boldsymbol{\tau}=\int_{-\infty}^{t}G_0\mathrm{e}^{-(t-t')/\lambda}\dot{\boldsymbol{\gamma}}(t')\mathrm{d}t'=\int_{0}^{\infty}G_0\mathrm{e}^{-s/\lambda}\dot{\boldsymbol{\gamma}}(t-s)\mathrm{d}s \tag{7.2.34}$$

$$\boldsymbol{\tau}=\int_{-\infty}^{t}G(t-t')\dot{\boldsymbol{\gamma}}(t')\mathrm{d}t'=\int_{0}^{\infty}G(s)\dot{\boldsymbol{\gamma}}(t-s)\mathrm{d}s \tag{7.2.35}$$

$$\boldsymbol{\tau}=\int_{-\infty}^{t}M(t-t')\boldsymbol{\gamma}(t')\mathrm{d}t'=\int_{0}^{\infty}M(s)\boldsymbol{\gamma}(t-s)\mathrm{d}s \tag{7.2.36}$$

式（7.2.33）或式（7.2.34）通常叫作**广义 Maxwell 方程**（generalized Maxwell equation），因为它可推广到任意的小应变流动。它们的松弛过程不仅不依赖于应变 $\gamma$ 的大小，而且也不依赖于形变的运动学。

线性黏弹性理论在流变学界中已形成广泛共识，可用于聚合物液体的表征，也是分析流变测量数据的一个方便且相当精确的工具（参见 6.2 节）。对于聚合物液体，在许多实际情况下，可忽略应力-应变速率关系的时间依赖性。在低剪切速率时黏度（零剪切速率黏度 $\eta_0$）的测定，相当于在线性黏弹性区域的测量。

## 7.3 特殊时间导数

在许多准线性和非线性黏弹性材料的本构方程中，通常使用相关物理量的两种特殊时间导数：共旋转导数和共形变导数，以满足连续介质力学的基本原理——**材料客观性原理**（principle of material objectivity，PMO）。PMO 是指在连续介质层面上，材料的物理特性不依赖于观察者的运动，即本构方程是参考架构的不变量。换句话说，在使用相同坐标系统的彼此相对运动的两个参考架构

Rf 和 Rf* 中，本构关系不变。因此，在本构方程中的物理量必须是**客观性量**(objective quantity)。客观性量是指不受参考架构改变影响的物理量，也称为**参考架构不变量**（reference frame invariant quantity)。材料客观性原理也意味着，如果刚体运动（平动和转动）叠加到流体经受的形变场中，流体的响应不变。

为了更好理解准线性和非线性黏弹性本构方程，有必要简要介绍这两种特殊时间导数。在这里，主要按照 Irgens[13] 的简明论证来介绍它们。在微分式黏弹性本构方程中，经常出现应力张量 $\boldsymbol{T}$ 和形变速率张量 $\boldsymbol{D}$ 以及它们的共旋转导数或共形变导数。使用这两种特殊时间导数的根本原因是应力张量 $\boldsymbol{T}$ 的物质导数 $\dot{\boldsymbol{T}}$ 不是客观性量。因此，首先在 7.3.1 节中说明 $\boldsymbol{T}$ 和 $\boldsymbol{D}$ 是客观性量，而 $\dot{\boldsymbol{T}}$ 不是客观性量。其次，在 7.3.2 节中定义共旋转导数或共形变导数，说明 $\boldsymbol{T}$ 的共旋转导数或共形变导数是客观性量。这里的讨论仅限于在笛卡尔直角坐标系中的二阶张量。

## 7.3.1 客观性张量

图 7.3.1 显示以现在时刻 $t$ 的位形为参考位形，在过去时刻 $\bar{t}\leqslant t$ 时最近位形 $\overline{K}$ 中的流体（最近位形是指不限于在现在时刻之前一段很短时间的位形）。参考架构 Rf 和 Rf* 分别有坐标系 $Ox$ 和 $O^*x^*$，它们彼此相对运动。$P$ 是一个流体粒子，它在 $Ox$ 中的位置矢量是 $\bar{\boldsymbol{r}}$，在 $O^*x^*$ 中的位置矢量是 $\bar{\boldsymbol{r}}^*$。

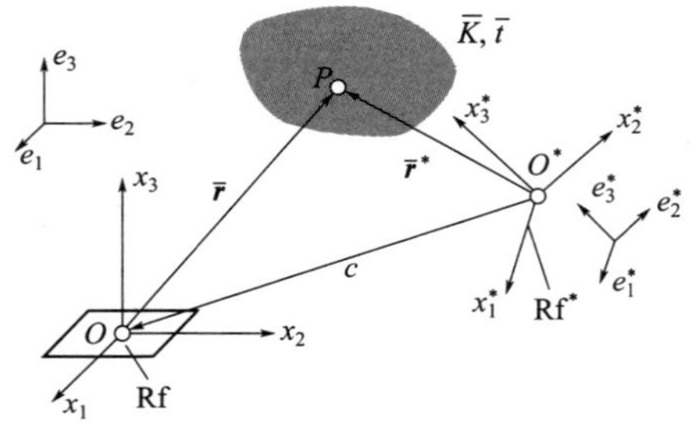


图 7.3.1 相对于两个参考架构 Rf 和 Rf* 的流体最近位形 $\overline{K}$

在 $\bar{t}\leqslant t$ 时，在 $\bar{\boldsymbol{r}}$ 和 $\bar{\boldsymbol{r}}^*$ 之间的关系是：

$$\bar{\boldsymbol{r}}^*=\boldsymbol{c}(\bar{t})+\boldsymbol{Q}(\bar{t})\bar{\boldsymbol{r}} \tag{7.3.1}$$

式中，$\boldsymbol{c}(\bar{t})$ 是从 $O^*x^*$ 到 $Ox$ 的矢量；$\boldsymbol{Q}(\bar{t})=\boldsymbol{Q}(Q_{ik}(\bar{t}))$ 是描述 $O^*x^*$ 相对于 $Ox$ 的方位矩阵。

式（7.3.1）描述相对于 Rf，Rf* 做平动和转动的运动。如果在 $O^*x^*$ 和 $Ox$ 中的基矢量分别是 $\boldsymbol{e}_i^*$ 和 $\boldsymbol{e}_k$（$i$，$k=1$，2，3），$\boldsymbol{Q}(\bar{t})$ 的分量 $Q_{ik}$ 是：

$$Q_{ik}=Q_{ik}(\bar{t})=\cos(\boldsymbol{e}_i^*,\boldsymbol{e}_k) \tag{7.3.2}$$

$\boldsymbol{Q}(\bar{t})$ 是正交矩阵：

$$\boldsymbol{Q}^{\mathrm{T}}\boldsymbol{Q}=\boldsymbol{I} \Longleftrightarrow Q_{ik}Q_{il}=\delta_{kl} \Longleftrightarrow \boldsymbol{Q}^{\mathrm{T}}=\boldsymbol{Q}^{-1} \tag{7.3.3}$$

$\boldsymbol{Q}^{\mathrm{T}}$ 和 $\boldsymbol{Q}^{-1}$ 分别是 $\boldsymbol{Q}$ 的转置矩阵和逆矩阵。

式（7.3.1）描述的**参考架构变换**（reference frame transformation）不同于通常的**坐标变换**[14]（coordinate transformation）。参考架构变换是一个依赖于时间的均匀空间变换，$\boldsymbol{c}(\bar{t})$ 和 $\boldsymbol{Q}(\bar{t})$ 都是时间的函数。在坐标变换中，坐标原点位移一个常矢量 $\boldsymbol{c}$，坐标轴转过一个常矩阵 $\boldsymbol{Q}$。

在式（7.3.1）的参考架构变换中，在 $Ox$ 中的分量 $a_k$ 或在 $O^*x^*$ 中的分量 $a_i^*$ 定义一个矢量 $\boldsymbol{a}$：$\boldsymbol{a}=a_k\boldsymbol{e}_k=a_i^*\boldsymbol{e}_i^*$。这两组分量之间的关系是：

$$\boldsymbol{a}=a_i^*\boldsymbol{e}_i^*=a_i^*Q_{ik}\boldsymbol{e}_k=a_k\boldsymbol{e}_k=a_kQ_{ki}\boldsymbol{e}_i^*$$

$$a_i^*=Q_{ik}a_k \Longleftrightarrow \boldsymbol{a}^*=\boldsymbol{Q}\boldsymbol{a},a_k=Q_{ki}a_i^* \Longleftrightarrow \boldsymbol{a}=\boldsymbol{Q}^{\mathrm{T}}\boldsymbol{a}^* \tag{7.3.4}$$

在坐标系 $Ox$ 中，式（3.1.4）把在材料粒子 $P$ 表面上单位法向矢量 $\boldsymbol{n}$ 方向的应力矢量 $\boldsymbol{t}$ 与粒子 $P$ 位置的应力张量 $\boldsymbol{T}$ 关联起来。在 $O^*x^*$ 中，对同一材料粒子 $P$，在应力矢量 $\boldsymbol{t}^*$、单位法向矢量 $\boldsymbol{n}^*$ 和应力张量 $\boldsymbol{T}^*$ 之间有同样的关系。考虑到 $\boldsymbol{T}$ 的对称性和 $\boldsymbol{t}=\boldsymbol{n}\cdot\boldsymbol{T}=\boldsymbol{T}^{\mathrm{T}}\cdot\boldsymbol{n}$，则有：

$$\boldsymbol{t}=\boldsymbol{T}\cdot\boldsymbol{n} \Longleftrightarrow t_k=T_{kl}n_l,\boldsymbol{t}^*=\boldsymbol{T}^*\cdot\boldsymbol{n}^* \Longleftrightarrow t_i^*=T_{ij}{}^*n_j^* \tag{7.3.5}$$

使用式（7.3.4）的分量关系，获得：

$$t_i^*=T_{ij}{}^*n_j^*=Q_{ik}t_k=Q_{ik}T_{kl}n_l=Q_{ik}T_{kl}Q_{jl}n_j^*$$

$$T_{ij}{}^*n_j^*=Q_{ik}T_{kl}Q_{jl}n_j^*$$

因为对任一选择的矢量 $\boldsymbol{n}$，这个结果都是有效的，由此得出：

$$T_{ij}{}^*=Q_{ik}T_{kl}Q_{jl} \Longleftrightarrow \boldsymbol{T}^*=\boldsymbol{Q}\boldsymbol{T}\boldsymbol{Q}^{\mathrm{T}} \tag{7.3.6}$$

式（7.3.6）把在两个参考架构中的应力张量联系起来，表示同一应力状态。把满足式（7.3.6）那样变换的量定义为客观性量。客观性量使在不同参考架构中的本构关系相同（见下面的讨论）。在式（7.3.6）中的变换规律也是各向同性二阶张量函数的定义[10]。当 $\boldsymbol{c}$ 和 $\boldsymbol{Q}$ 都是常量时，两个参考架构是固定的，没有相对运动，这时，$\boldsymbol{T}^*=\boldsymbol{Q}\boldsymbol{T}\boldsymbol{Q}^{\mathrm{T}}$ 称为应力张量 $\boldsymbol{T}$ 的坐标变换规则。尽管所有二阶张量都满足这样的坐标变换规则，然而，它们不一定都是客观性量[15]。下面将说明这个结论。

与应力张量一样，速度梯度张量、形变速率张量和旋转速率张量的坐标变换规律是：

$$L_{ij}^{*}=Q_{ik}L_{kl}Q_{jl}\Longleftrightarrow \boldsymbol{L}^{*}=\boldsymbol{QLQ}^{\mathrm{T}}$$

$$D_{ij}^{*}=Q_{ik}D_{kl}Q_{jl}\Longleftrightarrow \boldsymbol{D}^{*}=\boldsymbol{QDQ}^{\mathrm{T}}$$

$$W_{ij}^{*}=Q_{ik}W_{kl}Q_{jl}\Longleftrightarrow \boldsymbol{W}^{*}=\boldsymbol{QWQ}^{\mathrm{T}} \tag{7.3.7}$$

客观性张量的一个重要性质是，如果在现在时刻 $t$ 让两个坐标系 $Ox$ 和 $O^{*}x^{*}$ 重合，在 $Ox$ 和 $O^{*}x^{*}$ 中表示的同一客观性张量相等。在这种情形下有：

$$\bar{\boldsymbol{r}}^{*}=\bar{\boldsymbol{r}},\boldsymbol{e}_{i}^{*}(t)=\boldsymbol{e}_{i}(t)\Longleftrightarrow \boldsymbol{c}(\bar{t})=0,Q_{ik}(t)=\delta_{ik} \tag{7.3.8}$$

在 $\bar{t}=t$ 时，对于应力张量 $\boldsymbol{T}$，根据式（7.3.6）和式（7.3.8），得：

$$T_{ij}^{*}=T_{ij}\Longleftrightarrow \boldsymbol{T}^{*}=\boldsymbol{T} \tag{7.3.9}$$

尽管应力张量是客观性张量，但是应力张量的物质导数不是一个客观性张量。为了说明这个结果，首先，对方程 $\boldsymbol{Q}^{\mathrm{T}}\boldsymbol{Q}=\boldsymbol{I}$ ［式（7.3.3）］两边关于 $\bar{t}$（$\bar{t}\leqslant t$）求导：

$$\frac{\mathrm{d}}{\mathrm{d}\bar{t}}(\boldsymbol{Q}^{\mathrm{T}}\boldsymbol{Q})=\dot{\boldsymbol{Q}}^{\mathrm{T}}\boldsymbol{Q}+\boldsymbol{Q}^{\mathrm{T}}\dot{\boldsymbol{Q}}=\boldsymbol{0}$$

在 $\bar{t}=t$ 时，根据 $Q_{ik}(t)=\delta_{ik}$ ［式（7.3.8）］，得：

$$\dot{\boldsymbol{Q}}^{\mathrm{T}}+\dot{\boldsymbol{Q}}=\boldsymbol{0}\Longleftrightarrow \dot{\boldsymbol{Q}}^{\mathrm{T}}=-\dot{\boldsymbol{Q}}\Longleftrightarrow \dot{Q}_{ki}=-\dot{Q}_{ik} \tag{7.3.10}$$

式（7.3.10）表明，当两个坐标系在现在时刻重合时，变换矩阵 $\boldsymbol{Q}$ 的时间导数 $\dot{\boldsymbol{Q}}$ 是反对称的。

再计算式（7.3.6）的物质导数，得：

$$\dot{T}_{ij}^{*}=\dot{Q}_{ik}T_{kl}Q_{jl}+Q_{ik}\dot{T}_{kl}Q_{jl}+Q_{ik}T_{kl}\dot{Q}_{jl} \tag{7.3.11}$$

如果两个坐标系都固定在 Rf 中，变换矩阵 $\boldsymbol{Q}$ 不是时间依赖性的，即 $\dot{\boldsymbol{Q}}=0$。当 $\bar{t}<t$ 时，式（7.3.11）给出 $\dot{T}_{ij}^{*}=Q_{ik}\dot{T}_{kl}Q_{jl}$；当 $\bar{t}=t$ 时，让两个坐标系重合，$\boldsymbol{Q}=\boldsymbol{I}$，式（7.3.11）给出式（7.3.9）的结果：$\dot{T}_{ij}^{*}=\dot{T}_{kl}$。然而，这里考虑的情况是 $O^{*}x^{*}$ 坐标系统随参考架构 $\mathrm{Rf}^{*}$ 一起运动，总是有 $\dot{\boldsymbol{Q}}\neq 0$。因此，在 $\bar{t}=t$ 时，让 $Ox$ 和 $O^{*}x^{*}$ 重合，应用式（7.3.10），式（7.3.11）将给出：在 $\bar{t}=t$ 时，

$$\dot{T}_{ij}^{*}=\dot{T}_{ij}+\dot{Q}_{ik}T_{kj}-T_{ik}\dot{Q}_{kj}\Longleftrightarrow \dot{\boldsymbol{T}}^{*}=\dot{\boldsymbol{T}}+\dot{\boldsymbol{Q}}\boldsymbol{T}-\boldsymbol{T}\dot{\boldsymbol{Q}} \tag{7.3.12}$$

式（7.3.12）说明，对于固定在两个彼此相对运动的参考架构中的坐标系，在现在时刻 $t$，即使在两个坐标系重合的情况下，两个应力张量的物质导数也不一样。因此，$\dot{\boldsymbol{T}}$ 不是一个客观性量，即在两个参考架构中不代表同一张量。

为了证明 $\boldsymbol{L}$ 和 $\boldsymbol{W}$ 的参考架构相关性以及 $\boldsymbol{D}$ 的客观性，首先，设参考架构 Rf 相对于参考架构 Rf* 的旋转速率张量是 $\boldsymbol{S}$。在 $\bar{t}=t$ 时，让两个坐标系 $Ox$ 和 $O^*x^*$ 重合，$Q_{ik}=\delta_{ik}$，于是有下面的关系：

在 $Ox$ 中和在 $\bar{t}=t$ 时，$S_{kl}=\dot{Q}_{kl} \Longleftrightarrow \boldsymbol{S}=\dot{\boldsymbol{Q}}$，$\bar{t}=t$。

在 $O^*x^*$ 中和在 $\bar{t}=t$ 时，

$$S_{ij}^*=Q_{ik}S_{kl}Q_{jl} \Longleftrightarrow \boldsymbol{S}^*=\boldsymbol{S}, \bar{t}=t \tag{7.3.13}$$

然后，计算在两个坐标系 $Ox$ 和 $O^*x^*$ 中的速度和速度梯度。在速度和速度梯度符号的上面使用“$^-$”表示在最近时间 $\bar{t}$（$\bar{t}\leqslant t$）的运算：

$$\bar{v}_k=\dot{\bar{x}}_k, \ \bar{L}_{kl}=\frac{\partial \bar{v}_k}{\partial \bar{x}_l}, \ \bar{t}\leqslant t \tag{7.3.14}$$

$$\bar{v}_i^*=\dot{\bar{x}}_i^*=\dot{c}_i^*+\dot{Q}_{ik}\bar{x}_k+Q_{ik}\dot{\bar{x}}_k, \bar{t}\leqslant t \tag{7.3.15}$$

因为在式（7.3.15）中 $\dot{c}_i$ 和 $\dot{Q}_{ik}$ 仅是时间的函数，因此，$\bar{L}_{ij}^*$ 是：

$$\bar{L}_{ij}^*=\frac{\partial \bar{v}_i^*}{\partial \bar{x}_j^*}=\dot{Q}_{ik}\frac{\partial \bar{x}_k}{\partial \bar{x}_j^*}+Q_{ik}\frac{\partial \bar{v}_k}{\partial \bar{x}_j^*}, \ \bar{t}\leqslant t \tag{7.3.16}$$

式中，$\bar{v}_k=\dot{\bar{x}}_k$。由于在 $\bar{t}=t$ 时，$\bar{x}_k=\bar{x}_k^*=x_k$，$Q_{ik}=\delta_{ik}$，$\dot{Q}_{ik}=S_{ik}$，式（7.3.15）和式（7.3.16）变为：

$$v_i^*=\dot{x}_i^*=\dot{c}_i+S_{ik}x_k+\dot{x}_i \Longleftrightarrow \boldsymbol{v}^*=\dot{\boldsymbol{x}}^*=\dot{\boldsymbol{c}}+\boldsymbol{S}\cdot\boldsymbol{x}+\dot{\boldsymbol{x}}$$

$$L_{ij}^*=S_{ij}+L_{ij} \Longleftrightarrow \boldsymbol{L}^*=\boldsymbol{S}+\boldsymbol{L} \tag{7.3.17}$$

因此，对于相对运动的两个参考架构，在现在时刻 $t$ 时，考虑 $S_{ij}=\dot{Q}_{ij}=-\dot{Q}_{ji}=-S_{ji}$［见式（7.3.10）和式（7.3.13）］，形变速率张量和旋转速率张量变为：

$$D_{ij}=\frac{1}{2}(L_{ij}+L_{ji}), \ D_{ij}^*=\frac{1}{2}(L_{ij}^*+L_{ji}^*)=D_{ij} \tag{7.3.18}$$

$$W_{ij}=\frac{1}{2}(L_{ij}-L_{ji}), \ W_{ij}^*=\frac{1}{2}(L_{ij}^*-L_{ji}^*)=W_{ij}+S_{ij} \tag{7.3.19}$$

$$\boldsymbol{D}^*=\boldsymbol{D}, \ \boldsymbol{W}^*=\boldsymbol{W}+\boldsymbol{S} \tag{7.3.20}$$

式（7.3.17）和式（7.3.20）表明：$\boldsymbol{D}$ 是客观性张量，$\boldsymbol{L}$ 和 $\boldsymbol{W}$ 是参考架构相关性张量。也可以证明，Cauchy-Green 形变张量 $\boldsymbol{C}(t')$ 和 Rivlin-Eriksen 张量 $\boldsymbol{A}^{(n)}$ 是客观性张量，形变梯度张量 $\boldsymbol{F}(t')$ 是参考架构相关性张量。

如果应力张量 $\boldsymbol{T}$ 仅是一阶 Rivlin-Eriksen 张量 $\boldsymbol{A}^{(1)}$ 的函数，本构方程是：

$$\boldsymbol{T}=f(\boldsymbol{A}^{(1)}) \tag{7.3.21}$$

因为 $\boldsymbol{T}$ 和 $\boldsymbol{A}^{(1)}$ 是客观性张量，对于任意的正交矩阵 $\boldsymbol{Q}(t)$，式（7.3.21）可以写为：

$$\boldsymbol{Q}(t)\boldsymbol{T}\boldsymbol{Q}^{\mathrm{T}}(t)=f(\boldsymbol{Q}(t)\boldsymbol{A}^{(1)}\boldsymbol{Q}^{\mathrm{T}}(t)) \tag{7.3.22a}$$

$$\boldsymbol{T}^{*}=f(\boldsymbol{A}^{(1)*}) \tag{7.3.22b}$$

同样地，式（7.2.1）可以写为：

$$\boldsymbol{Q}(t)\boldsymbol{\tau}\boldsymbol{Q}^{\mathrm{T}}(t)=\boldsymbol{F}_{t'=-\infty}^{t}[\boldsymbol{Q}(t)\boldsymbol{C}(t')\boldsymbol{Q}^{\mathrm{T}}(t)] \tag{7.3.23a}$$

$$\boldsymbol{\tau}^{*}=\boldsymbol{F}_{t'=-\infty}^{t}[\boldsymbol{C}^{*}(t')] \tag{7.3.23b}$$

式（7.3.22）和式（7.3.23）表明，在本构方程中使用客观性量不会使在不同参考架构中的本构关系改变。使用客观性张量的本构关系可描述各向同性流体。

### 7.3.2 共旋转和共形变导数

为了确保流体本构方程满足客观性原理，可以采用下面两种通用的方法之一。

① 为了消除旋转速率矩阵，在随流体粒子旋转的参考架构 $\mathrm{Rf}^{\mathrm{r}}$ 中，构建在这个粒子处的本构方程。这样的参考架构叫作**共旋转参考架构**（corotational reference frame）。然后，将在 $\mathrm{Rf}^{\mathrm{r}}$ 中的本构方程变换到固定参考架构 Rf。

② 在嵌入流体的坐标系中构建在一个粒子处的本构方程，这个坐标系随流体运动（平动和转动）和形变，这样的坐标系叫作**随体坐标系**（convected coordinate system）或**共形变坐标系**（co-deforming coordinate system）。然后，将在共形变坐标系中的本构方程变换到固定在固定参考架构 Rf 中的坐标系。

显然，由于共旋转坐标系随流体粒子平动和转动，共形变坐标系随流体平动、转动和形变，因此，在这两种坐标系中建立的本构方程具有与坐标系的平动和转动无关的性质，满足材料客观性原理。在共旋转或共形变坐标系中建立的本构方程之所以要变换到固定坐标系，是因为运动方程和边界条件通常都是参照固定坐标系的。

由于共形变坐标系是曲线坐标系，本书无法讨论或使用一般曲线坐标系。对于曲线坐标系和张量分析，可以参阅文献［14］和［16］。共旋转或共形变坐标系与固定坐标系之间的关系依赖于时间，除非时刻是固定的，否则张量分析中给出的变换规律不适用。在下面的介绍中，主要涉及共旋转坐标系。然而，为了帮助理解其他流变学文献的本构模型，也提供使用共形变坐标系的一些结果。

(1) 共旋转导数

对于随流体粒子旋转的共旋转参考架构 $\mathrm{Rf}^{\mathrm{r}}$，旋转速率张量是零：

$$\boldsymbol{W}^{\mathrm{r}}=(W_{ik}^{\mathrm{r}})=\boldsymbol{0}\Longleftrightarrow\boldsymbol{W}^{\mathrm{r}}=\boldsymbol{0} \tag{7.3.24}$$

如果 $\boldsymbol{Q}$ 是代表相对于参考架构 Rf，共旋转架构 $\mathrm{Rf}^{\mathrm{r}}$ 旋转的变换矩阵，由式（7.3.13）和式（7.3.20），得到：

$$\boldsymbol{W}^{\mathrm{r}}=\boldsymbol{W}+\boldsymbol{S}=\boldsymbol{0} \tag{7.3.25a}$$

$$S_{ik}=\dot{Q}_{ik}=-W_{ik} \tag{7.3.25b}$$

因此，对于共旋转架构 $\mathrm{Rf}^{\mathrm{r}}$，由式（7.3.12）得到的应力张量 $\boldsymbol{T}^{\mathrm{r}}$ 的物质导数 $\dot{\boldsymbol{T}}^{\mathrm{r}}$ 是：

$$\dot{\boldsymbol{T}}^{\mathrm{r}}=\dot{\boldsymbol{T}}-\boldsymbol{W}\boldsymbol{T}+\boldsymbol{T}\boldsymbol{W} \tag{7.3.26}$$

式（7.3.26）定义了在 $\mathrm{Rf}^{\mathrm{r}}$ 中应力张量 $\boldsymbol{T}$ 的物质导数在 Rf 中的表达式，称为应力张量 $\boldsymbol{T}$ 的**共旋转导数**（corotational derivative）。这一导数又称为 **Jaumann 导数**[17]（1905），记为 $\boldsymbol{T}^{\circ}$。也就是说，$\boldsymbol{T}^{\circ}$是在共旋转坐标系中的物质导数在变化到固定坐标系时对应的导数[14]。于是，在 Rf 中，应力张量的共旋转导数 $\boldsymbol{T}^{\circ}$是：

$$\boldsymbol{T}^{\circ}=\dot{\boldsymbol{T}}-\boldsymbol{W}\boldsymbol{T}+\boldsymbol{T}\boldsymbol{W} \tag{7.3.27}$$

因此，在任何其他参考架构 $\mathrm{Rf}^{*}$（$\mathrm{Rf}^{*}$ 不一定是共旋转架构）中，由式（7.3.12）、式（7.3.20）和式（7.3.25），考虑 $\boldsymbol{T}^{*}=\boldsymbol{T}$，可以获得：

$$\begin{aligned}\boldsymbol{T}^{*\circ}&=\dot{\boldsymbol{T}}^{*}-\boldsymbol{W}^{*}\boldsymbol{T}^{*}+\boldsymbol{T}^{*}\boldsymbol{W}^{*}=(\dot{\boldsymbol{T}}+\dot{\boldsymbol{Q}}\boldsymbol{T}-\boldsymbol{T}\dot{\boldsymbol{Q}})-(\boldsymbol{W}+\dot{\boldsymbol{Q}})\boldsymbol{T}+\boldsymbol{T}(\boldsymbol{W}+\dot{\boldsymbol{Q}})\\&=\dot{\boldsymbol{T}}-\boldsymbol{W}\boldsymbol{T}+\boldsymbol{T}\boldsymbol{W}\end{aligned} \tag{7.3.28}$$

式（7.3.27）和式（7.3.28）显示，两个张量 $\boldsymbol{T}^{\circ}$和 $\boldsymbol{T}^{*\circ}$是相等的，它们代表一个客观性张量 $\boldsymbol{T}^{\circ}$。

正如在式（7.3.20）看到，形变速率张量 $\boldsymbol{D}$ 是一个客观性张量。$\boldsymbol{D}$ 的共旋转导数定义为：

$$\boldsymbol{D}^{\circ}=\dot{\boldsymbol{D}}-\boldsymbol{W}\boldsymbol{D}+\boldsymbol{D}\boldsymbol{W} \tag{7.3.29}$$

下面推导在简单剪切流动中 $\boldsymbol{D}^{\circ}$的表达式。根据式（4.1.1），有：

$$\boldsymbol{D}=\begin{pmatrix}0&1&0\\1&0&0\\0&0&0\end{pmatrix}\frac{1}{2}\dot{\gamma}，\boldsymbol{W}=\begin{pmatrix}0&1&0\\-1&0&0\\0&0&0\end{pmatrix}\frac{1}{2}\dot{\gamma},\dot{\gamma}=v/h$$

于是，计算：

$$\dot{\boldsymbol{D}}=\begin{pmatrix}0&1&0\\1&0&0\\0&0&0\end{pmatrix}\frac{1}{2}\ddot{\gamma}$$

$$
\boldsymbol{WD}=(W_{ij}D_{jk})=\begin{pmatrix}1&0&0\\0&-1&0\\0&0&0\end{pmatrix}\left(\frac{1}{2}\dot{\gamma}\right)^2
$$

$$
\boldsymbol{DW}=\begin{pmatrix}-1&0&0\\0&1&0\\0&0&0\end{pmatrix}\left(\frac{1}{2}\dot{\gamma}\right)^2 \tag{7.3.30}
$$

将式（7.3.30）代入式（7.3.29），得到在简单剪切流动中的 $\overset{\circ}{\boldsymbol{D}}$：

$$
\boldsymbol{D}^{\circ}=\begin{pmatrix}0&1&0\\1&0&0\\0&0&0\end{pmatrix}\frac{1}{2}\ddot{\gamma}+\begin{pmatrix}-1&0&0\\0&1&0\\0&0&0\end{pmatrix}\frac{1}{2}\dot{\gamma}^2 \tag{7.3.31}
$$

（2）共形变导数

正如式（7.3.12）显示，应力张量 $\boldsymbol{T}$ 的物质导数并不代表一个客观性量。然而，在随体坐标系中应力张量的物质导数确实是满足客观性原理的张量。其分量变换到参考的固定笛卡尔坐标系将产生两个客观性张量之一：应力张量 $\boldsymbol{T}$ 的**上随体导数**（upper-convected derivative）$\boldsymbol{T}^{\Delta}$ 和应力张量 $\boldsymbol{T}$ 的**下随体导数**（lower-convected derivative）$\boldsymbol{T}^{\Delta}$。张量 $\boldsymbol{T}^{\nabla}$ 和 $\boldsymbol{T}^{\Delta}$ 表示为：

$$
\boldsymbol{T}^{\nabla}=\dot{\boldsymbol{T}}-\boldsymbol{LT}-\boldsymbol{TL}^{\mathrm{T}} \Longleftrightarrow T_{ik}^{\nabla}=\dot{T}_{ik}-L_{ij}T_{jk}-T_{ij}L_{kj} \tag{7.3.32}
$$

$$
\boldsymbol{T}^{\Delta}=\dot{\boldsymbol{T}}+\boldsymbol{L}^{\mathrm{T}}\boldsymbol{T}+\boldsymbol{TL} \Longleftrightarrow T_{ik}^{\Delta}=\dot{T}_{ik}+L_{ji}T_{jk}+T_{ij}L_{jk} \tag{7.3.33}
$$

这两个随体导数 $\boldsymbol{T}^{\nabla}$ 和 $\boldsymbol{T}^{\Delta}$ 也称为 **Oldroyd 导数**[18]（1950）。Oldroyd 首先使用共形变导数把线性黏弹性模型一般化到非线性形变。

随体导数 $\boldsymbol{T}^{\nabla}$ 和 $\boldsymbol{T}^{\Delta}$ 与应力张量 $\boldsymbol{T}$ 的共旋转导数 $\boldsymbol{T}^{\circ}$ 是相关的。从式（7.3.27）、式（7.3.32）和式（7.3.33），可以获得：

$$
\begin{aligned}
\boldsymbol{T}^{\circ}&=\dot{\boldsymbol{T}}-\boldsymbol{WT}+\boldsymbol{TW}=\dot{\boldsymbol{T}}-\frac{1}{2}(\boldsymbol{L}-\boldsymbol{L}^{\mathrm{T}})\boldsymbol{T}+\boldsymbol{T}\,\frac{1}{2}(\boldsymbol{L}-\boldsymbol{L}^{\mathrm{T}})\\
&=\frac{1}{2}(\dot{\boldsymbol{T}}-\boldsymbol{LT}-\boldsymbol{TL}^{\mathrm{T}})+\frac{1}{2}(\dot{\boldsymbol{T}}+\boldsymbol{L}^{\mathrm{T}}\boldsymbol{T}+\boldsymbol{TL})=\frac{1}{2}(\boldsymbol{T}^{\nabla}+\boldsymbol{T}^{\Delta})
\end{aligned} \tag{7.3.34}
$$

也可以推导出下面的公式：

$$
\boldsymbol{T}^{\circ}=\boldsymbol{T}^{\nabla}+\boldsymbol{TD}+\boldsymbol{DT},\ \overset{\circ}{\boldsymbol{T}}=\boldsymbol{T}^{\Delta}-\boldsymbol{TD}-\boldsymbol{DT} \tag{7.3.35}
$$

为了证明式（7.3.32）定义的张量是客观性的，在运动参考架构 Rf* 中构建式（7.3.32）的表达式。从式（7.3.9）～式（7.3.13）和式（7.3.17），获得：

$$
\boldsymbol{T}^{*}=\boldsymbol{T},\ \boldsymbol{T}^{*}=\dot{\boldsymbol{T}}+\dot{\boldsymbol{Q}}\boldsymbol{T}-\boldsymbol{T}\dot{\boldsymbol{Q}},\ \boldsymbol{L}^{*}=\boldsymbol{L}+\dot{\boldsymbol{Q}},\ \dot{\boldsymbol{Q}}^{\mathrm{T}}=-\dot{\boldsymbol{Q}} \tag{7.3.36}
$$

于是：

$$\boldsymbol{T}^{*\nabla}=\dot{\boldsymbol{T}}^{*}-\boldsymbol{L}^{*}\boldsymbol{T}^{*}-\boldsymbol{T}^{*}\boldsymbol{L}^{*\mathrm{T}}=(\dot{\boldsymbol{T}}+\dot{\boldsymbol{Q}}\boldsymbol{T}-\boldsymbol{T}\dot{\boldsymbol{Q}})-(\boldsymbol{L}+\dot{\boldsymbol{Q}})\boldsymbol{T}-\boldsymbol{T}(\boldsymbol{L}^{\mathrm{T}}+\dot{\boldsymbol{Q}}^{\mathrm{T}})$$

$$\boldsymbol{T}^{*\nabla}=\dot{\boldsymbol{T}}-\boldsymbol{L}\boldsymbol{T}-\boldsymbol{T}\boldsymbol{L}^{\mathrm{T}} \tag{7.3.37}$$

因此，相对于任何两个参考架构 Rf 和 $\mathrm{Rf}^{*}$，对于坐标系 $Ox$ 和 $O^{*}x^{*}$ 的应力张量 $\boldsymbol{T}$ 的上随体导数 $\boldsymbol{T}^{\nabla}$ 和 $\boldsymbol{T}^{*\nabla}$ 在现在时刻是相同的，代表一个客观性张量。同理可证，应力张量 $\boldsymbol{T}$ 的下随体导数也代表一个客观性量。

到目前为止，已经定义了三种时间导数。为了更好理解它们，下面做一个简单比较[14]。设 $F$ 是一个固定坐标系，通常的运动方程和边界条件就是基于 $F$ 的。考虑一个材料粒子 $P$，它以速度 $\boldsymbol{v}$ 和旋度 $\boldsymbol{W}$ 相对运动。设有另一个坐标系 $L$，它以速度 $\boldsymbol{v}$ 相对于 $F$ 运动，在坐标系 $L$ 中的时间导数 $\partial/\partial t$（保持 P 固定）在变换到固定坐标系 $F$ 时，对应的是 $F$ 中的物质导数 $\mathrm{D}/\mathrm{D}t$。再设一个坐标系 $R$，它以速度 $\boldsymbol{v}$ 平移和以旋度 $\boldsymbol{W}$ 转动，在坐标系 $R$ 中的时间导数 $\partial/\partial t$（保持 P 固定）在变换到固定坐标系 $F$ 时，对应的是 Jaumann 导数。最后，设有另一个坐标系 $E$，它嵌在物体中，随粒子 $P$ 平移、转动和形变，在坐标系 $E$ 中的时间导数 $\partial/\partial t$（这时随体坐标系是固定的，意味着 $P$ 固定）在变换到固定坐标系 $F$ 时，对应的是 Oldroyd 导数。

# 7.4 非线性黏弹性本构方程

线性黏弹性本构方程是基于材料经历小应变（或小形变）的模型。然而在许多实际应用中，材料经常经历大幅度的变形（大应变）。因此，构建非线性黏弹性本构方程不仅应考虑材料记忆性质，而且应考虑大形变。

对于聚合物熔体，尽管已经提出了很多的非线性黏弹性本构方程，但目前尚无被广泛认同的用于各种不同流场的通用非线性黏弹性本构方程。在这一节中，不系统讨论非线性黏弹性本构方程，仅简单介绍几个常用于聚合物熔体流动分析的非线性黏弹性模型。关于黏弹性本构方程的更多信息还可以参考 Middleman[19]、Vinogradov 和 Malkin[20] 以及 White[21] 的文献。

一个好的非线性黏弹性本构方程应当描述剪切变稀、法向应力差和拉伸增稠三个现象的一般表现，也应当描述流变材料函数的时间依赖性[3]。

### 7.4.1 CEF 模型

考虑缓慢和缓慢变化的流动。如果材料有一个特征记忆时间（比如说，流体的最大松弛时间）$\lambda$，则缓慢流动是指在 $\lambda$ 内稍微变化的流动。在这种情况下，可以用 Rivlin-Eriksen 展开［式（3.2.25）］代替在式（7.2.1）中的 $\boldsymbol{C}(t')$ 或 $C_{ij}(t')$，即用 Rivlin-Eriksen 展开来解释右 Cauchy-Green 形变张量的历史。于是，可用无量纲形式 $(\lambda^n/n!)\boldsymbol{A}^{(n)}[(t-t')/\lambda]^n$ 重写式（3.2.25）的每一项。假设应力的现在状态仅依赖于 $\boldsymbol{C}(t')$ 的有限过去的历史（即在方程（7.2.1）中的泛函 $\boldsymbol{F}$ 是一个“健忘”的泛函，这时 $\lambda$ 很小），而不是依赖 $\boldsymbol{C}(t')$ 的无限过去的历史，在这种情况下，可以忽略在 $\boldsymbol{C}(t')$ 展开式中比 $n$ 次更高的所有幂次项，用展开式中最前面 $n$ 项的泛函替代 $\boldsymbol{C}(t')$ 的无限过去历史泛函，即：

$$\boldsymbol{F}_{t'=-\infty}^{t}[\boldsymbol{C}(t')]\approx\boldsymbol{F}_{t'=t-c}^{t}\Big[\boldsymbol{I}-\lambda\boldsymbol{A}^{(1)}(t-t')/\lambda+\frac{\lambda^2}{2!}\boldsymbol{A}^{(2)}(t-t')^2/\lambda^2+\cdots\mp\frac{\lambda^n}{n!}\boldsymbol{A}^{(n)}(t-t')^n/\lambda^n\Big]$$

$c$ 是一个有限正数。$\lambda$ 越小，在给定的时间间隔（感兴趣的时间间隔长度是记忆范围）内，满足近似的项的数量越少。由于在中括号中的展开式函数不仅依赖于 $s(s=t-t')$，而且还依赖于变量 $\boldsymbol{A}^{(1)}$、$\boldsymbol{A}^{(2)}$、…、$\boldsymbol{A}^{(n)}$，而 $\boldsymbol{A}^{(1)}$、$\boldsymbol{A}^{(2)}$、…、$\boldsymbol{A}^{(n)}$ 不依赖于 $s$，仅依赖于现在时刻 $t$，因此，根据 Volterra 的泛函分析，泛函 $\boldsymbol{F}_{t'=t-c}^{t}$ 可以简化到以运动学张量 $\lambda^k\boldsymbol{A}^{(k)}$ $(k=1,2,\cdots,n)$ 为参数的函数[14]，即用展开式中最前面的 $n$ 项的系数 $\lambda^k\boldsymbol{A}^{(k)}$ 的函数 $f$，来代替健忘的泛函[22]：

$$\boldsymbol{\tau}=\frac{\eta_0}{\lambda}f(\lambda\boldsymbol{A}^{(1)},\lambda^2\boldsymbol{A}^{(2)},\cdots,\lambda^n\boldsymbol{A}^{(n)}) \tag{7.4.1}$$

式中，系数 $\eta_0/\lambda$ 使函数 $f$ 具有应力的量纲。

对于各向同性和恒定密度的流体，如果流动是缓慢的，可以根据近似（数学）定理[23]，以 $\lambda$ 的幂次，将函数 $f$ 展开成多项式函数，这样将得到一系列阶次流体的表达式：

$$\lambda^0:\boldsymbol{\tau}=0(\text{零阶或 Euler 流动}) \tag{7.4.2a}$$

这里，$f(0)=0$，因为在静止状态应力消失，这与流体静力学假设一致。一阶展开需要考虑 $\boldsymbol{A}^{(1)}$：

$$\lambda^1:\boldsymbol{\tau}=\eta_0\boldsymbol{A}^{(1)}(\text{一阶或牛顿流动}) \tag{7.4.2b}$$

$\eta_0$ 有零剪切黏度的含义。二阶展开除了包括 $\boldsymbol{A}^{(1)}$ 之外，还要考虑 $\boldsymbol{A}^{(2)}$。在

二阶展开时，添加一个 $\boldsymbol{A}^{(2)}$ 的线性项和一个 $(\boldsymbol{A}^{(1)})^2$ 的线性项：

$$\lambda^2:\boldsymbol{\tau}=\eta_0\boldsymbol{A}^{(1)}+\alpha_1\boldsymbol{A}^{(2)}+\alpha_2(\boldsymbol{A}^{(1)})^2 \tag{7.4.2c}$$

式（7.4.2c）是所谓的二阶流体。$\alpha_1$ 和 $\alpha_2$ 是材料的常数。对照测黏流动，可以设 $\alpha_1=-\frac{1}{2}\psi_{1,0}$ 和 $\alpha_2=\psi_{1,0}+\psi_{2,0}$，于是得到容易理解的二阶流体形式：

$$\lambda^2:\boldsymbol{\tau}=\eta_0\boldsymbol{A}^{(1)}+(\psi_{1,0}+\psi_{2,0})(\boldsymbol{A}^{(1)})^2-\frac{1}{2}\psi_{1,0}\boldsymbol{A}^{(2)} \tag{7.4.2d}$$

式中，$\psi_{1,0}$ 和 $\psi_{2,0}$ 是第一和第二法向应力系数。在三阶近似时，必须再添加 $\boldsymbol{A}^{(3)}$、$\boldsymbol{A}^{(1)}\boldsymbol{A}^{(2)}$、$\boldsymbol{A}^{(2)}\boldsymbol{A}^{(1)}$、$\mathrm{tr}\,(\boldsymbol{A}^{(1)})^2\boldsymbol{A}^{(1)}$ 项：

$$\begin{aligned}\lambda^3:\boldsymbol{\tau}=&\eta_0\boldsymbol{A}^{(1)}+\alpha_1\boldsymbol{A}^{(2)}+\alpha_2(\boldsymbol{A}^{(1)})^2+\beta_1\boldsymbol{A}^{(3)}\\&+\beta_2(\boldsymbol{A}^{(1)}\boldsymbol{A}^{(2)}+\boldsymbol{A}^{(2)}\boldsymbol{A}^{(1)})+\beta_3\mathrm{tr}(\boldsymbol{A}^{(1)})^2\boldsymbol{A}^{(1)}\end{aligned}$$

式中，$\beta_1$、$\beta_2$ 和 $\beta_3$ 是材料常数。

进一步，可以写出更高阶流体的表达式。但是，它们的参数数量将快速增多，例如三阶 Rivlin-Eriksen 流体的参数有 6 个。即使对于三阶流体，在实验上发现所有 6 个参数（$\eta_0$、$\alpha_1$、$\alpha_2$、$\beta_1$、$\beta_2$ 和 $\beta_3$）甚至也是不可能的。因此，高于二阶的流体的应用性是有限的。对于二阶流体，为了方便应用，需要用形变速率张量 $2\boldsymbol{D}$ 代替在式（7.4.2d）中的 Rivlin-Eriksen 张量。因为 $\boldsymbol{A}^{(1)}=2\boldsymbol{D}$ [见式（3.2.23）和式（3.2.27）]，从式（3.2.24）和式（7.3.33），有：

$$\begin{aligned}\boldsymbol{A}^{(2)}&=\frac{\mathrm{D}\boldsymbol{A}^{(1)}}{\mathrm{D}t}+\boldsymbol{L}^{\mathrm{T}}\boldsymbol{A}^{(1)}+\boldsymbol{A}^{(1)}\boldsymbol{L}\\&=\frac{\mathrm{D}(2\boldsymbol{D})}{\mathrm{D}t}+\boldsymbol{L}^{\mathrm{T}}(2\boldsymbol{D})+(2\boldsymbol{D})\boldsymbol{L}=(2\boldsymbol{D})^{\triangle}\end{aligned} \tag{7.4.3}$$

将式（7.4.3）代入式（7.4.2d），获得包含形变速率**共形变**导数的二阶流体方程：

$$\begin{aligned}\boldsymbol{\tau}&=2\eta_0\boldsymbol{D}+(\psi_{1,0}+\psi_{2,0})(2\boldsymbol{D})^2-\frac{1}{2}\psi_{1,0}(2\boldsymbol{D})^{\triangle}\\&=2\eta_0\boldsymbol{D}+4(\psi_{1,0}+\psi_{2,0})\boldsymbol{D}\cdot\boldsymbol{D}-\psi_{1,0}\boldsymbol{D}^{\triangle}\end{aligned} \tag{7.4.4}$$

根据式（7.3.35），可得：

$$\boldsymbol{D}^{\triangle}=\boldsymbol{D}^{\circ}+\boldsymbol{D}\cdot\boldsymbol{D}+\boldsymbol{D}\cdot\boldsymbol{D}=\boldsymbol{D}^{\circ}+2\boldsymbol{D}\cdot\boldsymbol{D} \tag{7.4.5}$$

将式（7.4.5）代入式（7.4.4），得到包含形变速率**共旋转**导数的二阶流体方程：

$$\boldsymbol{\tau}=2\eta_0\boldsymbol{D}+(2\psi_{1,0}+4\psi_{2,0})\boldsymbol{D}\cdot\boldsymbol{D}-\psi_{1,0}\boldsymbol{D}^{\circ} \tag{7.4.6}$$

二阶流体的应用性非常依赖于流动过程，仅适合简单流体的“缓慢流动”，例如**二次流**[32]（secondary flow）。在这种流动中，最大剪切速率$\dot{\gamma}_{\max}$必须如此之小，以至于它与材料特征松弛时间$\lambda$的乘积小于1，即$\lambda\dot{\gamma}_{\max}<1$（$\lambda\dot{\gamma}_{\max}$是Weissenberg数）。因此，二阶近似不能用于大多数聚合物流体的实际流动，只能预测低剪切速率下常数的第一法向应力差和常数的剪切黏度。

对于任何稳态剪切流动，用$\eta(\dot{\gamma})$、$\psi_1(\dot{\gamma})$和$\psi_2(\dot{\gamma})$替换在式（7.4.6）中的$\eta_0$、$\psi_{1,0}$和$\psi_{2,0}$，得到**Criminate-Ericksen-Filbey（CEF）方程**[24]（1958）：

$$\boldsymbol{\tau}=2\eta\boldsymbol{D}+(2\psi_1+4\psi_2)\boldsymbol{D}\cdot\boldsymbol{D}-\psi_1\overset{\circ}{\boldsymbol{D}}$$

或

$$\tau_{ij}=2\eta D_{ij}+(2\psi_1+4\psi_2)D_{ik}D_{kj}-\psi_1\overset{\circ}{D}_{ij} \tag{7.4.7}$$

CEF方程是相对简单的包含特殊时间导数的黏弹性本构方程之一。它也是应用到一类特殊运动的关系，而不是定义一些虚拟类别材料的模型。下面通过将CEF方程应用到稳态简单剪切流动来说明它的其他特点。在稳态简单剪切流动中，剪切速率$\dot{\gamma}=2D_{12}$。根据在式（4.1.1）中的$\boldsymbol{D}$，计算得到$\boldsymbol{D}^2$：

$$\boldsymbol{D}^2=\boldsymbol{D}\cdot\boldsymbol{D}=\begin{pmatrix}1&0&0\\0&1&0\\0&0&0\end{pmatrix}\left(\frac{1}{2}\dot{\gamma}\right)^2 \tag{7.4.8}$$

式（7.3.31）给出形变速率张量的共旋转导数$\overset{\circ}{\boldsymbol{D}}$，忽略式（7.3.31）右侧的含有二阶导数$\ddot{\gamma}$的项，式（7.4.7）的偏应力张量变为：

$$\boldsymbol{\tau}=\eta\begin{pmatrix}0&1&0\\1&0&0\\0&0&0\end{pmatrix}\dot{\gamma}+(2\psi_1+4\psi_2)\begin{pmatrix}1&0&0\\0&1&0\\0&0&0\end{pmatrix}\left(\frac{1}{2}\dot{\gamma}\right)^2-\psi_1\begin{pmatrix}-1&0&0\\0&1&0\\0&0&0\end{pmatrix}\frac{1}{2}\dot{\gamma}^2 \tag{7.4.9a}$$

$$\boldsymbol{\tau}=\begin{pmatrix}(\psi_1+\psi_2)\dot{\gamma}^2&\eta\dot{\gamma}&0\\\eta\dot{\gamma}&\psi_2\dot{\gamma}^2&0\\0&0&0\end{pmatrix} \tag{7.4.9b}$$

因此，

$$\tau_{12}=\eta\dot{\gamma},\tau_{11}-\tau_{22}=\psi_1\dot{\gamma}^2,\tau_{22}-\tau_{33}=\psi_2\dot{\gamma}^2 \tag{7.4.9c}$$

式（7.4.9a）显示，其右侧的第三项即含$\overset{\circ}{\boldsymbol{D}}$的项，对法向应力差或弹性有贡献。由于当流动突然停止时，在式（7.4.9a）中的应力张量立即变为零，而不是逐渐松弛，因此，CEF方程仅在微弱的意义上包含弹性效应。式（7.4.9c）表明，对于任何稳态剪切流动，CEF方程可预测$\eta$、$\psi_1$和$\psi_2$的非线性行为。因为$\eta$、$\psi_1$

和 $\psi_2$ 是测黏流动的三个测黏函数，代表黏弹性流体剪切流动黏度仪的理解基础，因此这些结果是重要的。

当忽略法向应力系数 $\psi_1$ 和 $\psi_2$ 时，CEF 方程简化为已广泛应用的“广义牛顿流体”模型。由于多数聚合物加工流动是稳态剪切流动，如果法向应力效应是重要的，相对简单的 CEF 方程是一个好的选择。CEF 方程的缺陷是不能预测稳态拉伸黏度和时间依赖性的黏弹性现象（例如应力增长或应力松弛）。

## 7.4.2 White-Metzner 模型

**White-Metzner 模型**[25]（1963）是微分式广义 Maxwell 模型的非线性推广。用偏应力张量 $\boldsymbol{\tau}$ 的上随体导数 $\boldsymbol{\tau}^{\nabla}$ 代替在单一 Maxwell 方程［式（7.2.33）］中的一般导数 $\mathrm{d}\boldsymbol{\tau}/\mathrm{d}t$，用剪切速率依赖性黏度 $\eta(\dot{\gamma})$ 代替常数黏度 $\eta$，可以获得 White-Metzner 方程：

$$\boldsymbol{\tau}+\frac{\eta(\dot{\gamma})}{G}\boldsymbol{\tau}^{\nabla}=2\eta(\dot{\gamma})\boldsymbol{D} \tag{7.4.10}$$

式中，$G$ 常数模量；$\dot{\gamma}=\sqrt{\frac{1}{2}II_{2\boldsymbol{D}}}$。下面在稳态简单剪切或单轴拉伸流动中检验 White-Metzner 方程的流变特性。在笛卡尔直角坐标系中考虑这些问题。

对于稳态简单剪切流动，速度场是 $v_x=\dot{\gamma}_{yx}y=\dot{\gamma}y$ 和 $v_y=v_z=0$，$\dot{\gamma}$ 是常数剪切速率。根据式（3.2.22a）和式（3.2.22b）计算得到的速度梯度张量是：

$$\boldsymbol{L}=\begin{pmatrix}0&1&0\\0&0&0\\0&0&0\end{pmatrix}\dot{\gamma},\ \boldsymbol{L}^{\mathrm{T}}=\begin{pmatrix}0&0&0\\1&0&0\\0&0&0\end{pmatrix}\dot{\gamma} \tag{7.4.11}$$

形变速率张量 $\boldsymbol{D}$ 是：

$$\boldsymbol{D}=\begin{pmatrix}0&1&0\\1&0&0\\0&0&0\end{pmatrix}\frac{1}{2}\dot{\gamma} \tag{7.4.12}$$

偏应力张量 $\boldsymbol{\tau}$ 是：

$$\boldsymbol{\tau}=\begin{pmatrix}\tau_{xx}&\tau_{yx}&0\\\tau_{xy}&\tau_{yy}&0\\0&0&\tau_{zz}\end{pmatrix} \tag{7.4.13}$$

根据式（7.3.32），考虑到在稳态流动中 $\dot{\boldsymbol{T}}=0$， 得到偏应力张量 $\boldsymbol{\tau}$ 的上随体

导数 $\boldsymbol{\tau}^{\nabla}$：

$$\boldsymbol{\tau}^{\nabla}=0-\dot{\gamma}\begin{pmatrix}0 & 1 & 0\\0 & 0 & 0\\0 & 0 & 0\end{pmatrix}\begin{pmatrix}\tau_{xx} & \tau_{yx} & 0\\\tau_{xy} & \tau_{yy} & 0\\0 & 0 & \tau_{zz}\end{pmatrix}-\dot{\gamma}\begin{pmatrix}\tau_{xx} & \tau_{yx} & 0\\\tau_{xy} & \tau_{yy} & 0\\0 & 0 & \tau_{zz}\end{pmatrix}\begin{pmatrix}0 & 0 & 0\\1 & 0 & 0\\0 & 0 & 0\end{pmatrix}$$

$$=-\dot{\gamma}\begin{pmatrix}\tau_{xy} & \tau_{yy} & 0\\0 & 0 & 0\\0 & 0 & 0\end{pmatrix}-\dot{\gamma}\begin{pmatrix}\tau_{yx} & 0 & 0\\\tau_{yy} & 0 & 0\\0 & 0 & 0\end{pmatrix}=-\dot{\gamma}\begin{pmatrix}2\tau_{yx} & \tau_{yy} & 0\\\tau_{yy} & 0 & 0\\0 & 0 & 0\end{pmatrix} \quad (7.4.14)$$

将式（7.4.12)、式（7.4.13）和式（7.4.14）代入模型（7.4.10)，得：

$$\begin{pmatrix}\tau_{xx} & \tau_{yx} & 0\\\tau_{xy} & \tau_{yy} & 0\\0 & 0 & \tau_{zz}\end{pmatrix}-\dot{\gamma}\,\frac{\eta(\dot{\gamma})}{G}\begin{pmatrix}2\tau_{yx} & \tau_{yy} & 0\\\tau_{yy} & 0 & 0\\0 & 0 & 0\end{pmatrix}=\dot{\gamma}\eta(\dot{\gamma})\begin{pmatrix}0 & 1 & 0\\1 & 0 & 0\\0 & 0 & 0\end{pmatrix} \quad (7.4.15)$$

于是，对应有九个方程组。解方程组，得：

$$\tau_{yx}=\dot{\gamma}\eta(\dot{\gamma}),\ \tau_{xx}-\tau_{yy}=\frac{2\eta^2(\dot{\gamma})}{G}\dot{\gamma}^2=N_1,\ N_2=0$$

$$\eta(\dot{\gamma})=\frac{\tau_{yx}}{\dot{\gamma}},\ \psi_1(\dot{\gamma})=\frac{N_1}{\dot{\gamma}^2}=\frac{2\eta^2(\dot{\gamma})}{G},\ \psi_2(\dot{\gamma})=0 \quad (7.4.16)$$

式（7.4.16）表明，White-Metzner 模型可以描述 $\eta$ 和 $\psi_1$ 的剪切变稀行为，但是它不能预测第二法向应力差。它能预测第一法向应力差是因为在模型中引入了 $\boldsymbol{\tau}$ 的上随体导数［见式（7.4.15）］。

对于稳态单轴拉伸流动，速度场是：$v_x=\dot{\varepsilon}x$，$v_y=-\frac{1}{2}\dot{\varepsilon}y$，$v_z=-\frac{1}{2}\dot{\varepsilon}z$，$\dot{\varepsilon}$ 是常数拉伸速率。速度梯度和形变速率张量是：

$$\boldsymbol{L}=\begin{pmatrix}1 & 0 & 0\\0 & -\frac{1}{2} & 0\\0 & 0 & -\frac{1}{2}\end{pmatrix}\dot{\varepsilon},\ \boldsymbol{L}^{\mathrm{T}}=\begin{pmatrix}1 & 0 & 0\\0 & -\frac{1}{2} & 0\\0 & 0 & -\frac{1}{2}\end{pmatrix}\dot{\varepsilon} \quad (7.4.17)$$

$$\boldsymbol{D}=\begin{pmatrix}2 & 0 & 0\\0 & -1 & 0\\0 & 0 & -1\end{pmatrix}\frac{\dot{\varepsilon}}{2} \quad (7.4.18)$$

偏应力张量 $\boldsymbol{\tau}$ 是：

$$\boldsymbol{\tau}=\begin{pmatrix}\tau_{xx} & 0 & 0\\ 0 & \tau_{yy} & 0\\ 0 & 0 & \tau_{zz}\end{pmatrix} \tag{7.4.19}$$

根据式（7.3.32），得到偏应力张量 $\boldsymbol{\tau}$ 的上随体导数 $\boldsymbol{\tau}^{\nabla}$：

$$\begin{aligned}\boldsymbol{\tau}^{\nabla}&=0-\dot{\varepsilon}\begin{pmatrix}1 & 0 & 0\\ 0 & -\frac{1}{2} & 0\\ 0 & 0 & -\frac{1}{2}\end{pmatrix}\begin{pmatrix}\tau_{xx} & 0 & 0\\ 0 & \tau_{yy} & 0\\ 0 & 0 & \tau_{zz}\end{pmatrix}\\ &\quad-\dot{\varepsilon}\begin{pmatrix}\tau_{xx} & 0 & 0\\ 0 & \tau_{yy} & 0\\ 0 & 0 & \tau_{zz}\end{pmatrix}\begin{pmatrix}1 & 0 & 0\\ 0 & -\frac{1}{2} & 0\\ 0 & 0 & -\frac{1}{2}\end{pmatrix}\\ &=-\dot{\varepsilon}\begin{pmatrix}\tau_{xx} & 0 & 0\\ 0 & -\frac{1}{2}\tau_{yy} & 0\\ 0 & 0 & -\frac{1}{2}\tau_{zz}\end{pmatrix}-\dot{\varepsilon}\begin{pmatrix}\tau_{xx} & 0 & 0\\ 0 & -\frac{1}{2}\tau_{yy} & 0\\ 0 & 0 & -\frac{1}{2}\tau_{zz}\end{pmatrix}\\ &=-\dot{\varepsilon}\begin{pmatrix}2\tau_{xx} & 0 & 0\\ 0 & -\tau_{yy} & 0\\ 0 & 0 & -\tau_{zz}\end{pmatrix}\end{aligned} \tag{7.4.20}$$

将式（7.4.18）、式（7.4.19）和式（7.4.20）代入式（7.4.10），得：

$$\begin{pmatrix}\tau_{xx} & 0 & 0\\ 0 & \tau_{yy} & 0\\ 0 & 0 & \tau_{zz}\end{pmatrix}-\frac{\eta(\dot{\gamma})}{G}\dot{\varepsilon}\begin{pmatrix}2\tau_{xx} & 0 & 0\\ 0 & -\tau_{yy} & 0\\ 0 & 0 & -\tau_{zz}\end{pmatrix}=2\eta(\dot{\gamma})\begin{pmatrix}2 & 0 & 0\\ 0 & -1 & 0\\ 0 & 0 & -1\end{pmatrix}\frac{\dot{\varepsilon}}{2} \tag{7.4.21}$$

于是，对应有三个方程组。解方程组，得：

$$\tau_{xx}=\frac{2\eta(\dot{\gamma})\dot{\varepsilon}}{1-2\lambda\dot{\varepsilon}},\tau_{yy}=\tau_{zz}=-\frac{\eta(\dot{\gamma})\dot{\varepsilon}}{1+\lambda\dot{\varepsilon}} \tag{7.4.22}$$

式中，$\lambda=\eta(\dot{\gamma})/G$。因此，

$$N_1=\tau_{xx}-\tau_{yy}=\frac{2\eta(\dot{\gamma})\dot{\varepsilon}}{1-2\lambda\dot{\varepsilon}}+\frac{\eta(\dot{\gamma})\dot{\varepsilon}}{1+\lambda\dot{\varepsilon}},N_2=\tau_{yy}-\tau_{zz}=0$$

$$\eta_E=\frac{\tau_{xx}-\tau_{yy}}{\dot{\varepsilon}}=\frac{2\eta(\dot{\gamma})}{1-2\lambda\dot{\varepsilon}}+\frac{\eta(\dot{\gamma})}{1+\lambda\dot{\varepsilon}} \tag{7.4.23}$$

式（7.4.23）可预测极大的拉伸增稠，因为当 $\dot{\varepsilon}$ 接近或超过 $1/2\lambda$ 时，拉伸黏度无限升高（Oldroyd 导数都是这样）。由于在稳态均匀拉伸流动中，$\boldsymbol{W}=0$（流体粒子无旋转）和$\dot{\boldsymbol{T}}=0$，Jaumann 导数消失。因此，包含 Jaumann 导数 $\boldsymbol{T}^{\circ}$的本构方程不能描述拉伸增稠行为。

如果用零剪切速率黏度 $\eta_0$ 和松弛时间 $\lambda=\eta_0/G$ 分别代替在式（7.4.10）中的 $\eta(\dot{\gamma})$ 和 $\eta(\dot{\gamma})/G$，得到所谓的 **UCM 模型**（upper convective model）：$\boldsymbol{\tau}+\lambda\boldsymbol{\tau}^{\nabla}=2\eta_0\boldsymbol{D}$。尽管系数 $\eta_0$ 和 $\lambda$ 都是常数，但是 **UCM 模型**不是线性关系，因为 Oldroyd 导数 $\boldsymbol{\tau}^{\nabla}$ 包含项 $-\boldsymbol{LT}-\boldsymbol{TL}^{\mathrm{T}}$。显然，UCM 模型预测常数的 $\eta$（$=\eta_0$）和 $\psi_1$（$=2\lambda\eta_0$）以及零值的 $\psi_2$。只要剪切变稀不重要，**UCM 模型适合定性研究受记忆和第一法向应力差严重影响的流动。** 对于小形变或低形变速率，在式（7.4.10）中的 $\eta(\dot{\gamma})$ 和 $\boldsymbol{\tau}^{\nabla}$ 将分别变为 $\eta_0$ 和 $\mathrm{d}\boldsymbol{\tau}/\mathrm{d}t$，得到广义 Maxwell 方程［式（7.2.33)］。

## 7.4.3 K-BKZ 模型

Green 和 Rivlin[10]（1957）建议了泛函的另一种展开方案：以多重积分和的形式近似应力泛函，即应变张量积分的 Frechet 展开[14]。对于不可压缩的各向同性黏弹性流体，式（7.2.1）的这种展开是[26]：

$$\begin{aligned}\boldsymbol{\tau}=&\int_{-\infty}^{t}M(t-t'_1)\boldsymbol{G}(t'_1)\mathrm{d}t'_1\\&+\int_{-\infty}^{t}\int_{-\infty}^{t}M_1(t-t'_1,t-t'_2)\boldsymbol{G}(t'_1)\boldsymbol{G}(t'_2)\mathrm{d}t'_1\mathrm{d}t'_2\\&+\int_{-\infty}^{t}\int_{-\infty}^{t}\int_{-\infty}^{t}\left\{\begin{matrix}M_2\boldsymbol{G}(t'_1)\mathrm{tr}[\boldsymbol{G}(t'_2)\boldsymbol{G}(t'_3)]\\+M_3\boldsymbol{G}(t'_1)\boldsymbol{G}(t'_2)\boldsymbol{G}(t'_3)\end{matrix}\right\}\mathrm{d}t'_1\mathrm{d}t'_2\mathrm{d}t'_3+\cdots\end{aligned} \tag{7.4.24}$$

式中，$\boldsymbol{G}$ 是应变张量，$\boldsymbol{G}=\boldsymbol{C}(t')-\boldsymbol{I}$［注意：这里的 $\boldsymbol{G}$ 与式（3.2.13）定义的$\boldsymbol{E}(t')$ 的区别］；$M$、$M_1$、$M_2$ 和 $M_3$ 是记忆函数。$M(t-t'_1)$ 是线性黏弹性松弛函数，$M_1$ 是 $t-t'_1$ 和 $t-t'_2$ 的函数，$M_2$ 和 $M_3$ 是 $t-t'_1$、$t-t'_2$ 和 $t-t'_3$ 的函数。单积分形式表示在过去不同时间 $t'$添加的应变增量的效应，并且曾经一个增量的效应对以后的另一个增量效应没有影响。在双积分形式中体现了这种影响的可能性，该形式通过在不同时间添加的两个应变来估算对应力的贡献。用类似的方式可以解释更高阶积分项[22]。实验上容易获得记忆函数 $M(t)$，因为它是

线性松弛函数 $G(t)$ 的导数。然而，难以获得 $M_1$、$M_2$ 和 $M_3$。当只考虑单积分形式时，式（7.4.24）简化为：

$$\boldsymbol{\tau}=\int_{-\infty}^{t} M(t-t')[\boldsymbol{C}^{-1}(t')-\boldsymbol{I}]\mathrm{d}t' \tag{7.4.25}$$

式中，$M(t-t')$ 是线性极限记忆函数。式（7.4.25）是 **Lodge 橡胶状液体本构方程**[27]（rubber-like liquid，黏性液体，在流动中能够储存大弹性或可逆形变）。下面在稳态简单剪切和单轴拉伸流动中，检验 Lodge 橡胶状液体本构方程的流变特性。对于稳态简单剪切流动，$\boldsymbol{C}(t')$ 和 $\boldsymbol{C}^{-1}(t')$（见例 3.2.2）是：

$$\boldsymbol{C}(t')=\begin{pmatrix} 1 & -\dot{\gamma}\cdot(t-t') & 0 \\ -\dot{\gamma}\cdot(t-t') & 1+\dot{\gamma}^2\cdot(t-t')^2 & 0 \\ 0 & 0 & 1 \end{pmatrix}=\begin{pmatrix} 1 & -\dot{\gamma}s & 0 \\ -\dot{\gamma}s & 1+\dot{\gamma}^2 s^2 & 0 \\ 0 & 0 & 1 \end{pmatrix} \tag{7.4.26a}$$

$$\boldsymbol{C}^{-1}(t')=\begin{pmatrix} 1+\dot{\gamma}^2\cdot(t-t')^2 & \dot{\gamma}\cdot(t-t') & 0 \\ \dot{\gamma}\cdot(t-t') & 1 & 0 \\ 0 & 0 & 1 \end{pmatrix}=\begin{pmatrix} 1+\dot{\gamma}^2 s^2 & \dot{\gamma}s & 0 \\ \dot{\gamma}s & 1 & 0 \\ 0 & 0 & 1 \end{pmatrix} \tag{7.4.26b}$$

式中，$s=t-t'$。将式（7.4.26b）和 $s=t-t'$ 代入式（7.4.25），得：

$$\tau_{12}=\dot{\gamma}\int_0^{\infty} sM(s)\mathrm{d}s=\eta_0\dot{\gamma} \tag{7.4.27a}$$

$$N_1=\tau_{11}-\tau_{22}=\dot{\gamma}^2\int_0^{\infty} s^2M(s)\mathrm{d}s=\dot{\gamma}^2\int_0^{\infty} s^2\,\frac{\eta_0}{\lambda^2}\mathrm{e}^{-s/\lambda}\,\mathrm{d}s=2\eta_0\lambda\dot{\gamma}^2 \tag{7.4.27b}$$

$$N_2=\tau_{22}-\tau_{33}=0 \tag{7.4.27c}$$

式中，$M(s)=\dfrac{\eta_0}{\lambda^2}\mathrm{e}^{-s/\lambda}$；$\eta_0=\int_0^{\infty} sM(s)\mathrm{d}s$ [见式（7.2.30）]。

对于拉伸速率为 $\dot{\varepsilon}$ 的稳态单轴拉伸流动，根据式（4.1.6）的速度场和式（6.4.6），位移分量是：

$$x'_1=x_1\mathrm{e}^{\dot{\varepsilon}(t-t')}=x_1\alpha_1$$

$$x'_2=x_2\mathrm{e}^{-\frac{1}{2}\dot{\varepsilon}(t-t')}=x_2\alpha_2$$

$$x'_3=x_3\mathrm{e}^{-\frac{1}{2}\dot{\varepsilon}(t-t')}=x_3\alpha_3$$

式中，$\alpha_1$、$\alpha_2$ 和 $\alpha_3$ 是伸长比，$\alpha_i=x'_i/x_i$。从例 3.2.3，得：

$$
\boldsymbol{C}^{-1}-\boldsymbol{I}=\begin{pmatrix}\alpha_1^2 & 0 & 0\\ 0 & 1/\alpha_1 & 0\\ 0 & 0 & 1/\alpha_1\end{pmatrix}=\begin{pmatrix}e^{2\dot{\varepsilon}(t-t')} & 0 & 0\\ 0 & e^{-\dot{\varepsilon}(t-t')} & 0\\ 0 & 0 & e^{-\dot{\varepsilon}(t-t')}\end{pmatrix} \tag{7.4.28}
$$

将 $s=t-t'$、$M(s)=\dfrac{\eta_0}{\lambda^2}e^{-s/\lambda}$ 和式（7.4.28）代入式（7.4.25），得到：

$$
\begin{aligned}
\tau_{11}-\tau_{22} &=\int_0^{\infty}\frac{\eta_0}{\lambda^2}e^{-s/\lambda}(C_{11}^{-1}-C_{22}^{-1})ds\\
&=\int_0^{\infty}\frac{\eta_0}{\lambda^2}e^{-s/\lambda}(e^{2\dot{\varepsilon}s}-e^{-\dot{\varepsilon}s})ds\\
&=\frac{\eta_0}{\lambda^2}\int_0^{\infty}[e^{s(2\dot{\varepsilon}-1/\lambda)}-e^{-s(\dot{\varepsilon}+1/\lambda)}]ds\\
&=\frac{3\eta_0\dot{\varepsilon}}{(1-2\lambda\dot{\varepsilon})(1+\lambda\dot{\varepsilon})}
\end{aligned} \tag{7.4.29}
$$

式（7.4.27）表明，Lodge 模型预测常数的零剪切速率黏度 $\eta_0$、常数的第一法向应力系数 $\psi_1$ 和零值的第二法向应力系数 $\psi_2$。这些结果与从 UCM 模型获得的结果一致。式（7.4.29）表明，Lodge 模型预测常数的稳态单轴拉伸黏度 $\eta_E$，然而当 $\dot{\varepsilon}\to 1/2\lambda$ 时，$\eta_E\to\infty$。

因此，Lodge 模型能够在小应变极限内合理描述聚合物熔体的流变行为。但是，对于更高应变，它不能预测剪切黏度、法向应力系数和拉伸黏度的应变速率依赖性，因为在 Lodge 模型中，最重要的假设是在聚合物熔体或浓溶液中，存在**临时缠结网络结构**（temporary entanglement network structure），且材料的形变和流动不影响这一网络结构。这显然不合理。实际上，物理缠结点的形成和破坏速率不是常数，肯定与形变和流动有关，至少应当是剪切速率 $\dot{\gamma}$ 的函数。已有研究通过分析在剪切和拉伸中的材料行为，证明了应变依赖性解缠结，即临时缠结网络随形变增加而解缠结[28-31]。

另外，需要说明的是，在式（7.4.25）中没有使用 $\boldsymbol{C}(t')$，因为用 $\boldsymbol{C}(t')$ 代替在式（7.4.25）中的 $\boldsymbol{C}^{-1}(t')$ 获得的方程，在稳态简单剪切流动中，将预测 $-\tau_{12}$、$-N_1$ 和 $N_2=-N_1$（这些显然与试验事实不符）。用类似于推导式（7.4.27）的方法，可以说明这些结果。

由于式（7.4.25）包含有限应变度量 $\boldsymbol{C}^{-1}(t')-\boldsymbol{I}$，因此，它也称为**有限**

**线性黏弹性**（finite linear viscoelasticity）本构方程。

为了描述真实聚合物熔体的非线性流变性能，除了考虑时间依赖性的衰减（松弛）机理，还应当考虑应变依赖性解缠结的衰减机理。也就是说，记忆函数不仅是时间的函数，而且也是形变的函数。由于记忆函数是材料参数，它对形变的依赖性当然一定通过形变张量不变量来表达。因为对于不可压缩流体，$III_{C^{-1}}=1$（见 3.2.2 节），于是，式（7.4.25）可以写为：

$$\boldsymbol{\tau}=\int_{-\infty}^{t}\phi(t-t',I_{C^{-1}},II_{C^{-1}})[\boldsymbol{C}^{-1}(t')-\boldsymbol{I}]\mathrm{d}t' \tag{7.4.30}$$

式中，$\phi$ 是时间和形变依赖性的记忆函数，$I_{C^{-1}}$ 和 $II_{C^{-1}}$ 分别是 $\boldsymbol{C}^{-1}$ 的第一和第二不变量。确定 $\phi$ 是困难的，因为它对形变张量不变量有不确定的依赖性。为了简化式（7.4.30）以及容易处理 $\phi$ 和方便拟合试验数据，将大形变的记忆函数 $\phi$ 视为两个独立函数的乘积[32]：第一个函数是时间依赖性记忆函数 $M(t-t')$，第二个是形变性记忆函数 $h(I_{C^{-1}},II_{C^{-1}})$：

$$\phi(t-t',I_{C^{-1}},II_{C^{-1}})=M(t-t')h(I_{C^{-1}},II_{C^{-1}}) \tag{7.4.31}$$

$h(I_{C^{-1}},II_{C^{-1}})$ 也称为**阻尼函数**（damping function），它反映形变对材料松弛性能的非线性影响。对于假塑性流体，$h$ 是形变的单调减函数。阶跃剪切应变[29,33] 和拉伸试验[31] 已经证实了式（7.4.31）。

将式（7.4.31）代入式（7.4.30），得到一个改进的橡胶状液体本构方程[28-31]：

$$\boldsymbol{\tau}=\int_{-\infty}^{t}M(t-t')h(I_{C^{-1}},II_{C^{-1}})[\boldsymbol{C}^{-1}(t')-\boldsymbol{I}]\mathrm{d}t' \tag{7.4.32}$$

当 $h=1$ 时，式（7.4.32）简化成 Lodge 模型。在稳态简单剪切流动的情况下，$I_{C^{-1}}=II_{C^{-1}}=3+\gamma^2$（$\gamma$ 是剪切应变，见例 3.2.2），因子 $h(I_{C^{-1}},II_{C^{-1}})$ 简化到 $\gamma$ 的（偶）函数 $h(\gamma)$。当 $\gamma\leqslant 10$ 时，可设阻尼函数 $h(I_{C^{-1}},II_{C^{-1}})$ 是一个单指数函数[28]，即 $h(\gamma)=\mathrm{e}^{-n\gamma}$（$n$ 是经验常数），将 $s=t-t'$、$M(s)=\dfrac{\eta_0}{\lambda^2}\mathrm{e}^{-s/\lambda}$ 和式（7.4.26b）代入式（7.4.32），得到：

$$\begin{aligned}\tau_{12}&=\int_0^{\infty}\frac{\eta_0}{\lambda^2}\mathrm{e}^{-s/\lambda}\cdot\mathrm{e}^{-n\dot{\gamma}s}\cdot\dot{\gamma}s\,\mathrm{d}s\\&=\frac{\eta_0\dot{\gamma}}{\lambda^2}\int_0^{\infty}s\cdot\mathrm{e}^{-(1/\lambda+n\dot{\gamma})s}\mathrm{d}s=\frac{\eta_0\dot{\gamma}}{(1+n\lambda\dot{\gamma})^2}\end{aligned} \tag{7.4.33a}$$

$$N_1=\tau_{11}-\tau_{22}=\int_{-\infty}^{t}\frac{\eta_0}{\lambda^2}\mathrm{e}^{-s/\lambda}\cdot\mathrm{e}^{-n\dot{\gamma}s}\cdot\dot{\gamma}^2s^2\mathrm{d}s$$

$$= \frac{\eta_0 \dot{\gamma}^2}{\lambda^2} \int_0^{\infty} s^2 \cdot e^{-(1/\lambda + n\dot{\gamma})s} ds = \frac{2\eta_0 \lambda \dot{\gamma}^2}{(1 + n\lambda\dot{\gamma})^3} \tag{7.4.33b}$$

$$N_2 = \tau_{22} - \tau_{33} = 0 \tag{7.4.33c}$$

式（7.4.33）表明，改进的橡胶状液体本构方程可以描述聚合物熔体 $\eta$ 和 $\psi_1$ 的剪切变稀行为，因为在式（7.4.32）中没有包含 $\boldsymbol{C}(t')$（见下面讨论）。对于更大的剪切应变（$\gamma > 10$），使用双指数阻尼函数[29] $h(\gamma) = f_1 e^{-n_1\gamma} + f_2 e^{-n_2\gamma}$（$f_1$、$f_2$、$n_1$ 和 $n_2$ 是经验常数），能够更好地描述聚合物熔体的非线性行为。

实际上，由于难以写出一般的 $h(I_{\boldsymbol{C}^{-1}}, II_{\boldsymbol{C}^{-1}})$ 函数，也不易分离两个不变量对 $h$ 的影响（因为在简单或标准试验中，不能独立改变两个不变量），因此，对于剪切或拉伸大形变，通常使用单个形变的阻尼函数 $h(\gamma)$ 或 $h(\varepsilon)$ 代替 $h(I_{\boldsymbol{C}^{-1}}, II_{\boldsymbol{C}^{-1}})$。有多种形式的阻尼函数[34]。

为了能够预测第二法向应力差，使用 $\boldsymbol{C}(t')$ 和 $\boldsymbol{C}^{-1}(t')$ 组合的大形变度量：

$$\boldsymbol{\tau} = \int_{-\infty}^{t} M(t-t')[h_1(I_{\boldsymbol{C}^{-1}}, II_{\boldsymbol{C}^{-1}})(\boldsymbol{C}^{-1}(t') - \boldsymbol{I}) + h_2(I_{\boldsymbol{C}^{-1}}, II_{\boldsymbol{C}^{-1}})(\boldsymbol{C}(t') - \boldsymbol{I})]dt' \tag{7.4.34}$$

式（7.4.37）通常称为**因式 K-BKZ 方程**[5]（factorized K-BKZ equation），它类似于基于分子链“蛇行管状模型”的 **Doi-Edwards 方程**[35]。K-BKZ 方程由 Kaye[36]（1962）以及 Bernstein、Kearsley 和 Zapas[37]（1963）分别独立提出。对于稳态简单剪切流动，将 $s = t - t'$ 和式（7.4.26）代入式（7.4.34），得到应力分量：

$$\tau_{11} = \int_0^{\infty} M(s)(h_1 \dot{\gamma}^2 s^2) ds \tag{7.4.35a}$$

$$\tau_{22} = \int_0^{\infty} M(s)(h_2 \dot{\gamma}^2 s^2) ds \tag{7.4.35b}$$

$$\tau_{33} = 0 \tag{7.4.35c}$$

$$\tau_{12} = \tau_{21} = \int_0^{\infty} M(s)(h_1 \dot{\gamma} s - h_2 \dot{\gamma} s) ds \tag{7.4.35d}$$

$$\tau_{13} = \tau_{31} = \tau_{23} = \tau_{32} = 0 \tag{7.4.35e}$$

于是，得：

$$N_1 = \tau_{11} - \tau_{22} = \dot{\gamma}^2 \int_0^{\infty} s^2 M(s)(h_1 - h_2) ds \tag{7.4.36a}$$

$$N_2 = \tau_{22} - \tau_{33} = \dot{\gamma}^2 \int_0^{\infty} s^2 M(s) h_2 ds \tag{7.4.36b}$$

$$\eta(\dot{\gamma})=\int_0^{\infty} sM(s)(h_1-h_2)\mathrm{d}s \tag{7.4.36c}$$

显然，$h_2$ 控制着简单剪切流动中的第二法向应力差。然而，因为 $|N_2/N_1| \ll 1$，计算中经常忽略 $h_2$。通常 $h_1$ 和 $h_2$ 是线性关系[14]。如果设 $h_2=\theta h_1$，并将其代入式（7.4.36），可得到：

$$N_1=\dot{\gamma}^2\int_0^{\infty} s^2 M(s)h_1(1-\theta)\mathrm{d}s \tag{7.4.37a}$$

$$N_2=\dot{\gamma}^2\int_0^{\infty} s^2 M(s)h_1\theta\mathrm{d}s \tag{7.4.37b}$$

$$\eta(\dot{\gamma})=\int_0^{\infty} sM(s)h_1(1-\theta)\mathrm{d}s \tag{7.4.37c}$$

式（7.4.37）表明通过选取合适材料参数 $\theta$，可使 $N_2$ 或 $N_2/N_1$ 的预测值符合试验数据。

如果设 $\theta=\dfrac{(N_2/N_1)}{1+(N_2/N_1)}$、$h_2=\theta h_1$ 和 $M(t-t')=\sum_{k=1}^{N}\dfrac{\eta_k}{\lambda_k^2}\exp\left(-\dfrac{t-t'}{\lambda_k}\right)$，将它们代入式（7.4.34），获得一个 K-BKZ 模型的常用形式[38, 39]：

$$\boldsymbol{\tau}=\frac{1}{1-\theta}\int_{-\infty}^{t}\sum_{k=1}^{N}\frac{\eta_k}{\lambda_k^2}\exp\left(-\frac{t-t'}{\lambda_k}\right)\times h(I_{\boldsymbol{C}^{-1}},II_{\boldsymbol{C}^{-1}})(\boldsymbol{C}_t^{-1}(t')+\theta\boldsymbol{C}_t(t'))\mathrm{d}t' \tag{7.4.38}$$

式中，$\lambda_k$ 和 $\eta_k$ 分别是在参考温度 $T_0$ 时的松弛时间和黏度；$N$ 是松弛模式的数量。

式（7.4.32）和式（7.4.34）（以及许多其他本构方程）的一个显著问题是“回弹”问题，即如果突然对一个试样施加拉伸形变并保持一定时间，然后除去应力，将发现观察到的应变恢复远小于预测的应变恢复。因此，式（7.4.32）和式（7.4.34）仅对形变增加有效，对形变减少（例如拉伸后弹性恢复）的预测并不准确。为了部分纠正这一缺点，引入应变依赖性网络解缠结的**不可逆性**（irreversibility）假设[40]（即在减少形变期间不能重新形成在以前形变增加期间损失的网络缠结点），来定义阻尼函数。使用基于不可逆性概念的阻尼函数，式（7.4.32）和式（7.4.34）可以给出应变恢复试验的较好描述[41]。目前，人们仍在继续探索阻尼函数的形式。

然而，在式（7.4.30）中函数 $\phi(t-t',I_{\boldsymbol{C}^{-1}},II_{\boldsymbol{C}^{-1}})$ 的因式分解并不总是一个好的近似，例如，在施加阶跃剪切应变后的短时间内、在发生应变反向的应变史中和在第二阶应变与第一阶应变符号相反的双阶应变中[3]。因此，为了对聚合物熔体和浓溶液行为进行相当准确的描述，需要**一般形式 K-BKZ 方程**：

$$\boldsymbol{\tau}=\int_{-\infty}^{t}[\phi_1(t-t',I_{\boldsymbol{C}^{-1}},II_{\boldsymbol{C}^{-1}})(\boldsymbol{C}^{-1}(t')-\boldsymbol{I})+\phi_2(t-t',I_{\boldsymbol{C}^{-1}},II_{\boldsymbol{C}^{-1}})(\boldsymbol{C}(t')-\boldsymbol{I})]\mathrm{d}t' \tag{7.4.39}$$

这里，$\phi_1$ 和 $\phi_2$ 不一定是时间-应变可分解性的。对于稳态简单剪切流动，使用与推导式（7.4.36）类似的方法，可得式（7.4.39）的法向应力差和剪切黏度的表达式：

$$N_1=\dot{\gamma}^2\int_0^{\infty}s^2(\phi_1-\phi_2)\mathrm{d}s \tag{7.4.40a}$$

$$N_2=\dot{\gamma}^2\int_0^{\infty}s^2\phi_2\mathrm{d}s \tag{7.4.40b}$$

$$\eta(\dot{\gamma})=\int_0^{\infty}s(\phi_1-\phi_2)\mathrm{d}s \tag{7.4.40c}$$

式（7.4.40）表明，K-BKZ 方程依赖于记忆函数 $\phi_1$ 和 $\phi_2$ 的表达形式。K-BKZ 模型是一般线性黏弹性模型的非线性推广。它是预测复杂流动最为成功的积分本构模型之一，可较好描述剪切流动和拉伸流动[42]，常用于模拟不同的聚合物流动情形，例如压延、挤出胀大和吹塑成型。

## 7.4.4 Bird-Carreau 模型

如果式（7.4.39）中的函数 $\phi_1$ 和 $\phi_2$ 依赖于应变速率张量 $2\boldsymbol{D}$ 的不变量，而不依赖形变张量 $\boldsymbol{C}^{-1}(t')$ 的不变量，式（7.4.39）可变为：

$$\boldsymbol{\tau}=\int_{-\infty}^{t}\{\phi_1[t-t',II_{2\boldsymbol{D}}(t')](\boldsymbol{C}^{-1}(t')-\boldsymbol{I})+\phi_2[t-t',II_{2\boldsymbol{D}}(t')](\boldsymbol{C}(t')-\boldsymbol{I})\}\,\mathrm{d}t' \tag{7.4.41}$$

式中，$II_{2\boldsymbol{D}}(t')$ 是 $2\boldsymbol{D}(t')$ 的第二不变量。

因为 $\phi_1$ 和 $\phi_2$ 通常为线性关系，故设

$$\phi_1=\left(1+\frac{\varepsilon}{2}\right)\phi,\phi_2=-\frac{\varepsilon}{2}\phi \tag{7.4.42}$$

式中，$\varepsilon$ 是一个常数；$\phi=\phi[t-t',II_{2\boldsymbol{D}}(t')]$。为了说明常数 $\varepsilon$ 的作用，将式（7.4.42）代入式（7.4.40），得到：

$$N_1=\dot{\gamma}^2\int_0^{\infty}s^2\phi(1+\varepsilon)\mathrm{d}s \tag{7.4.43a}$$

$$N_2=\dot{\gamma}^2\int_0^{\infty}-\frac{1}{2}s^2\varepsilon\phi\,\mathrm{d}s \tag{7.4.43b}$$

$$\eta(\dot{\gamma})=\int_0^{\infty} s\phi(1+\varepsilon)\mathrm{d}s \tag{7.4.43c}$$

式（7.4.43）表明，可调的参数常数 $\varepsilon$ 的作用是使第二法向应力系数 $\psi_2(\dot{\gamma})$ 为很小的负值，以便 $\psi_2(\dot{\gamma})$ 的预测值与试验结果相一致。

如果记忆函数 $\phi$ 是

$$\phi[(t-t'),II_{2\boldsymbol{D}}(t')]=\sum_{i=1}^{\infty}\frac{\eta_i \mathrm{e}^{-(t-t')/\lambda_{2i}}}{1+\dfrac{\lambda_{1i}^2}{2}II_{2\boldsymbol{D}}(t')} \tag{7.4.44}$$

这里时间常数 $\lambda_{1i}$ 和 $\lambda_{2i}$ 分别与网络缠结点的形成速率和破坏速率有关，将式（7.4.42）代入式（7.4.41），得到所谓的 **Bird-Carreau 本构方程**[43]（1968）：

$$\boldsymbol{\tau}=\int_{-\infty}^{t}\phi[(t-t'),II_{2\boldsymbol{D}}(t')]\left[\left(1+\frac{\varepsilon}{2}\right)(\boldsymbol{C}^{-1}-\boldsymbol{I})+\frac{\varepsilon}{2}(\boldsymbol{C}-\boldsymbol{I})\right]\mathrm{d}t' \tag{7.4.45}$$

式（7.4.44）的记忆函数 $\phi$ 称为 Bird-Carreau 模型记忆函数。

将式（7.4.44）代入式（7.4.43），得到 Bird-Carreau 本构方程的材料流变函数：

$$\psi_1(\dot{\gamma})=\sum_{i=1}^{\infty}\frac{2\eta_i\lambda_{2i}}{1+(\lambda_{1i}\dot{\gamma})^2} \tag{7.4.46a}$$

$$\psi_2(\dot{\gamma})=-\varepsilon\sum_{i=1}^{\infty}\frac{\eta_i\lambda_{2i}}{1+(\lambda_{1i}\dot{\gamma})^2} \tag{7.4.46b}$$

$$\eta(\dot{\gamma})=\sum_{i=1}^{\infty}\frac{\eta_i}{1+(\lambda_{1i}\dot{\gamma})^2} \tag{7.4.46c}$$

Bird-Carreau 本构方程有 $\eta_0$、$\varepsilon$、$\lambda_{1i}$ 和 $\lambda_{2i}$ 的四个模型参数，它不仅预测剪切黏度和第一法向应力系数的剪切变稀行为，而且也预测第二法向应力系数不为零，且为负值。Bird-Carreau 模型经常用于稳态剪切流动不占优势的复杂流场，例如在横截面突然变化的管道中的流动（多表现出弹性行为）[44]。

与线性黏弹性理论相比，非线性理论的应用价值更显著。通常，非线性黏弹性模型用于时间依赖性流动、收敛-发散流动和一般三维流动。然而，没有一个黏弹性模型可以适用于任何特定流体的所有运动状态。一些本构方程可能是一种流体行为的有效描述（例如 CEF 方程），而另一些形式的本构方程或许描述在一种特定运动中的许多不同流体的行为。因此，应当根据具体问题的要求，分析简化，找主要矛盾，选择恰当的尽可能简单的本构方程。积分式本构方程的优点是只要知道形变经历，应力可由积分得到。然而，对于复杂的聚合物流动过程，形变经历通常是很复杂的，会导致通过积分式本构方程求解应力存在很大困难。微分式本构方程的优点产生于积分式本构方程的缺点，流体的记忆不是以对过去运动的积分而是以现在时刻的时间导数来表达。然而，在解决复杂的聚合物流动问题时，微分式本构方程会形成更多的通常不能求解的应力微分方程组。因此，为了适当描述复杂流动问题，仅能在计算流体动力学（CFD）模拟中应用积分式或微分式流变模型。在 CFD 模拟复杂流动时，微分式本构方程比积分式本构方程更易离散化，经常被选用。

# 7.5 在聚合物加工中的弹性效应

## 7.5.1 法向应力挤出机

**法向应力挤出机**（normal stress extruder）是利用聚合物熔体弹性效应的典型例子。Maxwell 和 Scalora[45]（1959）首先提出法向应力挤出机结构。图 7.5.1 是法向应力挤出机的示意图。聚合物熔体放置在半径为 $R$ 的两个圆盘之间，上圆盘连接到角速度为 $\Omega$ 的一个旋转轴上，下圆盘静止。熔体沿圆盘径向向内流动，通过口模被挤出。

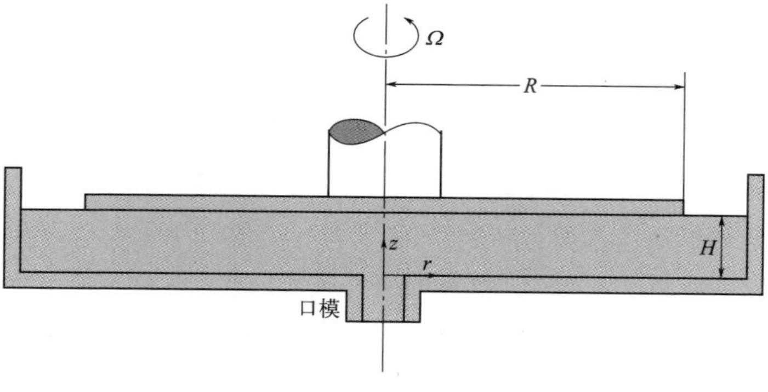


图 7.5.1　法向应力挤出机示意图

许多研究者[46-48] 从理论和试验两个方面对法向应力挤出机详细分析过。在圆盘中心处的压力是法向应力挤出机的重要参数，它使聚合物熔体克服口模阻力，以一定流率通过口模被挤出成型。该压力是圆盘结构、转速和熔体流变性质的函数。本节只介绍在圆盘中心处压力的计算方法。这一计算方法是由 Tadmor 和 Gogos[2] 所采用的，使用的流动简化假设是没有沿圆盘径向流动（即断流情况）并且忽略任何可能的次级流动（$v_r=v_z=0$）。即使在这些简化假设下，在圆盘间的流场也是非均匀流动，因为非零速度分量 $v_\theta$ 是 $r$ 和 $z$ 的函数。其他的简化假设是在两圆盘间的流动是壁面处无滑移的稳态等温流动。因为在两圆盘间经受剪切流动的聚合物熔体中产生的法向应力，会将聚合物熔体泵出静止盘的中心区，在这种稳态剪切流动中法向应力是重要的，故选择 CEF 方程为聚合物熔体本构方程。

分析思路是：首先，假定流场是一种纯黏性流体流场；然后计算出现在 CEF 方程中的张量 $\boldsymbol{D}$、$\boldsymbol{W}$、$\boldsymbol{W}\cdot\boldsymbol{D}$、 $\boldsymbol{D}\cdot\boldsymbol{W}$ 和 $\boldsymbol{v}\cdot\nabla\boldsymbol{D}$；之后，将这些张量代入本构方程，找出非零应力分量；最后，将非零应力分量代入运动方程，计算出压力场。

假定 CEF 流体和牛顿流体的流动运动学是相同的，在稳态旋转盘流动中的速度分布为：

$$v_\theta = r\Omega\,\frac{z}{H} \tag{7.5.1}$$

式中，$H$ 是两圆盘之间的间距。根据式（3.2.40）和式（3.2.41），计算得到：

$$\boldsymbol{D}=\begin{pmatrix} 0 & 0 & 0 \\ 0 & 0 & \dfrac{r\Omega}{2H} \\ 0 & \dfrac{r\Omega}{2H} & 0 \end{pmatrix} \tag{7.5.2}$$

$$\boldsymbol{W}=\begin{pmatrix} 0 & -\Omega\,\dfrac{z}{H} & 0 \\ \Omega\,\dfrac{z}{H} & 0 & \dfrac{r\Omega}{2H} \\ 0 & -\dfrac{r\Omega}{2H} & 0 \end{pmatrix} \tag{7.5.3}$$

由式（7.5.2）、式（7.5.3）和表 4.1.1，可得：

$$\boldsymbol{D}\cdot\boldsymbol{D}=\begin{bmatrix}0 & 0 & 0\\ 0 & \left(\frac{r\Omega}{2H}\right)^2 & 0\\ 0 & 0 & \left(\frac{r\Omega}{2H}\right)^2\end{bmatrix} \tag{7.5.4}$$

$$\boldsymbol{W}\cdot\boldsymbol{D}=\begin{bmatrix}0 & 0 & -\frac{r\Omega^2 z}{2H^2}\\ 0 & \left(\frac{r\Omega}{2H}\right)^2 & 0\\ 0 & 0 & -\left(\frac{r\Omega}{2H}\right)^2\end{bmatrix} \tag{7.5.5}$$

$$\boldsymbol{D}\cdot\boldsymbol{W}=\begin{bmatrix}0 & 0 & 0\\ 0 & -\left(\frac{r\Omega}{2H}\right)^2 & 0\\ \frac{r\Omega^2 z}{2H^2} & 0 & \left(\frac{r\Omega}{2H}\right)^2\end{bmatrix} \tag{7.5.6}$$

$$\boldsymbol{v}\cdot\nabla\boldsymbol{D}=\begin{bmatrix}0 & 0 & -\frac{r\Omega^2 z}{2H^2}\\ 0 & 0 & 0\\ -\frac{r\Omega^2 z}{2H^2} & 0 & 0\end{bmatrix} \tag{7.5.7}$$

将上面表达式，代入 CEF 方程［式（7.4.7）］，得到：

$$\begin{pmatrix}\tau_{rr} & \tau_{r\theta} & \tau_{rz}\\ \tau_{\theta r} & \tau_{\theta\theta} & \tau_{\theta z}\\ \tau_{zr} & \tau_{z\theta} & \tau_{zz}\end{pmatrix}=\eta\begin{bmatrix}0 & 0 & 0\\ 0 & 0 & \frac{r\Omega}{H}\\ 0 & \frac{r\Omega}{H} & 0\end{bmatrix}+\frac{1}{2}(\psi_1+2\psi_2)\begin{bmatrix}0 & 0 & 0\\ 0 & \left(\frac{r\Omega}{H}\right)^2 & 0\\ 0 & 0 & \left(\frac{r\Omega}{H}\right)^2\end{bmatrix}$$

$$-\frac{1}{2}\psi_1\begin{bmatrix}0 & 0 & 0\\ 0 & -\left(\frac{r\Omega}{H}\right)^2 & 0\\ 0 & 0 & \left(\frac{r\Omega}{H}\right)^2\end{bmatrix} \tag{7.5.8}$$

因此，对于假定的流动运动学和 $\dot{\gamma}=\dot{\gamma}_{\theta z}(r)=r\Omega/H$，应力分量是：

$\tau_{rr}=0, \tau_{\theta\theta}=(\psi_1+\psi_2)\left(\frac{r\Omega}{H}\right)^2=(\psi_1+\psi_2)\dot{\gamma}^2$，$\tau_{zz}=\psi_2\left(\frac{r\Omega}{H}\right)^2=\psi_2\dot{\gamma}^2$，

$$\tau_{\theta z}=\tau_{z\theta}=\eta\left(\frac{r\Omega}{H}\right)=\eta\dot{\gamma},\ \tau_{r\theta}=\tau_{\theta r}=\tau_{rz}=\tau_{zr}=0 \tag{7.5.9}$$

法向应力差函数是：

$$N_1=\tau_{11}-\tau_{22}=\tau_{\theta\theta}-\tau_{zz}=\psi_1\dot{\gamma}^2 \tag{7.5.10}$$

$$N_2=\tau_{22}-\tau_{33}=\tau_{zz}-\tau_{rr}=\psi_2\dot{\gamma}^2 \tag{7.5.11}$$

注意，方向的约定见 7.1.3 节，但在式（7.5.10）和式（7.5.11）中 $\theta$ 是方向 1，$z$ 是方向 2，$r$ 是方向 3。

忽略重力作用，将运动方程的三个分量简化为：

$$-\rho\frac{v_\theta^2}{r}=-\frac{\partial p}{\partial r}-\frac{\tau_{\theta\theta}}{r} \tag{7.5.12}$$

$$\frac{\partial p}{\partial\theta}=0 \tag{7.5.13}$$

$$\frac{\partial p}{\partial z}=0 \tag{7.5.14}$$

因此，压力只是坐标 $r$ 的函数。将式（7.5.1）和式（7.5.9）代入式（7.5.12），得：

$$\frac{\partial p}{\partial r}=\rho r\Omega^2\left(\frac{z}{H}\right)^2-(\psi_1+\psi_2)\left(\frac{\Omega}{H}\right)^2 r \tag{7.5.15}$$

式（7.5.15）右侧第一项是由离心力引起的，它有助于压力随 $r$ 增加。第二项是由法向应力差引起的，它促使压力随 $r$ 减少。而且，应当注意到，假设和结果之间有某种矛盾：对于假设的速度分布，从运动方程获得 $p\neq f(z)$；然而，式（7.5.15）表明一种 $z$ 的依赖性，实际上获得一种因涡旋运动引起的环流，造成非零的 $\partial p/\partial z$、$v_z$ 和 $v_r$ 项。因此，仅对于可以忽略不计的环流，这里的解才是有效的。实际上，在这里应关注的是离心力比法向应力小的特殊情况。

在 $z$ 的范围内，计算式（7.5.15）右侧第一项的平均值：

$$\frac{\int_0^H \rho r\Omega^2\left(\frac{z}{H}\right)^2\mathrm{d}z}{H}=\frac{1}{3}\rho r\Omega^2 \tag{7.5.16}$$

因此，式（7.5.15）变为：

$$\frac{\mathrm{d}\overline{p}}{\mathrm{d}r}=\frac{1}{3}\rho r\Omega^2-(\psi_1+\psi_2)\left(\frac{\Omega}{H}\right)^2 r \tag{7.5.17}$$

在聚合物熔体加工中的剪切速率范围内，$\psi_1$ 是正值，$\psi_2$ 为负值且 $-\psi_2/\psi_1\approx 0.1$，因此，当离心力小于法向应力时，$\mathrm{d}\overline{p}/\mathrm{d}r<0$，压力随半径的减小而增加，克服与之方向相反的离心力。

积分式（7.5.17），得到在 $r=0$ 处的压力：

$$\overline{p}(0)=\overline{p}(R)+\left(\frac{\Omega}{H}\right)^2\int_0^R(\psi_1+\psi_2)r\,dr-\rho\frac{R^2\Omega^2}{6}$$
$$=\overline{p}(R)+\int_0^{R\Omega/H}(\psi_1+\psi_2)\dot{\gamma}\,d\dot{\gamma}-\rho\frac{R^2\Omega^2}{6} \quad (7.5.18)$$

假设 $\psi_1$ 和 $\psi_2$ 与剪切速率无关，得到 $\overline{p}$（0）的下面表达式：

$$\overline{p}(0)=\overline{p}(R)+\frac{1}{2}\left(\frac{R\Omega}{H}\right)^2(\psi_1+\psi_2)-\rho\frac{R^2\Omega^2}{6} \quad (7.5.19)$$

式（7.5.19）便是法向应力挤出机的设计方程。在圆盘中心的最大压力增长正比于 $R\Omega/H$ 的平方，$R\Omega/H$ 是在 $r=R$ 处的剪切速率。此外，将式（7.5.19）与式（7.5.10）和式（7.5.11）进行比较，发现压力增长是第一和第二法向应力差函数在 $r=R$ 处的和 $\{-[(\tau_{11}-\tau_{22})+(\tau_{22}-\tau_{33})]\}$ 减去离心力。因为 $\psi_2$ 可能是负的，在法向应力挤出机中的增压源是第一法向应力差函数 $\psi_1$。

## 7.5.2 挤出胀大

**挤出胀大**（extrudate or die swelling）是指挤出物被从口模挤出时的截面尺寸明显大于口模截面尺寸的现象。它是聚合物熔体和溶液弹性响应的一个显著例子。然而，这些材料的挤出胀大并不是瞬时完成的，而是有显著的时间依赖性效应，即当它们离开挤出口模后，其直径作为时间的函数而增大[49]，如图 7.5.2 所示。

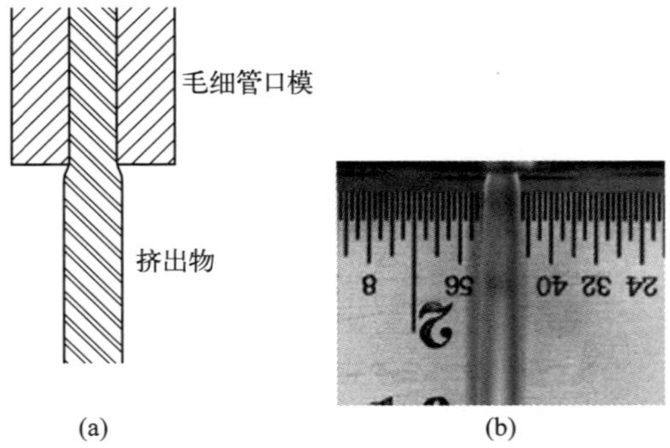


图 7.5.2 挤出胀大示意图（a）和 PE 从毛细管口模挤出和胀大的图片（b）
[引自 G. A. Campbell and M. A. Spalding，Analyzing and Troubleshooting Single-screw Ectruders，Hanser，Munich，p72（2013）]

一般认为在1937年，就观察到了聚合物挤出胀大[4]。产生这一现象的机理如下：当聚合物熔体通过收敛的口模入口和口模时，依次经受复杂的拉伸-剪切组合流动和剪切流动。在这些流动的作用下，大分子链段相互拖曳滑移，产生塑性流动，同时大分子链段沿流线方向伸展，伸展链段自发恢复其平衡卷曲构象（即松弛）的趋势引起轴向拉伸应力，产生可恢复弹性形变。由于聚合物熔体的松弛时间一般较长和在口模中的停留时间相对较短，直到口模出口，仍有部分未完全松弛的伸展链，即存在剩余的拉伸应力和弹性应变。在离开口模出口之后的无应力边界区中，这些伸展链继续松弛，释放轴向拉伸应力。这在宏观上表现为挤出物轴向收缩和径向膨胀。这好像是分子记住了它们在被挤出前的分子形状（平衡卷曲构象），在离开口模后恢复到那一构象，这一现象称为**弹性记忆**（elastic memory）。因此，挤出胀大是因为在流动方向上经历的拉伸应力。在口模出口处，聚合物熔体越被拉紧和缠结结构越多，挤出胀大将越大。

从上面讨论可知，挤出胀大的主要机理是弹性恢复胀大。弹性恢复的概念基于无约束恢复。为了说明这个机理，下面将计算在稳态剪切流动后的瞬时自由弹性恢复[22]。为了简化分析，做以下假设：①与通过口模花费的平均时间相比，流体的松弛时间 $\lambda$ 是大的（图7.5.3）；②离开口模是突然的，发生瞬时弹性形变（更准确的做法是把目前的计算视为对突然去除剪切流动中口模壁面作用的短暂响应）；③流动是等温和不可压缩的；④口模很长；⑤忽略惯性效应、重力和表面张力，最终挤出物是无负荷的；⑥忽略远离口模的小而慢的恢复。

使用K-BKZ方程［参见式（7.4.39）］作为聚合物熔体本构方程：

$$\boldsymbol{T} = -p\boldsymbol{I} + \int_{-\infty}^{t} \phi(t-t', I_{\boldsymbol{C}^{-1}})[\boldsymbol{C}^{-1}(t') - \boldsymbol{I}]\mathrm{d}t' \tag{7.5.20}$$

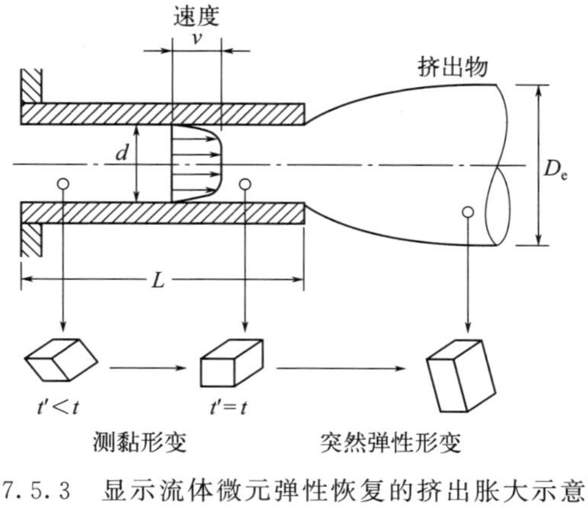


图7.5.3　显示流体微元弹性恢复的挤出胀大示意图
［引自R. I. Tanner，*Engineering Rheology*，Oxford University Press，New York，p339（1985）］

式（7.5.20）忽略了第二法向应力差，因为忽略 $N_2$ 导致预测弹性恢复胀大的误差很小[22]，但是，它显示弹性效应、实际黏度函数和第一法向应力差函数。函数 $\phi$ 没有 $II_{\boldsymbol{C}^{-1}}$ 的依赖性，因为对于稳态简单剪切流动，$II_{\boldsymbol{C}^{-1}}=I_{\boldsymbol{C}^{-1}}$。

如果一块材料在直到 $t=0$ 之前一直经受简单剪切，然后从约束中释放。因此，在笛卡尔直角坐标系中，当 $x$ 是流动方向和 $y$ 是速度梯度方向时，对于 $t<0$，速度场和应力张量是：

$$\boldsymbol{v}=(\dot{\gamma}y,0,0) \tag{7.5.21}$$

$$\boldsymbol{T}+p\boldsymbol{I}=\begin{pmatrix}\tau_{xx} & \tau_{xy} & 0\\ \tau_{xx} & \tau_{yy} & 0\\ 0 & 0 & 0\end{pmatrix} \tag{7.5.22}$$

于是，参见式（7.4.40），在测黏流动中有：

$$N_1=\tau_{xx}-\tau_{yy}=\dot{\gamma}^2\int_0^{\infty}s^2\phi(s,I_{\boldsymbol{C}^{-1}})\mathrm{d}s \tag{7.5.23}$$

$$\tau_{xy}=\dot{\gamma}\int_0^{\infty}s\phi(s,I_{\boldsymbol{C}^{-1}})\mathrm{d}s \tag{7.5.24}$$

式中，$s=t-t'$。

在目前的问题中，运动历史包括一个从现在时间 $0^+$ 到时间 $0^-$ 的跳跃应变（jump strain）和一个测黏流动历史。设形变梯度 $\boldsymbol{F}_0$ 描述这个（未知的）跳跃应变，$\boldsymbol{F}^{(v)}$ 是在测黏流动中的形变梯度（与假设④相一致）。如果 $\boldsymbol{x}'$是在过去时间 $t'$的粒子位置，$\boldsymbol{x}^*$ 是在跳跃之前（$t=0^-$）的粒子位置，$\boldsymbol{x}$ 是在最近时间 $t$ 的粒子位置（$t\geqslant 0$），$\boldsymbol{F}^{(v)}$ 和 $\boldsymbol{F}_0$ 可以写为：

$$\boldsymbol{F}^{(v)}=\frac{\partial\boldsymbol{x}'}{\partial\boldsymbol{x}^*},\ \boldsymbol{F}_0=\frac{\partial\boldsymbol{x}^*}{\partial\boldsymbol{x}} \tag{7.5.25}$$

在本构方程（7.5.20）中的 $\boldsymbol{C}^{-1}$ 的定义是：

$$\boldsymbol{C}^{-1}=(\boldsymbol{F}^{\mathrm{T}}\cdot\boldsymbol{F})^{-1} \tag{7.5.26}$$

式中，$\boldsymbol{F}$ 是相对形变梯度张量。在这里，$\boldsymbol{F}$ 的定义是：

$$\boldsymbol{F}=\frac{\partial\boldsymbol{x}'}{\partial\boldsymbol{x}} \tag{7.5.27}$$

根据式（7.5.25）和微分链式法则，式（7.5.27）可以重新写为：

$$\boldsymbol{F}=\boldsymbol{F}^{(v)}\cdot\boldsymbol{F}_0 \tag{7.5.28}$$

如果 $s=-t'$，从例 3.2.1，有：

$$\boldsymbol{F}^{(v)}=\begin{pmatrix}1 & -\dot{\gamma}s & 0\\ 0 & 1 & 0\\ 0 & 0 & 1\end{pmatrix} \tag{7.5.29}$$

对于 $t>0$，形变历史如下：

$$\begin{aligned} &t'>0,\ \boldsymbol{F}=\boldsymbol{I}\\ &t'<0,\ \boldsymbol{F}=\boldsymbol{F}^{(v)}\cdot\boldsymbol{F}_0 \end{aligned} \tag{7.5.30}$$

现在考虑在 $t>0$ 时的材料，这时偏应力是零，但是压力不是零。于是，根据式（7.5.20）、式（7.5.26）和式（7.5.28），有：

$$p\boldsymbol{I}=\int_{-\infty}^{t}\phi(t-t',I_{\boldsymbol{C}^{-1}})[(\boldsymbol{F}_0^{\mathrm{T}}\cdot\boldsymbol{F}^{(v)\mathrm{T}}\cdot\boldsymbol{F}^{(v)}\cdot\boldsymbol{F}_0)^{-1}-\boldsymbol{I}]\mathrm{d}t' \tag{7.5.31}$$

因为 $\boldsymbol{F}_0$ 是一个常数矩阵，式（7.5.31）两边左乘 $\boldsymbol{F}_0$ 和右乘 $\boldsymbol{F}_0^{\mathrm{T}}$， 变为：

$$p\boldsymbol{F}_0\cdot\boldsymbol{F}_0^{\mathrm{T}}=\int_{-\infty}^{t}\phi\cdot[\boldsymbol{C}^{(v)-1}-\boldsymbol{F}_0\cdot\boldsymbol{F}_0^{\mathrm{T}}]\mathrm{d}t'=\int_{0}^{\infty}\phi\cdot[\boldsymbol{C}^{(v)-1}-\boldsymbol{F}_0\cdot\boldsymbol{F}_0^{\mathrm{T}}]\mathrm{d}s \tag{7.5.32}$$

式中，$\phi$ 是 $\mathrm{tr}(\boldsymbol{F}_0^{-1}\cdot\boldsymbol{C}^{(v)-1}\cdot\boldsymbol{F}_0^{-\mathrm{T}})$ 和 $s$ 的函数，$\boldsymbol{C}^{(v)}=\boldsymbol{F}^{(v)\mathrm{T}}\cdot\boldsymbol{F}^{(v)}$。

首先，假设 $\phi$ 不依赖于 $I_{\boldsymbol{C}^{-1}}$，如在 Lodge 液体中的情况，于是：

$$p\boldsymbol{F}_0\cdot\boldsymbol{F}_0^{\mathrm{T}}=\begin{pmatrix}G+N_1 & \tau & 0\\ \tau & G & 0\\ 0 & 0 & G\end{pmatrix} \tag{7.5.33}$$

式中，

$$\dot{\gamma}^n\int_0^{\infty}s^n\phi\,\mathrm{d}s=G,\tau,N_1 \tag{7.5.34}$$

当 $n$ 取值 0、1 或 2 时，式（7.5.33）分别是弹性模量 $G$、在剪切流动中的剪切应力 $\tau$ 或第一法向应力差 $N_1$，参见式（7.2.29）、式（7.5.23）和式（7.5.24）。因为对于不可压缩材料，形变矩阵 $\boldsymbol{F}_0\cdot\boldsymbol{F}_0^{\mathrm{T}}$ 必须保持体积，$\det\boldsymbol{F}_0=1$。对式（7.5.33）取行列式，得到：

$$p^3=G(G^2+N_1G-\tau^2) \tag{7.5.35}$$

式（7.5.35）是剩余压力的一个条件。从弹性位移场，构建跳跃应变 $\boldsymbol{F}_0$：

$$x^*=x/\lambda_e^2+\gamma y,\ y^*=\lambda_e y,\ z^*=\lambda_e z \tag{7.5.36}$$

$$\boldsymbol{F}_0=\begin{vmatrix}1/\lambda_e^2 & \gamma & 0\\ 0 & \lambda_e & 0\\ 0 & 0 & \lambda_e\end{vmatrix} \tag{7.5.37}$$

式中，$\lambda_e$ 是侧向膨胀（sideways swelling）；$\gamma$ 是剪切应变。

将式（7.5.37）代入式（7.5.33），得到下面三个关系：

$$p(\lambda_e^{-4}+\gamma^2)=G+N_1,\quad p\gamma\lambda_e=\tau,\quad p\lambda_e^2=G \tag{7.5.38}$$

从这些方程中消去 $\gamma$ 和 $p$，得到 $1/\lambda_e$：

$$\frac{1}{\lambda_e}=\left(1+\frac{N_1}{G}-\frac{\tau^2}{G^2}\right)^{1/6} \tag{7.5.39}$$

如果考虑单个松弛时间的材料，并忽略 $\phi$ 对 $I_{\boldsymbol{C}^{-1}}$ 的依赖性，有：

$$\phi(s)=\frac{\eta}{\lambda^2}\mathrm{e}^{-s/\lambda} \tag{7.5.40}$$

$\eta$ 和 $\lambda$ 分别是黏度和松弛时间。

将式（7.5.40）代入式（7.5.34），得：

$$G=\int_0^\infty \frac{\eta}{\lambda^2}\mathrm{e}^{-s/\lambda}\,\mathrm{d}s=\frac{\eta}{\lambda} \tag{7.5.41}$$

$$\tau=\dot{\gamma}\int_0^\infty s\,\frac{\eta}{\lambda^2}\mathrm{e}^{-s/\lambda}\,\mathrm{d}s=\eta\dot{\gamma} \tag{7.5.42}$$

$$N_1=\dot{\gamma}^2\int_0^\infty s^2\,\frac{\eta}{\lambda^2}\mathrm{e}^{-s/\lambda}\,\mathrm{d}s=2\eta\lambda\dot{\gamma}^2 \tag{7.5.43}$$

根据式（7.5.41）至式（7.5.43），容易得到：

$$\frac{N_1}{2\tau}=\frac{\tau}{G} \tag{7.5.44}$$

$N_1/2\tau$ 也称为**可恢复剪切应变**（recoverable shear strain）$S_\mathrm{r}$，参见应力比定义[式（7.1.26）]。

将式（7.5.44）代入式（7.5.39），得：

$$\frac{1}{\lambda_e}=\left[1+\left(\frac{N_1}{2\tau}\right)^2\right]^{1/6} \tag{7.5.45}$$

进一步的近似是使用壁面的剪切应力和第一法向应力差（可以测量获得这些量）。在这种情况下，对于长圆管，挤出**胀大比**（swell ratio，挤出物直径 $D_e$ 与口模直径 $d$ 之比）是[50]：

$$\frac{D_e}{d}=0.1+\left[1+\left(\frac{N_1}{2\tau}\right)_w^2\right]^{1/6}=0.1+(1+S_r^2)^{1/6} \tag{7.5.46}$$

$$S_r=\frac{\tau_{11}-\tau_{22}}{2\tau_{12}}=\frac{\psi_1\dot{\gamma}_w}{2\eta} \tag{7.5.47}$$

在式（7.5.46）中的常数 0.1 是经验修正值。也可以借助间接实验测量和连续介质理论或分子理论计算得到剪切应力和法向应力差。式（7.5.46）已经成功半定量地预测了聚合物熔体的挤出胀大[51]。然而，White 和 Roman[52] 通过许多聚合物试验证明，$D_e/d$ 不只是 $S_r$ 的函数，其也依赖于 $D_e/d$ 的测量方法。

试验发现，$D_e/d$ 依赖于流场变量、结构变量和几何变量。图 7.5.4 显示聚苯乙烯熔体的 $D_e/d$ 对剪切速率 $\dot{\gamma}$ 的依赖性。随着 $\dot{\gamma}$ 的增加，尽管黏度降低，但是 $D_e/d$ 增大。这与式（7.5.45）的预测一致。在较高剪切速率时，聚合物熔体的挤出胀大可达 2～4 倍[53]。

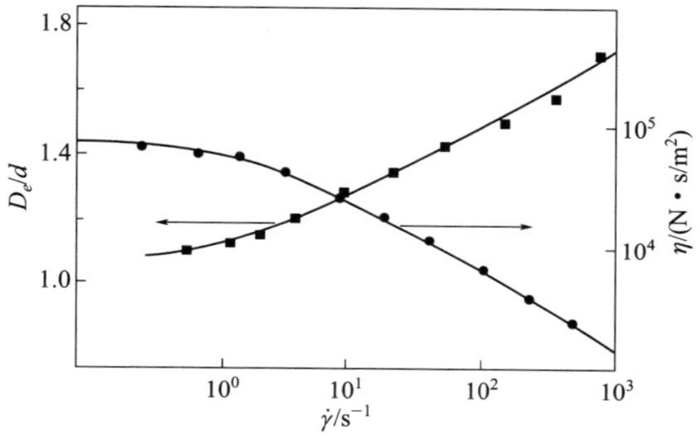


图 7.5.4　聚苯乙烯熔体（$M_w=2.2\times10^5$，$M_w/M_n=3.1$）胀大比和黏度对剪切速率依赖性的比较

［引自 Z. Tadmor and C. G. Gogos, *Principles of Polymer Processing*, Second Edition, Wiley-Interscience, New Jersey, p690（2006）］

图 7.5.5 显示聚苯乙烯熔体的 $D_e/d$ 对壁面剪切应力 $\tau_w$ 和分子量分布 MWD 的依赖性。胀大比对 $\tau_w$ 的依赖性类似于对 $\dot{\gamma}$ 依赖性。随着分子量分布变宽，胀大比增大，因为分子量分布变宽，高分子量级分增多，高分子量级分的较长松弛时间造成更大的胀大比。而增加填料含量将降低挤出胀大，因为可形变相的体积减小。图 7.5.6 显示炭黑含量对挤出胀大的影响。因此，可以认为增强填料对挤出胀大有一种衰减效应。

在恒定 $\tau_w$ 的条件下，胀大比随 $L/d$ 的增大而指数性减少。对于 $L/d>30$ 的情况，胀大比变为常数。这种胀大比减少的原因有二：一是随着 $L/d$ 的增大，聚合物熔体在口模中更多恢复在口模入口经受的拉伸形变。二是由于在口模中施加在聚合物熔体上的剪切应变可以引起解缠结，随着 $L/d$ 增大，在口模中的剪切应变增加，缠结密度将减小，流体经历弹性应变恢复的能力也降低。因此，在很长的 $L/d$ 时，$D_e/d$ 值仅反映黏弹性液体恢复剪切应变的能力。

挤出胀大对工业聚合物挤出操作有直接影响。挤出口模设计必须使挤出胀大

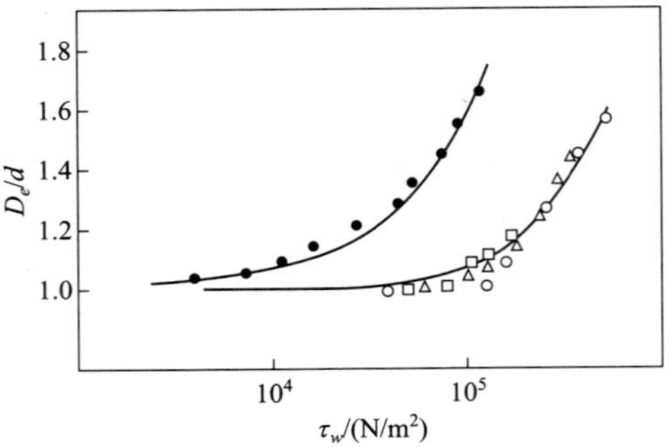


图 7.5.5　聚苯乙烯熔体的挤出胀大数据

（●：宽 MWD 试样；○、□和△：窄 MWD 试样）

[引自 Z. Tadmorand C. G. Gogos，*Principles of Polymer Processing*，Second Edition，Wiley-Interscience，New Jersey，p690（2006）]

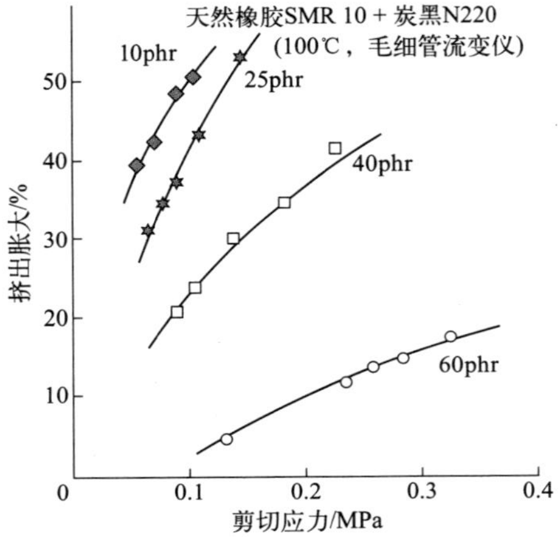


图 7.5.6　炭黑含量对挤出胀大的影响

[引自 J. L. Leblanc，Rubber-Filler Interactions and Rheological Properties in Filled Compounds，*Prog. Polym. Sci.*，**27**，627-687（2002）]

效应最小化。例如，从方管口模挤出的流动实际上不是方形截面，而是鼓形截面（bulge cross section），如图 7.5.7（a）所示。这可用在图 7.5.8 中的幂律流体流动速度等值线来解释。在图 7.5.8 中，速度分布是对称的，然而，口模中各边中间段邻近区域比各边两端角落处有更大的速度和更短的停留时间，造成四个角落比各边中间段的挤出胀大程度要小，最终挤出物形状将显示各边向外“鼓胀”。如果需要方形截面的挤出物，口模必须相应地要小些并有正确形状，以补偿挤出胀大效应，如四角星形截面口模［图 7.5.7（b）］，它的各边是凹形的。显然，四角星形截面中心区域有更大的流动阻力，导致这一区域的速度减少，而在四角星形截面的角落处，局部速度将增加。如果设计的四角星形截面形状和尺寸恰当，将使口模截面各处挤出速度趋向均匀，从而实现方形截面挤出物的挤出。

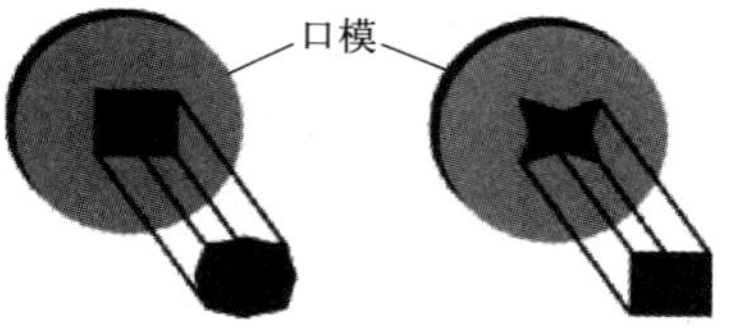


图 7.5.7 方管口模的挤出物截面和四角星形口模的挤出物截面

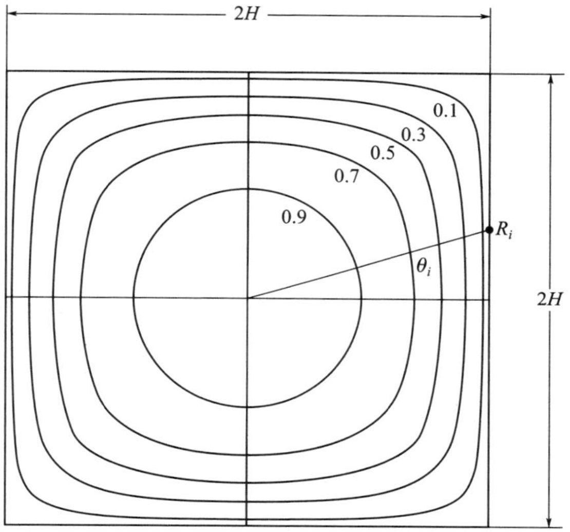


图 7.5.8 在方形流道中幂律流体流动的速度等值线（$n=0.5$）
[引自 Z. Tadmor and C. G. Gogos，*Principles of Polymer Processing*，Second Edition，Wiley-Interscience，New Jersey，p732 (2006)]

需要说明的是，与棒材、管材或片材的口模挤出不同，由于型材截面形状通常复杂且厚度不均匀，求解在型材口模中的流动问题可能涉及复杂的边界条件、横向压力降和横向速度分量，因此，对于黏弹性液体，预测其型材口模的挤出胀大非常困难。目前，型材口模设计仍是建立在试错的基础上，主要以“定型”装置作用于型材离开口模后来实现的。

另一个与从口模中挤出黏弹性液体有关的流变现象是**不稳定流动**（unstable flow）。随着挤出速率增加，一系列不稳定流动将替代口模胀大。在通常情况下，当挤出流率增加达到某一临界值时，挤出物显示“鲨鱼皮”（sharkskin）现象（一种严重的无光粗糙表面形式）。有时，这个现象后还会有“涌出”流动（spurt flow）。当挤出流率进一步增加时，可能发生被称为**“熔体破裂”**（melt fracture）的剧烈不稳定性流动，挤出物出现严重的畸变，例如竹节状、螺旋状或分流破碎。Nason 在 1945 年首先报道了熔体破裂现象[4]。对于一个特定聚合物，随着逐步增加挤出速率，上面提到的各种不稳定性或许不会都发生。关于挤出物严重畸变的出现位置和机理仍然是没有清晰答案的问题[2]。然而，普遍认为常见的鲨鱼皮现象发生在口模出口或口模出口邻近[54]，并且由**黏结破坏**（cohesive fracture）引起[55]；熔体破裂（当它发生时）不仅影响挤出物外观，而且也影响在口模中和在口模入口区的流动[56]。图 7.5.9 显示了鲨鱼皮不稳定性的运动学。当挤出速率达到某一临界值时，紧邻口模出口壁的熔体层突然大幅轴向加速，产生大的拉伸应力，引起黏结破坏［图 7.5.9（b）］。这使挤出物裂成中心部分和表面层［图 7.5.9（c）］。随着挤出物向下游行进，出现第二次黏结破坏，产生鲨鱼皮隆起［图 7.5.9（d）］。在鲨鱼皮隆起形成（ridge creation）之后，中心部分向下游轴向移动，直至这一循环的重复［图 7.5.9（e）和（f）］。隆起-中心部分重复的周期也是流率依赖性的。

挤出物畸变对工业聚合物挤出也有较大影响，因为它限制了挤出速率的增加，进而也限制了诸如纤维纺丝和挤出等工序的效率。

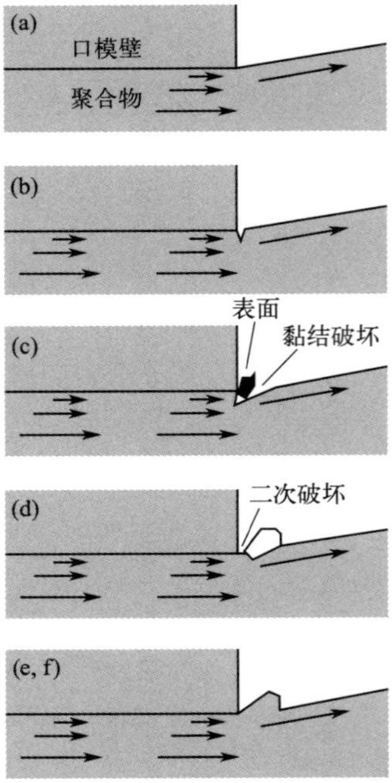


图 7.5.9　鲨鱼皮不稳定性运动学的示意图

## 参考文献


[1] White J L, Tokita N. Journal of the Society of Physical Industry. Japan, 1967, 22, 3: 719-724.

[2] Tadmor Z, Gogos C G. Principles of Polymer Processing. Second Edition. New Jersey: Wiley-Interscience, 2006.

[3] Macosko C W. Rheology: Principles, Measurements and Application. New York: Wiley-VCH, 1994.

[4] Tanner R I, Walters K. Rheology: An Historical Perspective. Netherlands: Elsevier, 1998.

[5] Yamaguchi H. Engineering Fluid Mechanics. Dordrecht: Springer, 2008.

[6] Lodge A S, Meissner J. On the Use of Instantaneous Strains, Superposed on Shear and Elongational Flows of Polymeric Liquids, to Test the Gaussian Newwork Hypothesis and to Estimate the Segment Concentration and its Variation during Flow. Rheol. Acta., 1972, 11(3): 351-352.

[7] Ermam B, Mark J E, Roland C M. The Science and Technology of Rubber. Fourth Edition. Waltham: Elsevier, 2013.

[8]Noll W. A Mathematical Theory of the Mechanical Behavior of Continuous Media. Arch. Rat. Mech. Anal., 1958, 2: 197-266.

[9]Maxwell J C. On the Dynamical Theory of Gases. Phil. Trans., 1867, 157: 49-88.

[10] Green A E, Rivlin R S. The mechanics of Non-linear Materials with Memory. Arch. Rat. Mech. Anal, 1957, 1: 1-21.

[11] Boltzmann L. Zur Theorie der Elastischen Nachwirkung. Sitzungsber. Kaiserl. Akad. Wiss. Wien., 1874, 70: 275-300.

[12] Goddard J D, Miller C. An Inverse for the Jaumann Derivative and Some Applications to the Rheology of Viscoelastic Fluids. Rheol. Acta., 1966, 5(3): 177-184.

[13] Irgens F. Rheology and Non-Newtonian Fluids. Switzerland: Springer, 2014.

[14] 陈文芳. 非牛顿流体力学. 北京：科学出版社，1984.

[15] 金日光. 高聚物流变学及其在加工中的应用. 北京：化学工业出版社，1986.

[16] Irgens F. Continuum Mechanics. Berlin: Springer, 2008.

[17]Bird R B, Armstrong R C, Hassager O. Dynamics of Polymeric Liquids. Vol. 1. Fluid Mechanics. New York: Wiley, 1977.

[18] Oldroyd J G. On the Formulation of Rheological Equations of State. Proc. Roy. Soc., 1950, A200: 523-541.

[19] Middleman S. The Flow of High Polymer. New York: Wiley, 1967.

[20] Vinogradov G V, Maklin A Y. Rheology of Polymers. Moscow: Mir, 1980.

[21] White J L. Principles of Polymer Engineering Rheology. New York: Wiley, 1990.

[22] Tanner R I. Engineering Rheology. New York: Oxford University Press, 1985.

[23] Coleman B D, Noll W. An Approximation Theorem for Functionals, with Applications in Continuum Mechanics. Arch. Rat. Mech. Anal., 1960, 6: 355-370.

[24] Criminate W O, Ericksen J L, Filbey G L. Steady Shear Flow of Non-Newtonian Fluids. Archs.

Ration. Mech. Anal., 1958, 1: 410-417.

[25] White J L, Metzner A B. Development of Constitutive Equations for Ploymeric melts and solutions. J. Appl. Polym. Sci., 1963, 7: 1867-1889.

[26] Pipkin A C. Small Finite Deformations of Viscoelastic Solids. Reviews of Modern Physics, 1964, 36: 1034-1041.

[27] Lodge A S. A Network Theory of Flow Birefringence and Stress in Concentrated Polymer Solutions. Trans. Faraday Soc., 1956, 52: 120-130.

[28] Wager M H. Analysis of Time-Dependent Non-Linear Stress-Growth Data for Shear and Elongational Flow of a Low-Density Branched Polyethylene Melt. Rheol. Acta., 1976, 15(2): 136-142.

[29] Laun H M. Description of the Non-Linear Shear Behaviour of a Low Density Polyethylene Melt by Means of an Experimentally Determined Strain Dependent Memory Function. Rheol. Acta., 1978, 17 (1): 1-15.

[30] Wager Laun H M. Nonlinear Shear Creep and Constrained Elastic Recovery of a LDPE Melt. Rheol. Acta., 1978, 17(2): 138-148.

[31] Wager M H. J. Non-Newtonian Fluid Mech., 1978, 4: 39.

[32] BÖHME G. Non-Newtonian Fluid Mechanics. Netherlands: Elsevier, 1987.

[33] Osaki K, Ohta S, Fukuda M, Kurata M. J. Polym. Sci., 1976, 14: 1701.

[34] Larson R G, Monroe K. Rheol. Acta., 1979, 23: 10.

[35] Doi M, Edwards S. F. Dynamics of Concentrated Polymer Systems. J. Chem. Soc., 1978, 74: 1789-1832.

[36] Kaye A. Non-Newtonian Flow in Incompressible Fluids. Cranford: College of Aeronautics, 1962, No. 134&149.

[37] Bernstein B, Kearsley E A, Zapas L J. A Study of Stress Relaxation with Finite Strain. Trans. Soc. Rheol., 1963, 7(1): 391-410.

[38] Mitsoulis E, Hatzikiriacos S G. Rheol. Acta., 2003, 42: 309.

[39] Mitsoulis E. Comput. Mech. Mater. Sci., 2010, 10(3): 1.

[40] Wager M H, Raible T, Meissner J. Tensile Stress Overshoot in Uniaxial Extension of a LDPE Melt. Rheol. Acta., 1979, 18(3): 427-428.

[41] Wager M H. Irreversible Network Disentanglement and Time-dependent Flow of Polymer Melts. Ⅷ International Congress on Rheology. Volume 2: Fluids. Naplrs, 1980, September 1-5: 541-547.

[42] 郑强. 高分子流变学. 北京：科学出版社，2020.

[43] Bird R B, Carreau P J. A Nonlinear Viscoelastic Model for Polymer Solutions and Melts. Chem. Eng. Sci., 1968, 23: 427-434.

[44] 吴其晔，巫静安. 高分子材料流变学. 第 2 版. 北京：高等教育出版社，2014.

[45] Maxwell B, Scalora A J. The Elastic Melt Extruder Works Without Screw. Mod. Plast., 1959, 37 (2): 107.

[46] Kocherov V L, Lukach Y L, Sporyagin E A, Vinogradov G V. Flow of Melts in Disk-type Extruder.

Polym. Eng. Sci., 1973, 13: 194-201.

[47] Good P A, Schwartz A J, Macosko C W. Analysis of the Normal Stress Extruder. AIChE. J., 1974, 20: 67-73.

[48] Bird R B, Armstrong R C, Hassager O. Dynamics of Polymeric Fluids. Vol. 1. Fluid Mechanics. Wiley, 1977.

[49] Campbell G A, Spalding M A. Analyzing and Troubleshooting Single-screw Ectruders. Munich: Hanser, 2013.

[50] Tanner R I. A Theory of Die Swell. Polym. Eng. Sci., 1970, A-2, 3: 2067-2078.

[51] Abdel-Khalik S. I, Hassager O, Bird R B. Prediction of Melt Elasticity from Viscosity Data. Polym. Eng. Sci., 1974, 14(12): 859-867.

[52] White J L, Roman J F. Extrudate Swell During the Melt Spinning of Fibers-Infuence of Rheological Properties and Take-up Force. J. Appl. Polym. Sci., 1976, 20(4): 1005-1023.

[53] Graessley W W, Glasscock S D, Crawley R L. Die Swell in Molten Polymers. Trans. Soc. Rheol., 1970, 14(4): 519-544.

[54] Larson R G. Instabilities in Viscoelastic Flow. Rheol. Acta., 1992, 31(3): 213-263.

[55] Migler K B. Extensional Deformation, Cohesive Failure and Boundary Conditions during Sharkskin in Melt Fracture. J. Rheol., 2022, 46: 383-400.

[56] Piau J M, Kissi N E, Tremblay B. Journal of Non-Newtonian Fluid Mech., 1990, 34: 45-180.

[57] Volterra V. Theory of Functionals. Dover Pub., 1959.